环境监管中的“数字减排”困局及其成因机理研究

Study on the Dilemma of “Emission Reduction Just in Statistics” and Its Causative Mechanism in Environmental Regulation

董 阳 著

图书在版编目（CIP）数据

环境监管中的“数字减排”困局及其成因机理研究 / 董阳著. —北京：经济管理出版社，2017.12

ISBN 978-7-5096-5503-0

Ⅰ. ①环… Ⅱ. ①董… Ⅲ. ①环境管理—研究—中国 Ⅳ. ①X321.2

中国版本图书馆 CIP 数据核字（2017）第 278940 号

组稿编辑：宋 娜
责任编辑：杨国强 张瑞军
责任印制：黄章平
责任校对：王淑卿

出版发行：经济管理出版社
（北京市海淀区北蜂窝 8 号中雅大厦 A 座 11 层 100038）
网 址：www. E-mp. com. cn
电 话：（010）51915602
印 刷：玉田县昊达印刷有限公司
经 销：新华书店
开 本：720mm×1000mm/16
印 张：21.25
字 数：337 千字
版 次：2018 年 1 月第 1 版 2018 年 1 月第 1 次印刷
书 号：ISBN 978-7-5096-5503-0
定 价：98.00 元

本书获中国博士后科学基金面上项目“环境监管中的‘数字减排’困局研究：性质、成因及对策”（项目编号：2017M610107）项目资助。

序　言

博士后制度在我国落地生根已逾30年，已经成为国家人才体系建设中的重要一环。30多年来，博士后制度对推动我国人事人才体制机制改革、促进科技创新和经济社会发展发挥了重要的作用，也培养了一批国家急需的高层次创新型人才。

自1986年1月开始招收第一名博士后研究人员起，截至目前，国家已累计招收14万余名博士后研究人员，已经出站的博士后大多成为各领域的科研骨干和学术带头人。其中，已有50余位博士后当选两院院士；众多博士后入选各类人才计划，其中，国家百千万人才工程年入选率达34.36%，国家杰出青年科学基金入选率平均达21.04%，教育部“长江学者”入选率平均达10%左右。

2015年底，国务院办公厅出台《关于改革完善博士后制度的意见》，要求各地各部门各设站单位按照党中央、国务院决策部署，牢固树立并切实贯彻创新、协调、绿色、开放、共享的发展理念，深入实施创新驱动发展战略和人才优先发展战略，完善体制机制，健全服务体系，推动博士后事业科学发展。这为我国博士后事业的进一步发展指明了方向，也为哲学社会科学领域博士后工作提出了新的研究方向。

习近平总书记在2016年5月17日全国哲学社会科学工作座谈会上发表重要讲话指出：一个国家的发展水平，既取决于自然科学发展水平，也取决于哲学社会科学发展水平。一个没有发达的自然科学的国家不可能走在世界前列，一个没有繁荣的哲学社会科学的国家也不可能走在世界前列。坚持和发展中国特色社会主义，需要不断在实践中和理论上进行探索、用发展着的理论指导发展着的实践。在这个过程中，哲学社会科学具有不可替代的重要地位，哲学社会科学工作者具有不可替代的重要作用。这是党和国家领导人对包括哲学社会科学博士后在内的所有哲学社会科学领域的研究者、工作者提出的殷切希望！

中国社会科学院是中央直属的国家哲学社会科学研究机构，在哲学社会科学博士后工作领域处于领军地位。为充分调动哲学社会科学博士后研究人员科研创新的积极性，展示哲学社会科学领域博士后的优秀成果，提高我国哲学社会科学发展的整体水平，中国社会科学院和全国博士后管理委员会于2012年联合推出了《中国社会科学博士后文库》（以下简称《文库》），每年在全国范围内择优出版博士后成果。经过多年的发展，《文库》已经成为集中、系统、全面反映我国哲学社会科学博士后优秀成果的高端学术平台，学术影响力和社会影响力逐年提高。

下一步，做好哲学社会科学博士后工作，做好《文库》工作，要认真学习领会习近平总书记系列重要讲话精神，自觉肩负起新的时代使命，锐意创新、发奋进取。为此，需做到：

第一，始终坚持马克思主义的指导地位。哲学社会科学研究离不开正确的世界观、方法论的指导。习近平总书记深刻指出：坚持以马克思主义为指导，是当代中国哲学社会科学区别于其他哲学社会科学的根本标志，必须旗帜鲜明加以坚持。马克思主义揭示了事物的本质、内在联系及发展规律，是“伟大的认识工具”，是人们观察世界、分析问题的有力思想武器。马克思主义尽管诞生在一个半多世纪之前，但在当今时代，马克思主义与新的时代实践结合起来，越来越显示出更加强大的生命力。哲学社会科学博士后研究人员应该更加自觉地坚持马克思主义在科研工作中的指导地位，继续推进马克思主义中国化、时代化、大众化，继续发展21世纪马克思主义、当代中国马克思主义。要继续把《文库》建设成为马克思主义中国化最新理论成果宣传、展示、交流的平台，为中国特色社会主义建设提供强有力的理论支撑。

第二，逐步树立智库意识和品牌意识。哲学社会科学肩负着回答时代命题、规划未来道路的使命。当前中央对哲学社会科学愈加重视，尤其是提出要发挥哲学社会科学在治国理政、提高改革决策水平、推进国家治理体系和治理能力现代化中的作用。从2015年开始，中央已启动了国家高端智库的建设，这对哲学社会科学博士后工作提出了更高的针对性要求，也为哲学社会科学博士后研究提供了更为广阔的应用空间。《文库》依托中国社会科学院，面向全国哲学社会科学领域博士后科研流动站、工作站的博士后征集优秀成果，入选出版的著作也代表了哲学社会科学博士后最高的学术研究水平。因此，要善于把中国社会科学院服务党和国家决策的大智库功能与《文库》的小智库功能结合起来，进而以智库意识推动品牌意识建设，最终树立《文库》的智库意识和品牌意识。

第三，积极推动中国特色哲学社会科学学术体系和话语体系建设。改革开放30多年来，我国在经济建设、政治建设、文化建设、社会建设、生态文明建设和党的建设各个领域都取得了举世瞩目的成就，比历史上任何时期都更接近中华民族伟大复兴的目标。但正如习近平总书记所指出的那样：在解读中国实践、构建中国理论上，我们应该最有发言权，但实际上我国哲学社会科学在国际上的声音还比较小，还处于“有理说不出、说了传不开”的境地。这里问题的实质，就是中国特色、中国特质的哲学社会科学学术体系和话语体系的缺失和建设问题。具有中国特色、中国特质的学术体系和话语体系必然是由具有中国特色、中国特质的概念、范畴和学科等组成。这一切不是凭空想象得来的，而是在中国化的马克思主义指导下，在参考我们民族特质、历史智慧的基础上再创造出来的。在这一过程中，积极吸纳儒、释、道、墨、名、法、农、杂、兵等各家学说的精髓，无疑是保持中国特色、中国特质的重要保证。换言之，不能站在历史、文化虚无主义立场搞研究。要通过《文库》积极引导哲学社会科学博士后研究人员：一方面，要积极吸收古今中外各种学术资源，坚持古为今用、洋为中用。另一方面，要以中国自己的实践为研究定位，围绕中国自己的问题，坚持问题导向，努力探索具备中国特色、中国特质的概念、范畴与理论体系，在体现继承性和民族性、体现原创性和时代性、体现系统性和专业性方面，不断加强和深化中国特色学术体系和话语体系建设。

新形势下，我国哲学社会科学地位更加重要、任务更加繁重。衷心希望广大哲学社会科学博士后工作者和博士后们，以《文库》系列著作的出版为契机，以习近平总书记在全国哲学社会科学座谈会上的讲话为根本遵循，将自身的研究工作与时代的需求结合起来，将自身的研究工作与国家和人民的召唤结合起来，以深厚的学识修养赢得尊重，以高尚的人格魅力引领风气，在为祖国、为人民立德立功立言中，在实现中华民族伟大复兴中国梦的征程中，成就自我、实现价值。

是为序。

王京清

中国社会科学院副院长

中国社会科学院博士后管理委员会主任

2016 年 12 月 1 日

摘 要

环境监管中的“数字减排”问题，指的是政府所公布的环境监管水平和监管绩效逐步向好，而公众所感受到的环境质量却是在趋于恶化，二者之间呈现了明显的背离态势。这一问题背后所蕴含的是三个因素，即环境监管水平、实际环境质量与公众感受之间的不匹配关系，而这三个因素的关系又可以被区分为两个阶段的问题：①实际环境质量与公众感受之间的不匹配，即公众对于环境质量的感知偏差；②政府环境监管水平与客观环境质量之间的不匹配，即政府的环境监管失灵。

首先，有必要分别对这两个阶段的问题进行有效的识别，确认出环境监管中的“数字减排”问题核心究竟是公众认知偏差还是环境监管失灵。为了更好地检验“数字减排”问题的实质，本书对命题中所函括的三个核心变量进行了描述和界定，将公众感受界定为公众健康水平，将环境质量界定为实际空气质量，将环境监管界定为监管对象的环境技术采用程度和环境税费缴纳程度。本书选取 G20 国家为分析样本，设定环境技术专利扩散数量与环境税占总税收比重（表征环境监管水平）、年平均 PM2.5 浓度（表征实际环境质量）、公众肺癌死亡率（表征公众感受）等几项核心指标分别作为自变量和因变量，分别通过回归模型对样本数据进行计量分析，从而可以识别出 G20 的样本中，公众的健康感受与客观环境质量之间存在一致性，具体到中国的个案也与这一结论高度吻合，可以做出判断，中国的环境空气质量对于公众健康产生显著负面影响，影响程度与 G20 国家平均水平相匹配，所以，不存在公众感受偏差的问题。而环境监管水平与实际环境质量之间却出现了高度的不匹配，即存在政府监管失灵的问题，进一步探究其成因可以发现：①中国环境监管技术水平的效用呈现出一定的滞后性，这是由于技术创新能力的弱化；②中国环境税调控作用受制于环境税总体规模的有限，难以真正得到发挥；③中国城镇化、工业比重与能源结构等因素对空气污染的贡献率过大，远远超出了环境监管能力。

其次，运用制度分析的方法，对中国的个案做深度剖析。从环境监管的技术水平变化趋势看，技术专利的扩散数量与发明数量逐渐呈现出一种背道而驰的发展态势，有悖于常理，这主要是由于政府的监管行为和监管方式导致了企业市场主体地位和环境治理主体作用被弱化；环境税制度本应对空气质量的改善发挥更大的作用，但环境税收水平未能得到更进一步的提升，未能与 GDP 总体当量及发展速度相匹配，从而限制了其作用的进一步发挥，其深层次的原因在于，中央政府与地方政府之间的利益及认知差异；中国的经济发展方式，包括城镇化、产业结构和能源结构的不合理问题，主要是由于政府所主导的固定资产投资所推动，这表现了政府不同政策目标之间的冲突。

再次，基于“结构”和“过程”两个维度，对这一问题背后的行为逻辑、成因机理进行挖掘，有效地识别出环境监管失灵这一问题产生与发展的主要原因是“委托—代理”逻辑和“问题—答案”逻辑所导致。

最后，围绕上述的论述和分析，得出相关的结论：①“数字减排”困局的本质是环境监管失灵问题；②“数字减排”困局是由环境监管水平和经济发展方式所共同造成；③“数字减排”困局的深层次原因应归咎于政府的治理行为；④“数字减排”困局的根本性驱动机制是政府的治理逻辑。并基于以上分析，为“数字减排”问题提出相应的对策。

关键词： 环境监管；环境质量；公众感受

Abstract

Dilemma of " Emission Reduction Just in Statistics" in environmental regulation, means that environmental regulation and performance, promulgated by government, is becoming better and better, however, public perception about environmental quality tends to deteriorate. In a word, there is a huge gap between these tendencies. The problem can be translated as mismatch relationship among three key factors, including environmental regulation, environmental quality and public's feelings. What's more, this mismatch relationship can be divided into two parts: ① Mismatch relationship between environmental quality and public's feelings, which can be defined as public feelings bias about environmental quality; ② Mismatch relationship between environmental regulation and environmental quality which can be defined as environmental regulation failure of government.

First of all, it is necessary to effectively recognize problems in these two phases, so that we can identify what the essence about dilemma of " Emission Reduction Just in Statistics" is, public feelings bias or government regulation failure. To solve this problem, we need to describe and define the three key factors, such as public feelings can be defined as public health, environmental quality can be defined as ambient air quality, and environmental regulation can be defined as environmental technology adoption and environmental tax paying. Take G20 Countries as analysis sample, and respectively set environmental technology patent diffusion and environmental tax percentage of total taxes, PM2.5 quality concerntation, and public's mortality of lung cancer as independent variables and dependent variables. Based on regression model, we can find that, in G20 sample and in the case of China, public health is quite matched with environmental quality. Therefore, in China, environmental quality will seriously affect public health. In another word, there is not public feelings bias about environmental quality in China. But, it is quite mismatch between environmental regulation and environmental quality, and it means that there is a phenomenon called environmental regulation failure. The reason why this phenomenon appears is that, ①The effect of Chinese environmental regulation technology will lag behind, caused by weak innovation capacity; ②Because of limitied total scale of environmental tax, it can't affect effectively; ③Contribution of pollution sources from urbanization, industry structure and energy consumption structure, is so large that exceeds environmental regulation capacity.

Then, according to insititutional analysis, we deeply dig into China case study. Focusing on environmental regulation technology, technology patent diffusion and technology patent invention are developing in opposite directions, which is contrary to common sense. This is due to government regulation behavior and strategy, enterprises' main role in market and core function in environmental governance are weakened. Although environmental tax institution can be more useful in air quality improvement, environmental tax is too finite to match with GDP total scale and development speed, so as to limit its effect. Its deep reason lies in interest and cognitive differences between central and local government. Chinese poor mode of economic development, including urbanization, industry structure and energy consumption structure, is mainly caused by fixed assets investment which is led by government, and it shows the conflict among different policy objectives of government.

Furthermore, respectively based on "Strucrure" dimension and "Process" dimension, dig into the behavioral logic and causative mechanism behind this dilemma, and identify that environmental regulation failure is drivern by the logic of "Principal-Agent" and "Question-Answer".

Last but not least, according to these discussion and analysis, we can conclude: ①The essence of dilemma of "Emission Reduction Just in Statistics" is environmental regulation failure; ②Dilemma of "Emission Reduction Just in Statistics" is caused by environmental regulation and mode of economic development; ③The deep reason of dilemma of "Emission Reduction Just in Statistics" is due to government behavior; ④The essential driven mechanism of dilemma of "Emission Reduction Just in Statistics" is government logic of governance. Then, provide some suggestions for dilemma of "Emission Reduction Just in Statistics".

Key words: Environmental Regulation; Environmental Quality; Public Feelings

目 录

Contents

第一章　绪　论

第一节　选题背景及选题意义

一、选题背景

1."数字减排"困局

中国具有世界上最为复杂的自然环境和社会经济状况，使得中国在实现可持续绿色发展的过程中所面临的问题在全世界范围内都是前所未有的。以我国现行的环境监管政策为例，自"十一五"规划实施以来，总量减排考核制度应运而生，领导愈加重视、投入不断增加、问责日益明确，"十一五"的减排指标全面完成，到了"十二五"时期，减排标准和监管水平提高，减排目标也得以完成，总体来看，近十年的减排成绩十分显著。然而，政策的实施力度如此之大，却与公众的感受不相吻合，公众所感受到的是环境质量的日趋恶化。[①] 由此可见，环境监管水平的提升，似乎未能真正改善环境现状、减缓环境压力，反而导致一种"数字减排"的困局，即"减排数据上去了"而"环境质量却下降了"的矛盾现象。[②]

"数字减排"的现象，在政府的空气质量监管中体现得尤为突出，政府所公布的环境监管水平和绩效严重"偏离"了公众的主观感受：以北京

① 孙秀艳：《总量减排有缺欠更有成效》，《人民日报》2015 年 12 月 12 日第 9 版。
② 21 世纪网：《专访全国政协委员、中科院南京分院院长周健民：减排数据上去了，环境质量却下降了?》，http：//biz.21cbh.com/2014/3-3/0MMDA0MTdfMTA4MzI0MA.html。

为例，根据北京市环境监测中心的数据，从 1998 年开始，北京市一直监测的 SO_2、NO_2 和 PM10 浓度都在下降，PM2.5 的浓度自从纳入监测以来，也在持续下降。然而，公众所感受到的空气质量却在急剧恶化，近几年的京津冀地区，尤其是北京，时常遭遇雾霾袭击，PM2.5 的浓度动辄"爆表"，对于公众的日常生活影响十分明显。这其中固然有自然因素的可能性，即 PM2.5 组分的变化，影响能见度的部分增加，导致雾霾的视觉冲击效果更为明显。[①] 但是，除此之外，应当更多地考量社会经济方面的因素，尤其是环境监管制度本身的问题，涉及到环境监管体制、政府考核机制、政企合谋、数据造假等一系列问题。一些较为客观的医学健康指标也有印证，《2010 年全球疾病负担评估》认为，2010 年室外空气污染在中国造成约 120 万人过早死亡和 2500 万健康生命年损失，[②] 这意味着"数字减排"绝不仅是公众感受的偏差，而且是一种客观存在的社会问题。"数字减排"的矛盾现象进一步加剧了公众对政府环保工作的不信任感，因此我们势必应重新反思我国的环境监管制度的整体设计。

2."数字减排"的表现形式

由于"十二五"规划尚未结束，且对于环境领域所设定的指标有别于"十一五"的指标，统计口径不尽相同，因此，截至目前，重点选取"十一五"规划期间的环境监管的措施与成效作为分析对象。"十一五"期间，我国在环境治理方面，人力、财力、物力等投入都很大，从污染治理项目投资总额来看，投入始终在上升，投资总额在 GDP 的比重中也占据了越来越重的份额，如图 1-1 所示。

官方公布的相关数据显示，"十一五"期间，COD、SO_2、氮氧化物以及工业废水等一些主要污染物的排放量基本呈现出下降的趋势（仅氮氧化物在 2010 年有所上扬），如图 1-2 所示。其实，"十二五"期间（即 2011 年和 2012 年）的相关数据也延续了持续下降的趋势。

根据以上数据显示，我国的环境质量和治理绩效应有一个稳步提升，然而，公众对于环境质量的主观感受却并非如此，以雾霾为代表的环境问

① 刘晓星：《京城蓝天缘何爱玩躲猫猫?》，《中国环境报》2015 年 2 月 16 日第 6 版。

② Lim, S. S., Vos, T., Flaxman, A. D., Danaei, G., Shibuya, K., Adair-Rohani, H., Aryee, M., et al., "A comparative risk assessment of burden of disease and injury attributable to 67 risk factors and risk factor clusters in 21 regions, 1990-2010: A systematic analysis for the global burden of disease study 2010", *The Lancet*, 2013, 380 (9859): 2224-2260.

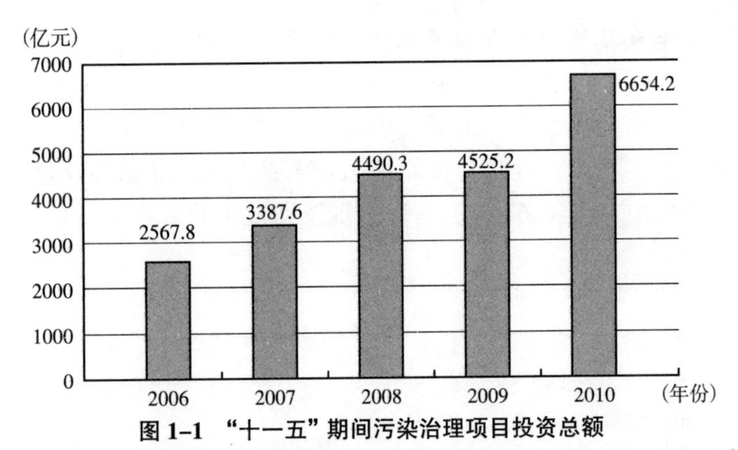

图 1-1 “十一五”期间污染治理项目投资总额

数据来源：《全国环境统计公报》，环境保护部主页（http://www.mep.gov.cn/zwgk/hjtj/qghjtjgb/）。

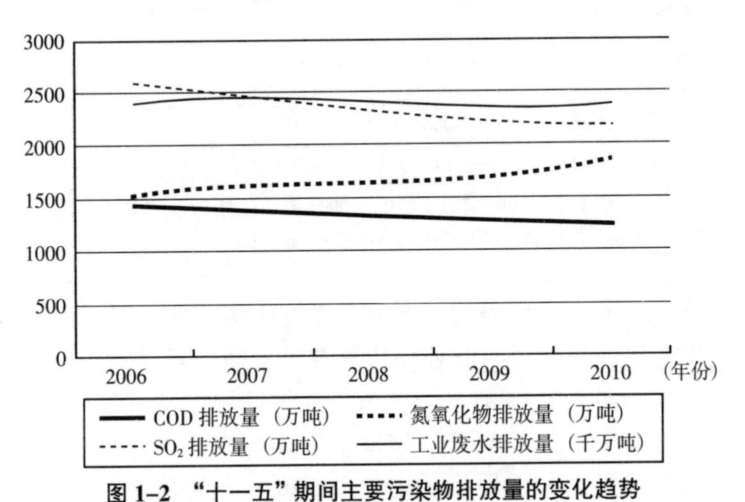

图 1-2 “十一五”期间主要污染物排放量的变化趋势

数据来源：《全国环境统计公报》，环境保护部主页（http://www.mep.gov.cn/zwgk/hjtj/qghjtjgb/）。

题持续困扰着公众的日常生活和身体健康。对此，耶鲁大学也发布了环境绩效指数（Environmental Performance Index，EPI）①，中国的 EPI 分值基本上都处于 60 分以下，而且始终呈现出下降的趋势，而 EPI 排名也基本上处于 100 名以外（共有 178 个国家被列入统计）。除了能源效率方面有所

① EPI（环境绩效指数）是一套针对全球各国应对包括空气质量、水资源管理和气候变迁等敏感环境问题能力的评估体系。该指数由美国耶鲁大学和哥伦比亚大学学者共同发布，频率为两年一次。

提升外，中国在其他很多方面尤其是空气质量和水资源管理方面还较为滞后，如图 1-3 所示。在 2014 EPI 最新的细颗粒物（PM2.5）暴露程度指标方面，中国位居世界最末。细颗粒物对人体健康有不良危害，并造成全国性的紧急状态。在污水处理方面，中国在衡量工业、市政及生活污水排前处理率的指数上排名第 67 位，落后于俄罗斯及南非。

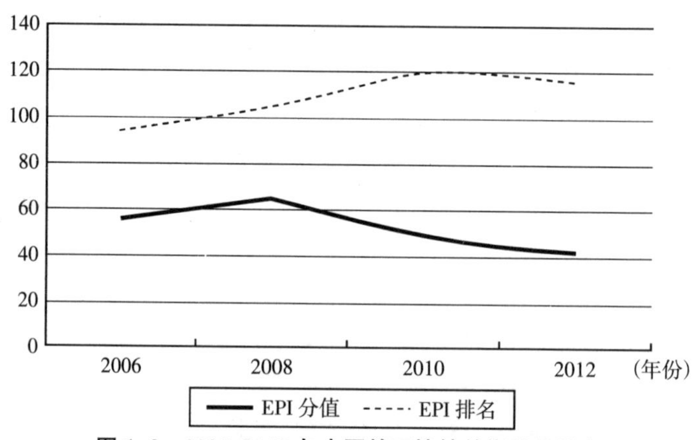

图 1-3　2006~2012 年中国的环境绩效指数及排名

数据来源：耶鲁大学环境绩效指数数据库，http://www.epi.yale.edu/。

改革开放以来，我国制定了数量庞大的环境法律、法规、规章与标准，从中央到地方设立了各级环保机构并且不断地隆其地位、增其编制、扩其权限。但不可否认的是，近年来环境污染程度随着经济发展越来越严重。尤其是"十一五"规划实施以来，因应中央出台的一系列旨在改善环境状况的政策，我国环境污染治理投入和环境监管力度从绝对数看在逐年加强，同时，环保部门所统计的污染物减排情况也日益改善。但在整体环境质量的改善上却始终收效甚微，无论是在已完成的"十一五"计划还是在进行的"十二五"计划期间，环境问题至今都是唯一未能达标的工作。

由此可以得知，在中国，环境监管的投入和努力日益增加，同时，重点污染物的监管成效也在逐步提升，然而，整体的环境监管绩效，即环境质量的改善却未能与之同步提升，甚至出现了恶化的趋势。

一言以蔽之，在中国的环境保护领域，出现了环境监管政策"反效果"的悖论和困境。所谓的政策"反效果"，即尽管政府出于良好的初衷而制定、执行相关监管政策，但在具体实施过程中，由于某种原因的作用，导致了政策结果逐步地偏离了预先设计好的方向与轨道，形成了与预期效果不匹配，甚至完全对立的现象。[①]

3. 问题的提出

国务院发展研究中心“中国民生指数研究”课题组对于这一问题做了较为系统的研究，并将其概括为“两个反差”，即污染物减排数据与环境质量的反差，环保工作绩效与公众感觉的反差。其认为，“两个反差”产生的原因是由于“中国的环境质量变化趋势是稳中有好但改善缓慢，但人民群众对环境质量的需求速度在快速上升”，因而，客观的环境质量改善缓慢与公众的环境质量需求快速上升之间的巨大落差导致“两个反差”。除此之外，不同部门难以就环境保护问题形成合力，环保工作未能抓住重点，以及环境质量标准中的指标难以全面反映公众感觉，也都在客观上导致了“两个反差”。[②] 对此，环保部门也表示，“环境质量改善是检验环保工作的唯一标准”，应当“直接回应公众的期待，让环保考核工作和老百姓的感觉直接挂钩”。[③]

“两个反差”的现象，实质上意味着，环境监管水平与公众感受的差距主要可能产生在两个阶段的不匹配：①环境监管水平与实际环境质量的不匹配；②实际环境质量与公众感受的不匹配。其中，前者可以定义为环境监管的失灵问题，后者则应归结为公众认知的偏差。那么，环境监管过程中所出现的“数字减排”问题究竟应归因于哪一个环节呢？抑或是在两个环节中都存在不匹配的问题呢？这一点是本研究首先需要解决的问题。因为，环境监管失灵和公众认知偏差这两个问题看似是一体两面的，但是其本质上有着非常显著的差异：前一个问题属于行政问题，解决问题的重点在于改善政府自身的治理能力；后一个问题则有明显的不同，其属于社会问题，问题的解决更加侧重于对公众心理、认知等因素施加影响，以使之能够更为准确地对环境影响作出判断。

所以，研究的开展必须要对“数字减排”困局的问题性质进行界定，

① Sieber, S., “Fatal remedies: The ironies of social intervention”, New York: *Springer Science & Business Media*, 2013.

② 国务院发展研究中心“中国民生指数研究”课题组：《中国民生指数环境保护主客观指标对比分析》，《发展研究》2014 年第 10 期。

③ 何林璘：《环境质量改善是检验环保工作的唯一标准》，《中国青年报》2015 年 9 月 8 日第 5 版。

进而，当“数字减排”困局的问题和性质得以确定之后，则势必要对这一问题的主要影响因素做出分析，并结合环境监管、环境质量和公众感受三个方面的要素系统地考量，得出导致“数字减排”困局的最主要原因。并且，有必要因循这一分析路径，继续对“数字减排”形成的深层次原因作出判断和归纳，从制度分析的角度，识别出这一现象背后所蕴含的驱动性机制，最终为问题的解决提供一些较为可行的思路。

二、选题意义

1. 理论意义

本书将中国环境监管中的“数字减排”困局作为分析对象，结合定量分析和定性分析等不同的研究方法，从理论意义上，对中国情景中的“数字减排”困局做出较为明确的定义，即“数字减排”问题的本质是环境监管失灵，并且提取出环境监管失灵问题的影响因素。同时，建构相应的分析框架，对多个影响因素进行深层次的归因，将各类影响因素统一地纳入政府行为的框架下看待，从而有效地发掘出不同影响因素与政府行为之间的关联机制，试图将政府相应行为进行较为系统的制度分析，发现监管失灵背后的驱动因素。进而，尝试对政府行为背后所蕴含的相关治理逻辑做出深度的解析，围绕“委托—代理”逻辑和“问题—答案”逻辑两个维度看待中国的环境监管行为和监管绩效中所存在的各类问题，并最终认定，环境监管失灵问题的根本成因是“委托—代理”逻辑的泛化和“问题—答案”逻辑的简化。从文章的整体论述而言，本研究对于中国环境监管中的“数字减排”困局的性质、特征、原因以及机理等多个方面的问题做了较为详细地阐述和论证：既对这一问题的全貌进行了描述和概览，又对这一问题的原因展开了深度归因；既对常识性问题做出了较为积极的回应和确证，又对现有问题的解释力度予以进一步的加强和拓展。就这一层面而言，本书将对现有的国家治理体系与治理能力现代化理论体系的建设提供些许新的启示：不应单纯强调主体的丰富和多元化，更应当关注不同领域的机制如何更好、更恰当地被引入到治理体系中，形成对“委托—代理”逻辑和“问题—答案”逻辑的补充和完善。

从具体的研究方法而言，本研究运用了“嵌套分析+比较分析”的研究方法，从不同国别之间的比较看待中国问题：将中国的个案置于 G20 国家的总体问题情境中，进行大样本的计量分析，得出 G20 国家的普遍性、规律性的结论，判断出中国的个案在整体样本中的特殊性和异常性。进而重点针对中国的个案进行深入挖掘，并与 G20 国家的平均水平和规律性特征做出比较，最终对中国的“数字减排”困局成因得出相应的结论。

2. 现实意义

环境问题是中国发展中所面临的最为严重、最为紧迫的问题之一，不仅涉及效率，而且关乎公平，同时，环境问题本身具有广泛性、复杂性、时滞性等特征，广泛地牵涉到不同的经济主体、社会主体等的利益诉求，因此，如何更好地开展环境监管与治理，是各级政府以及全社会共同关注的问题。20 世纪 70 年代以来，尤其是“十一五”规划之后，政府在环境领域所投入的人力、物力、财力日益增加，然而总体环境质量却并未能得到相应的改善，陷入了监管失灵的困境。而且，近年来，政策制定者和研究者开始逐渐地认识到监管机制分析在环境健康问题研究中的价值和意义，所以，本书基于国别间的大样本比较分析以及个案的深度挖掘，对于环境监管中的“数字减排”困局的具体性质做出了清晰的界定：“数字减排”问题的主要症结不在于公众感受的偏差，其本质在于政府监管的失灵，从而为问题的解决和问责提供了较为明确的定位。并且，立足于环境监管中“数字减排”困境这样一个现实问题，重点探讨了中国环境监管失灵问题的成因、作用机理和危害，特别是环境监管中的指标式管理、环境分权、信息公开、政企合谋等多方面的问题，而这些问题背后则涉及了国家治理中更为深层次、也更为核心的原因，诸如央地关系、政企关系、政社关系等，尝试跳出聚焦于单一责任主体的问责方式，而是基于整个环境监管体系中不同主体间的作用机制角度考量，理顺不同主体间的权责关系，优化监管机制。

本书将遵循分析、解释的逻辑，在对中国环境监管中的“数字减排”困局做出较为全面、合理解释的基础之上，将为其设计出一个较为系统的监管机制，并以此为突破口，为环境监管体制的改进和完善提供一些新的视角和思路。

第二节 关键概念界定

所谓的“数字减排”困局，就是政府监管水平、实际环境质量以及公众感受三者之间的不匹配关系，政府监管水平并不能直接影响到公众感受，而是通过改变环境质量间接作用于公众感受。因而，对于这一问题的探讨，应从两个维度考量：一是环境质量与公众感受之间的匹配程度，二是监管水平与环境质量之间的匹配程度。在问题展开分析之前，需要对相关概念做出界定。

一、公众感受

目前，关于公众对于环境质量的感受方面的研究，主要是通过主观态度调查、支付意愿测量以及健康指标等几种方式展开，运用主观、客观的不同指标对公众的感受进行衡量，从不同的维度识别公众对于环境质量的认知与判断。

1. 公众主观评价

通过问卷或访谈等调查形式，收集公众对于环境质量的主观评价，现阶段公众对于环境的幸福感和满意度主要来自两方面：一是现实客观存在的环境条件；二是政府的环境政策。[①] 环境质量往往被认为是影响公众幸福感的重要因素，Luechinger 针对欧盟国家的 SO_2 浓度与个人幸福感问题做了相关性分析，发现空气中的 SO_2 浓度与公众的幸福感呈现出明显的负相关关系[②]。Levinson 则重点考察了美国的数据，得出结论：当空气中的 PM10 浓度增加时，公众的幸福感则明显下降[③]。杨继东则以中国的 NO_2 等

---

① Pelletier, L. G., Legault, L. R., Tuson, K. M., “The environmental satisfaction scale a measure of satisfaction with local environmental conditions and government environmental policies”, *Environment and Behavior*, 1996, 28 (1): 5-26.

② Luechinger, S., “Life satisfaction and transboundary air pollution”, *Economics Letters*, 2010, 107 (1): 4-6.

③ Levinson, A., “Valuing public goods using happiness data: The case of air quality”, *Journal of Public Economics*, 2012, 96 (9): 869-880.

空气污染物和 CGSS（中国综合社会调查项目）的数据为样本展开分析，发现空气污染对于公众幸福感有显著的负向影响[①]。Munro 基于 2006 年的 CGSS 数据，分析了公众对于环境污染的健康或经济影响的认识。“公众是否认为自己是污染受害者”，这个问题主要取决于几方面因素：一是因为他们所感受到的环境条件，例如污染的真实水平、公众所居住的环境；二是由于实体和信息资源，包括时间、社会资本和政治经历；三是由于政治态度。[②]

2015 年诺贝尔经济学奖得主 Deaton 也认为，公众的主观幸福感（Subjective Well-being）也应成为测度空气质量的一项指标，越来越多地被用于衡量空气污染的社会成本中。[③] Gu 等从社会心理学的角度出发，基于享乐论和实现论将幸福感分为（Subjective Wellbeing，SWB）和（Eudaimonic Wellbeing，EWB）两种类型，前者源于主观享受（如是否宜居），而后者则源于自我实现和提高的目的（如改善环境的机会），研究结果得出，大气污染会对居民幸福感产生影响，但这种影响会受制于个体的历史归属和未来规划，而且这种影响能够产生积极的作用，进一步转化为国民环境意识的改变。[④]

但是，运用主观评价来衡量公众感受，具有一定的不稳定性，如“实际环境质量较好的省份，公众对环境质量反而容易产生不满”，这说明“公众对环境质量改善速度的需求会随着经济发展水平快速上升”；从动态上看，“环境质量变好的地区往往没有出现公众对环境的感觉同步变好，环境质量的改善与主观感觉缺乏同步性甚至一致性”，特别是公众在经历了“APEC 蓝”“阅兵蓝”等之后，公众的主观预期也会随之加强，超出了环境监管能力的提升速度，这意味着“通过改善客观环境质量来提升环境主观感觉的难度大”。[⑤] 此外，公众对于政府监管绩效的认知和判断，在一

---

① 杨继东、章逸然：《空气污染的定价：基于幸福感数据的分析》，《世界经济》2014 年第 12 期。

② Munro，N.，“Profiling the victims：Public awareness of pollution-related harm in China”，*Journal of Contemporary China*，2014，23（86）：314-329.

③ Deaton，A.，Stone，A. A.，“Economic analysis of subjective well-being：Two happiness puzzles”，*American Economic Review*，2013，103（3）：591-597.

④ Gu，D.，Huang，N.，Zhang，M.，Wang，F.，“Under the dome：Air pollution，wellbeing，and proenvironmental behaviour among Beijing residents”，*Journal of Pacific Rim Psychology*，2015，9（2）：65-77.

⑤ 国务院发展研究中心“中国民生指数研究”课题组：《中国民生指数环境保护主客观指标对比分析》，《发展研究》2014 年第 10 期。

定意义上，还依赖于政府信息的透明程度，在一些时候，政府行为透明度的提升，如有关雾霾的信息不断完善，反而会导致公众满意度的减弱。①因而，选取主观评价作为衡量公众感受的核心变量将导致研究结果的不稳定，并且难以避免其中的内生性问题。

2. 公众支付意愿

将环境质量视为一种公共物品，以货币化计量的方式，考察公众为获得良好的环境质量而产生的支付意愿，其实质是公众减少健康风险的支付愿望。Yu 运用条件评估法分析了北京市公众对于蓝天的支付意愿，结果显示，每户家庭的支付意愿仅为年均存款的 0.2%，低于其他国家的平均水平。② 何凌云等采用 CGSS 的数据分析了城市居民基于空气质量改善的支付意愿，接近 50%的人表示非常愿意为保护环境支付更高的价格，而家庭对减少一个单位灰霾、烟尘污染的支付意愿为 2473.88 元，平均到个人为 780.40 元。③ 陈永伟等基于 CFPS（中国家庭动态跟踪调查）2010 年的数据，测算了空气质量改善给居民带来的等价经济收益，考察了不同特质人群对空气质量改善的支付意愿，发现健康条件欠佳者的支付意愿更高。④ Zheng 等利用淘宝交易数据探究不同收入水平的个体如何利用空气净化设备的私人市场应对空气污染，论证了私人市场能够帮助高收入人群更好地免受空气污染之害，发现当空气污染严重时，所有家庭都会购买更多的空气净化设备；但只有高收入人群才会更多地购买最有效也最昂贵的空气净化设备（即净化器），意味着空气净化设备的私人市场可能恶化了中国人力资本积累与生活质量方面的贫富差距。⑤ Liobikienė等通过对欧盟国家的“绿色购买行为”进行比较得出，在欧盟所有国家，主观规范都是对绿色购买行为影响最大的因素，越不发达的欧盟国家，个人越容易感受到购买

① Porumbescu，G. A.，“Does transparency improve citizens' perceptions of government performance? Evidence from Seoul，South Korea”，*Administration & Society*，DOI：10.1177/0095399715593314，2015.

② Yu，X.，Abler，D.，“Incorporating zero and missing responses into CVM with open-ended bidding: Willingness to pay for blue skies in Beijing”，*Environment and Development Economics*，2015，15（5）：535-556.

③ 何凌云、黄永明：《城市居民基于空气质量改善的支付意愿定量分析》，《城市问题》2014 年第 4 期。

④ 陈永伟、史宇鹏：《幸福经济学视角下的空气质量定价——基于 CFPS2010 年数据的研究》，《经济科学》2013 年第 6 期。

⑤ Zheng，S.，Sun，C.，Kahn，M. E.，“Self-protection investment exacerbates air pollution exposure inequality in Urban China（No. w21301）”，*National Bureau of Economic Research*，2015.

GPs 的道德责任，提出政策应为突出绿色购买行为的正面社会形象提供相应的激励措施。[①] 对于自然资源和环境质量等非市场化的商品，支付意愿受到心理变量（例如个体态度、主观规范）极显著影响，而对于支付金额方面，社会经济变量（家庭收入、是否是环境协会成员）具有极显著影响。[②]

这一点在消费者居住地行为选择上也有明显的体现，环境能够通过工资和房价影响消费者居住地选择：收入（工资）效应会将消费者区分为高收入人群和低收入人群，高收入消费者将选择环境和质量好的居住地，同时高收入消费者会要求更大居住空间，这会降低该地区的居住密度；在价格效应方面，居住地的房屋价格会自动调整，使环境带来的边际收益收敛为零。[③] Zheng 等利用中国 80 余个城市的空气质量和房地产价格数据，将居民对于洁净空气的支付意愿作为代理变量，有效识别了其对于环境质量的需求：公众的支付意愿呈现逐年上升的趋势，说明民众的环境需求正在逐步增强；同时，这种环境需求随着城市等级和收入水平有规律地变化，在大城市和收入水平较高的城市民众对环境质量需求表现得更加强烈。[④] Gibbons 从实证角度对风力发电厂的可见性在英国和威尔士地区对房价的影响进行定量估计，而环境成本之所以存在，是由于人们的“邻避主义”心理，即虽然支持风力发电，但并不希望电厂建在自家周围，实证研究结果发现，风力发电厂确实会导致周围房价的下降，距离发电厂 1000 米以内房价的下降幅度是 6.5%，2000 米以内是 5.5%~6%，4000 米以内是 2.5%~3%，4000 米以上低于 1%。[⑤]

---

① Liobikienė, G., Mandravickaitė, J., Bernatonienė, J., “Theory of planned behavior approach to understand the green purchasing behavior in the EU: A cross-cultural study”, *Ecological Economics*, 2016 (125): 38-46.

② Bernath, K., Roschewitz, A., “Recreational benefits of urban forests: Explaining visitors’ willingness to pay in the context of the theory of planned behavior”, *Journal of Environmental Management*, 2008, 89 (3): 155-166.

③ Kahn, M. E., Walsh, R., “Cities and the environment (No. w20503)”, *National Bureau of Economic Research*, 2014.

④ Zheng, S., Cao, J., Kahn, M. E., Sun, C., “Real estate valuation and cross-boundary air pollution externalities: Evidence from Chinese cities”, *The Journal of Real Estate Finance and Economics*, 2014, 48 (3): 398-414.

⑤ Gibbons, S., “Gone with the wind: Valuing the visual impacts of wind turbines through house prices”, *Journal of Environmental Economics and Management*, 2015, 72 (3): 177-196.

3. 环境问题导致的负面行为

聚焦于环境污染所导致的犯罪、集体行动和信访等负面行为，通过分析此类事件的形成与演化机理，以衡量公众对于环境质量以及基层环境监管的态度。Herrnstadt 和 Muehlegger 发现，空气污染与暴力犯罪行为之间有显著的关联性，在空气污染程度较高的社区，暴力犯罪率高出平均水平的 2.2%，同样，在污染水平较高的时期，犯罪率更高，主要是由于空气污染水平的提高激化了人们的攻击性行为。[①] Yang 基于对中国环保 NGO 的田野调查，指出环保 NGO 是因逐渐恶化的环境以及逐步提升的公众需求而发展起来的，因而其成长壮大是中国公众日益高涨的环保热情的一个缩影。[②] 因为环境类 NGO 的发展往往与政府环境治理行为呈现出一定的互补性：在专制政权中，单个党派专政的政府能够提供最多的环境公共物品，但同时环境类 NGO 对其决策的影响力最弱；个人独裁政府提供最少的环境公共物品，但环境类 NGO 对其决策的影响力最强。[③] 冉冉认为，“以环境主义为旗号和诉求的公民抗争行动”的道德“优越性”逐渐增强，并且已然“取代环境运动成为讨论公民环境抗争事件的一个主流话语”，而政府对于环境类 NGO 的态度复杂而谨慎，“对由环境问题引发的群体性事件和抗争不断打压”，导致环保人士的生存空间严重被挤压，环保类社会运动一波三折，恰恰反映了公众对于环境质量的不满意，同时也说明了政府自身对于环境监管绩效的不自信。[④] 钟其认为，中国的环境群体性事件主要由于四方面原因所导致，分别是社会成员的基本生存环境受到严重威胁、地方政府片面追求经济发展而忽视环境保护问题、公众环境权利意识勃兴却缺乏流畅有效的环境权利保护和参与机制、企业放肆追求利润而放弃或者忽视其应该承担的社会责任。[⑤] Deng 将视角投向了中国农村，考察农民对于潜在和已发生的环境污染的抗议，他们往往会寻求相应的补偿，

---

① Herrnstadt, E., Muehlegger, E., “Air Pollution and Criminal Activity: Evidence from Chicago microdata (No. w21787)”, *National Bureau of Economic Research*, 2015.

② Yang, G., “Environmental NGOs and institutional dynamics in China”, *The China Quarterly*, 2015, 181 (1): 44-66.

③ Böhmelt, T., “Environmental interest groups and authoritarian regime diversity”, *VOLUNTAS: International Journal of Voluntary and Nonprofit Organizations*, 2015, 26 (1): 315-335.

④ 冉冉:《中国地方环境政治：政策与执行之间的距离》，中央编译出版社 2015 年版，第 75 页。

⑤ 钟其:《环境受损与群体性事件研究——基于新世纪以来浙江省环境群体性事件的分析》,《法治研究》2009 年第 11 期。

但是，如果污染是由同村人所造成，他们会选择沉默，主要是受到社会关系和经济上的依赖约束，说明公众对于环境污染的反应具有高度的“情境依赖性”。[①] 周志家认为环境群体性事件的公众参与可分为三种类型，分别是信息性参与、诉求性参与和抗争性参与，目前中国的公众参与方式还体现在较为浅层次的诉求性参与，表现为自身对负面环境影响的反应。[②] 董阳等则选择百度百科“PX 词条保卫战”作为案例，将广东茂名 PX 抗议事件所引发的网络舆论演变过程解剖为极化、制衡和理性化三个阶段，从而得出结论：网络舆论的极化现象背后往往牵连着社会情境线索，反映了公众对于 PX 的切实担忧。[③] 朱旭峰认为“环境信访是中国制度化环境公民参与过程中发育最健全的机制”，能够有效地反应公众的环境利益诉求。[④] 祁玲玲等认为环境信访规模能够从国家环境法制执行能力和社会团体发展规模的因素解释，环境污染案件行政处罚力度越大，公民实际上访规模越小；社会团体发展规模可以在一定程度上起到消解公民来信式环境抱怨的作用。[⑤]

4. 公众健康水平

公众对于环境质量的感受，还可以着重关注环境质量的变化对公众身体健康状况的影响，以客观的指标考量公众的感受。如何有效评估人们健康水平的提高（包括发病率和死亡率的降低），是公共政策中成本—福利分析的重要组成部分。[⑥] Ebenstein 等以中国为例探讨了经济发展、环境污染与平均寿命的关系，发现伴随着经济的增长，人均寿命和传染病等死亡率显著下降，但受污染影响较大的心肺疾病死亡率则没有随经济发展而改

① Deng, Y., Yang, G., “Pollution and protest in China: Environmental mobilization in context”, *The China Quarterly*, 2013 (214): 321-336.

② 周志家:《环境保护、群体压力还是利益波及——厦门居民 PX 环境运动参与行为的动机分析》,《社会》2011 年第 1 期。

③ 董阳、陈晓旭:《“极化”走向“理性”: 网络空间中公共舆论的演变路径——百度百科“PX 词条保卫战”的启示》,《公共管理学报》2015 年第 2 期。

④ 朱旭峰:《转型期中国环境治理的地区差异研究——环境公民社会不重要吗?》,《经济社会体制比较》2006 年第 3 期。

⑤ 祁玲玲、孔卫拿、赵莹:《国家能力、公民组织与当代中国的环境信访——基于 2003~2010 年省际面板数据的实证分析》,《中国行政管理》2013 年第 7 期。

⑥ Gerking, S., Dickie, M., Veronesi, M., “Valuation of human health: An integrated model of willingness to pay for mortality and morbidity risk reductions”, *Journal of Environmental Economics and Management*, 2014, 68 (1): 20-45.

善。由此可见，经济发展的副产品——环境污染，损害了人们的健康，进而抵消了经济发展对人均寿命的正面影响。[①] Chen 等运用断点回归的方法，通过对淮河两岸冬季供暖方式的差异，得出结论：燃煤供暖所产生的污染导致了淮河两岸的人均寿命具有 5 年的差异，从而在侧面上论证了中国的空气污染是影响人均寿命的一个重要因素。[②] 陈硕等则具体选取了 SO_2 的排放量作为核心解释变量，从微观层面检视了 2004~2006 年火电厂建设阶段所造成的 SO_2 排放量激增，提高了肺癌和呼吸系统疾病的死亡率。[③] Tanaka 以 1998 年中国实施的关于酸雨和 SO_2 的监管政策为基础，采用拟自然实验的方法，发现孕期母亲暴露于空气污染会对胎儿发育产生影响，这是空气污染影响婴儿死亡率的重要机制，证实了空气污染监管所带来的健康收益，表现为婴儿死亡率的大幅降低。[④]

《2013 年全球疾病负担研究》表示，如果将 PM2.5 浓度降至 35 微克/立方米，即在中国大部分地区目前的水平上降低 50%，在京津冀地区目前的水平上降低 67%，那么每年的超额死亡人数将从目前的 67 万降到 51.9 万。即使进一步降低至 15 微克/立方米，仍然会导致每年 23.6 万的超额死亡人数。这也从某种程度上说明了，小幅度缓解大气污染不足以应对这个重大的全国性健康问题。[⑤]

5. 小结

综上所述，主观感受的衡量往往受到特定事件发生所导致的“享乐适

---

① Ebenstein, A., Fan, M., Greenstone, M., He, G., Yin, P., Zhou, M., “Growth, Pollution, and Life Expectancy: China from 1991-2012”, *American Economic Review*, 2015, 105 (5): 226-231.

② Chen, Y., Ebenstein, A., Greenstone, M., Li, H., “Evidence on the impact of sustained exposure to air pollution on life expectancy from China's Huai River policy”, *Proceedings of the National Academy of Sciences*, 2013, 110 (32): 12936-12941.

③ 陈硕、陈婷：《空气质量与公共健康：以火电厂二氧化硫排放为例》，《经济研究》2014 年第 8 期。

④ Tanaka, S., “Environmental regulations on air pollution in China and their impact on infant mortality”, *Journal of Health Economics*, 2015, 42: 90-103.

⑤ Ng, M., Fleming, T., Robinson, M., Thomson, B., Graetz, N., Margono, C., Abraham, J. P., et al., “Global, regional, and national prevalence of overweight and obesity in children and adults during 1980-2013: A systematic analysis for the global burden of disease study 2013”, *The Lancet*, 2014, 384 (9945): 766-781.

应性（Hedonic Adaptation）”[①]影响，带来了一定的测量偏差[②]。同时，公众的主观评价在一定程度上与受访者的期望水平相关[③]，也通常受到舆论、事件等因素的建构性影响[④]，意识形态[⑤]、经济水平[⑥]、就业状况[⑦]、居住环境甚至婚姻状况[⑧]等都对公众的环境评价产生重要影响，特别是在中国快速的城镇化和经济发展的背景下[⑨]，如果不能剥离此类影响因素，则对于分析的信度和效度都有不利。

而且，环境质量，尤其是空气质量状况能够影响人的心理状态，积极的情绪状态与较好的空气质量之间有显著的正相关，由疲倦而导致困意的状态则与恶劣的空气条件之间有显著的负相关；[⑩]同时，情绪也是认知加工的资源之一，当被试者处于情绪好的状态下，对天气条件的评价更加积极，而处于情绪低落的状态下，对天气条件评价更加消极；[⑪]个体的经验对风险预测有显著影响，风险预测能显著预测个体的负面情绪，过去经历过的恶劣天气条件在脑中形成了关系框架，当再遇到天气的变化时，情绪

① 享乐适应性是对于生活环境变化的一种动态反应，这种反应的幅度会随着时间逐渐减少。一些研究已经发现，幸福感会随着好、坏事情的到来而发生变化，但是个人通常会在一定时间段之后回归平静，即回归到原本的生活状态中。再比如说，当人们得知自己患有严重的健康疾病的时候会很不开心，但会逐渐适应这种情况，因此观测到的主观幸福感又会回归到平时的水平。

② Kimball, M., Nunn, R., Silverman, D., “Accounting for adaptation in the economics of happiness (No. w21365),” *National Bureau of Economic Research*, 2015.

③ Lin, K., “A methodological exploration of social quality research: A comparative evaluation of the quality of life and social quality approaches”, *International Sociology*, 2013, 28 (3): 316-334.

④ Soroka, S. N., Stecula, D. A., Wlezien, C., “It's (Change in) the (Future) Economy, stupid: Economic indicators, the media, and public opinion”, *American Journal of Political Science*, 2015, 59 (2): 457-474.

⑤ Mervis, J., “Politics doesn't always rule”, *Science*, 2015, 349 (6243): 16.

⑥ Franzen, A., “Environmental attitudes in international comparison: An analysis of the ISSP surveys 1993 and 2000,” *Social Science Quarterly*, 2003, 84 (2): 297-308.

⑦ Di Tella, R., MacCulloch, R. J., Oswald, A. J., “The macroeconomics of happiness”, *Review of Economics and Statistics*, 2003, 85 (4): 809-827.

⑧ 林兵、刘立波：《环境身份：国外环境社会学研究的新视角》，《吉林师范大学学报》（人文社会科学版）2014年第9期。

⑨ Chen, X., Peterson, M., Hull, V., Lu, C., Lee, G. D., Hong, D., Liu, J., “Effects of attitudinal and sociodemographic factors on pro-environmental behaviour in urban China”, *Environmental Conservation*, 2011, 38 (1): 45-52.

⑩ Kööts, L., Realo, A., Allik, J., “The influence of the weather on affective experience: An experience sampling study”, *Journal of Individual Differences*, 2011, 32 (2): 74.

⑪ Messner, C., Wänke, M., “Good weather for schwarz and clore”, *Emotion*, 2011, 11 (2): 436.

的变化跟已形成的关系框架息息相关。[①] 由此可见，个体对于空气质量的主观评价受到个体的风险预测、情绪以及体验等主观因素的影响，并不能够客观、真实地反映空气质量的情况和影响[②]，因此，如果选取公众的主观评价作为公众感受的主要衡量指标的话，则难以避免内生性的问题。由此可见，衡量公众对于环境质量的感受，应采用更加客观的指标，而环境质量变化对于公众健康的影响则能够更加准确、客观地反映公众感受，并有效挖掘环境与健康关系背后的深层次作用机理。

二、环境质量

环境质量的恶化包括水、土壤质量以及噪声和空气污染[③] 等都已经被认为是负面的健康影响因素，无论是对健康的影响、对生产力造成的损失还是对生态系统的破坏，污染造成的经济成本都在不断上升，据 2012 年世界银行发布的《2030 年的中国》报告可知，污染导致的死亡率和发病率上升造成的全年经济损失估计在 1000 亿~3000 亿美元。

但是，公众感受最直接、最明显、最强烈的无疑是空气质量问题[④]。空气污染对急性呼吸衰竭、慢性阻塞性肺疾病、哮喘等的影响已被研究广泛证实，环境对死亡率的影响程度甚至高于医疗保健[⑤]。相关研究显示，2010 年，空气污染导致中国 120 万人过早死亡[⑥]，而且空气污染也是当前环境政策的最重要着力点。所以，对于环境质量问题的探讨，将集中于空

---

① Linden，S.，“On the relationship between personal experience，affect and risk perception：The case of climate change”，*European Journal of Social Psychology*，2014，44（5）：430-440.

② Stipak，B.，“Citizen satisfaction with urban services：Potential misuse as a performance indicator”，*Public Administration Review*，1979：46-52.

③ Dockery，D. W.，Pope，C. A.，“Acute respiratory effects of particulate air pollution”，*Annual Review of Public Health*，1994，15（1）：107-132.

④ Neidell，M. J.，“Air pollution，health，and socio-economic status：The effect of outdoor air quality on childhood asthma”，*Journal of Health Economics*，2004，23（6）：1209-1236.

⑤ Bruce，N.，Perez-Padilla，R.，Albalak，R.，“Indoor air pollution in developing countries：A major environmental and public health challenge”，*Bulletin of the World Health Organization*，2000，78（9）：1078-1092.

⑥ Lim，S. S.，Vos，T.，Flaxman，A. D.，Danaei，G.，Shibuya，K.，Adair-Rohani，H.，Aryee，M.，et al.，“A comparative risk assessment of burden of disease and injury attributable to 67 risk factors and risk factor clusters in 21 regions，1990-2010：A systematic analysis for the Global Burden of Disease Study 2010”，*The Lancet*，2013，380（9859）：2224-2260.

气质量这一具体的议题。

在中国的空气污染中，最为典型的问题是雾霾。“雾霾”这个原本并不为公众所熟知的名词，近年来已成为人们耳熟能详且谈之色变的词语。按气象学定义，雾是水汽凝结的产物，主要由水汽组成；霾是大量极细微的干尘粒等均匀地浮游在空中，使水平能见度小于10千米的空气普遍混浊的现象。这里的干尘粒主要是干气溶胶粒子，也就是一般所说的包括PM10或者PM2.5在内的飘浮在空气中的大量细微颗粒物。当空气中水汽较多时，某些吸水性强的干气溶胶粒子会吸水、长大，并最终活化成云雾的凝结核，产生更多、更小的云雾滴，使能见度进一步降低，形成霾和雾的混合物，就是雾霾。[①] 雾霾不仅浓度高、发生频率高、受影响人数众多，而且由于中国的雾霾是“工业化发展带来的煤烟型污染和机动车增加引起的污染叠加并相互作用的复合型污染”，治理难度大，可能在相当长时间内危害广大居民的健康。[②]

雾霾对全因死亡率和心血管疾病死亡率有很大关联，而且，女性和老年人对室外空气质量更易受伤害，空气质量对低教育程度（小学或文盲水平）的人影响相比于更高教育水平的人往往更大。[③] 雾霾中的有机碳、元素碳、硝酸盐、过渡金属等物质，也极有可能导致心脑血管疾病。[④] 当PM2.5等进入人体后，还会促进凝血功能，导致血栓形成、血压升高和动脉粥样硬化斑块形成。同时，PM2.5还可通过肺部的自主神经反射弧，影响心脏的自主神经系统，导致心率变异性降低、心率升高和心律失常。许多流行病学调查发现，急性暴露于高浓度的污染物中会增加心脑血管事件（如急性心肌梗死）的发生率。美国的一项调查研究了全美最大的22个城市的5000万人群，发现每增加20微克/立方米的PM10，每日心血管病和肺病的死亡率增加6‰。[⑤]

---

① 童玉芬、王莹莹：《中国城市人口与雾霾：相互作用机制路径分析》，《北京社会科学》2014年第5期。

② 贺泓、王新明、王跃思等：《大气灰霾追因与控制》，《中国科学院院刊》2013年第8期。

③ Kan, H., London, S. J., Chen, G., Zhang, Y., Song, G., Zhao, N., Chen, B., et al., “Season, sex, age and education as modifiers of the effects of outdoor air pollution on daily mortality in Shanghai, China: The public health and air pollution in Asia (PAPA) study”, *Environmental Health Perspectives*, 2008, 116 (9): 1183.

④ 郭新彪、魏红英：《大气PM2.5对健康影响的研究进展》，《科学通报》2013年第13期。

⑤ 苏冠华：《雾霾不仅伤肺也伤心》，《健康报》2014年12月18日第4版。

以雾霾为代表的环境质量恶化所引发的健康问题近些年频频发生，越来越成为公众关注的焦点，污染引发的健康效应和社会效应经多年累积并逐渐显现。对于空气质量恶化的健康风险评价，就是估算“在某种暴露情况下对特定人群产生不良健康效应的概率”，这已经成为政府制定空气质量监管和污染治理政策的重要依据。目前国际上一些发达国家已建立起以风险防范为基本原则的环境与健康管理政策体系，明确环境与健康政策是具有独立范畴的政策领域，已成为促进环保发展的主要推动力。然而，我国的环保政策主要以污染防治为主，并未充分体现保障人体健康的要求。

因此，在当下，对于环境质量的关注，应重点聚焦于空气质量，尤其是 PM2.5 等重点污染物的浓度以及公众的暴露程度，从而有效地界定环境质量的状况，充分、翔实地评估以空气污染为代表的环境质量状况对于公众健康所造成的危害，并深入、细致地探究空气污染对于肺癌、心脑血管疾病等的具体影响机制，进而以此为依据展开环境监管以及公众健康感受等相关领域的学术研究和政策分析，以期对中国环境监管中的“数字减排”困局进行有效的鉴别，并使之有所改观。

三、环境监管

环境监管水平的衡量，通常采用单一指标法、替代指标法、赋值法等。其中，单一指标法指的是使用环境监管中的单一政策工具的投入（环境保护支出、治污设施运行费、排污费征收等）来衡量，如 Tang 使用了美国的 TRI（有毒物质排放清单）作为环境监管的代理变量[①]，Dean 和 Brown 采用“污水的单位超标排放量所需缴纳的排污费”这一指标指代环境监管的强度，排污费越高，意味着环境监管强度越高，[②] Heyes 提出有三种政策可以实现宏观经济和环境的均衡发展，分别是通过环境规制政策来移动 EE 曲线，通过财政政策的变动移动 IS 曲线，通过货币政策的变动来

① Tang, J. P., “Pollution havens and the trade in toxic chemicals: Evidence from US trade flows”, *Ecological Economics*, 2015: 112, 150-160.

② Dean, T. J., Brown, R. L., “Pollution regulation as a barrier to new firm entry: Initial evidence and implications for future research”, *Academy of Management Journal*, 38 (1): 288-303.

移动 LM 曲线；[①] 替代指标法则是运用一些与环境监管呈显著相关的间接指标替代污染本身的因素，Dasgupta 等基于跨国数据识别出环境监管强度与收入水平之间有明显的正相关性，并以此表征环境监管强度[②]，Cole 使用 1980 年为基期的当年各个国家的人均能源使用量增长率，作为环境规制的代理变量，增长率越小，环境规制越严格[③]，张文彬等对环境监管强度的度量方法，主要是从废水、废气（二氧化硫、烟尘、粉尘）和固废三个方面构建环境监管强度评价指标体系，运用工业产值与各种污染物排放量的比值度量不同地区之间的环境强度差异[④]；赋值法则根据一定的标准对环境监管强度进行权重赋值，Beers 等运用量表对环境监管强度进行评分，划定不同的等级。[⑤]

然而，本书旨在观察环境监管的绩效问题，即环境监管强度对于环境质量的作用，故而必须采用直接指标衡量环境监管的投入力度，而且主观赋值的方法难以保证指标的客观性和准确性，因此将采用较为客观的指标数据。

目前，环境税是一个比较通用的指标，无论是理论中还是实践中，都获得了较高的认可。20 世纪 80 年代以来，西方国家广泛开征环境税以应对环境质量的恶化。在 OECD 的数据库中，包含有环境税（Environmentally Related Taxes）指标，其定义为“政府征收的具有强制性、无偿性，针对特别的与环境相关税基的任何税收；该税种具有无偿性，即政府为纳税人提供的利益与纳税人缴纳的税款之间没有对应关系”。[⑥] 与排污费相比，环境税具有更强的稳定性，能够更好地体现环境监管的制度水平。

但是，事实上，与其他社会监管政策不同的是，环境监管与治理不仅需要制度，而且需要技术，单纯强调制度因素难以全面衡量环境监管的力

---

① Heyes，A.，“A proposal for the greening of textbook macro：‘IS-LM-EE’”，*Ecological Economics*，2000，32（1）：1-7.

② Dasgupta，S.，Mody，A.，Roy，S.，Wheeler，D.，“Environmental regulation and development：A cross-country empirical analysis”，*Oxford Development Studies*，2001，29（2）：173-187.

③ Cole，M. A.，Elliott，R. J.，“Do environmental regulations influence trade patterns? Testing old and new trade theories”，*The World Economy*，2003，26（8）：1163-1186.

④ 张文彬、张理芃、张可云：《中国环境规制强度省际竞争形态及其演变——基于两区制空间 Durbin 固定效应模型的分析》，《管理世界》2010 年第 12 期。

⑤ van Beers，C.，Van Den Bergh，J. C.，“Perseverance of perverse subsidies and their impact on trade and environment”，*Ecological Economics*，2001，36（3）：475-486.

⑥ 苏明、许文：《中国环境税改革问题研究》，《财政研究》2011 年第 2 期。

度。因此，环境监管水平应从两个维度予以考量：制度水平和技术水平。环保技术既是环境监管的政策工具，同时也是环境监管政策的结果，环保技术的发展往往形成于较强的政策干预背景下，与研发补助、产业引导和碳税政策都呈较强的相关性；反之，在没有政策干预的条件下，那些对环境危害较大的技术创新则更加有利可图[①]。根据 WHO 报告，在欧洲国家中，通过有效地利用现有技术，可以减少 80%的 PM2.5 污染。[②] 而且，环保技术的发展，也能够带动新能源、清洁能源以及环保等相关行业的增长，最终推动整体环境质量的提升。从这个层面而言，可以将环境相关的技术创新水平视为环境监管水平的一个具体指标。

从某种意义上讲，环境技术的采用程度和环境税的缴纳入库额度更能够反映出环境监管政策执行的力度和效果，而不是单纯的投入情况；而且，基于理性人假设，企业自身通常不会主动地去引进环境技术和缴纳环境税，其环境技术的采纳和环境税的缴纳行为往往是因为相关环境监管政策的驱动而采取的被动响应行为。所以，可以认为，只有环境政策真正得到落实，监管力度真正达到一定水平，监管对象对于环境监管做出服从与合规（Compliance）行为，环境技术才能在较大的范围内得到应用和推广，环境税的征收也才能够真正缴纳入库。与之形成鲜明对照的是，单纯地考量环境监管中的人力、财力、物力投入，其实只能够识别总体的环境监管的相关支出，而无法确认监管过程中的“净投入”，毕竟监管投入中有很大一部分的人力、财力、物力用于与环境监管并不直接相关的行政管理开支等。更何况，直接用于环境监管的投入在政策执行过程中还会受到一定程度的损耗。因此，从这个意义上讲，选取环境技术的采用情况和环境税的征收情况能够较好地反映出有效的环境监管投入力度。[③]

---

① Acemoglu, D., Akcigit, U., Hanley, D., Kerr, W., *Transition to clean technology* (No. w20743). *National Bureau of Economic Research*, 2014.

② 参见 World Health Organization, Health Effects of Particulate Matter, http: //www.euro.who.int/, 2013: 6。

③ Gray, W. B., Deily, M. E., “Compliance and enforcement: Air pollution regulation in the US steel industry”, *Journal of Environmental Economics and Management*, 2010, 31 (1): 96-111.

第三节 主要内容与全书结构

针对中国环境监管中的“数字减排”困局这样一个问题，重点需要围绕问题的提出、问题性质的界定、影响因素的分析、深层原因的探究以及逻辑机理的挖掘等几个重要方面进行系统、深入的开展，因而，本书对此因循十个部分展开论述，主要内容以及全书结构如下所示。

一、主要内容

第一章为本研究的绪论部分，重点对选题背景和选题依据做出阐释，较为清晰地介绍中国环境监管中的“数字减排”困局现象的内涵、外延以及其所表现出的特征，尤其是其所包含的一体两面的特点：既有可能是公众感受偏差问题，也有可能是政府监管失灵问题，从而为本研究的深入开展提出了一个较为明确的研究问题。同时，本章还对命题所函括的三个核心变量进行了描述和界定，将公众感受界定为公众健康水平，将环境质量界定为实际空气质量，将环境监管界定为监管对象的环境技术采用程度和环境税费缴纳程度。除此之外，本章还对本书主要内容、研究创新点和不足做出了较为客观的介绍，对全文的大致轮廓作了概括性的描述。

第二章为本研究的文献及相关理论综述部分，着重围绕实际环境质量对公众健康感受的影响、环境监管水平对实际环境质量的影响，以及环境监管失灵的形成原因三个核心问题进行较为全面、细致的文献梳理和观点评价。首先，针对实际环境质量对公众健康感受的影响，梳理了国外的相关文献，发现现有的研究结果探究了环境质量对劳动生产率、成人死亡率等的影响，而在针对中国的具体问题上，相关文献识别了空气污染对于全国范围以及不同地区的影响，也讨论了不同人群、不同时间的影响。其次，关于环境监管水平对实际环境质量的影响，已有研究考察了不同国家的环境监管政策的影响，并依据相应标准，对其政策绩效做出评价，而对中国环境监管的问题也做了较为详细的论证。最后，对于环境监管失灵问题的概念及具体的形成原因作系统的综述，以责任主体作为划分标准，探讨中国环境监管失灵问题原因。

第三章介绍了本书的研究设计：首先，分阶段阐述了研究的思路和路径，即依次分析实际环境质量对公众健康感受的影响、环境监管水平对实际环境质量的影响，以及环境监管失灵问题的成因机理；其次，解释文章所采用的研究方法，主要包括比较研究、嵌套分析和制度分析，分别应用于不同阶段；再次，介绍文章的研究样本选取，即以 G20 国家作为主要研究对象，同时，对环境监管、环境质量、公众感受等重点变量以及相关控制变量的指标选取和数据来源作了界定；最后，对研究变量概况作描述性统计、相关性分析等。

第四章重点论述了环境质量对公众健康的影响，基于计量回归模型，识别出空气污染对人口预期寿命的显著负面影响，进而，为了确认空气污染对人口寿命的具体影响路径，选取肺癌死亡率作为主要变量，考察其与空气污染之间的相关性问题，得出二者之间存在高度的显著相关影响，但是，在男性人口和女性人口之间也存在一定的差异。具体到中国的个案中，也与这一结论高度吻合。可以做出判断，中国的环境空气质量对于公众健康产生显著负面影响，影响程度与 G20 国家平均水平相匹配，所以，不存在公众感受偏差的问题。

第五章则将视角转向环境监管对环境质量的影响，基于计量回归模型，将 G20 国家的总体样本建构为“G20 全样本”和“剔除中国”两组样本，并对二者之间存在的差异做出比较，可以发现，在两组样本中，虽然环境监管水平对空气质量都有显著的改善作用，但是，滞后效应及显著程度并不相同。在中国的具体情境中，环境监管水平对空气质量的影响趋势及程度，与 G20 国家的平均水平存在着明显的差异，因此，可以得出结论，中国的环境监管水平与空气质量之间并不匹配。换言之，中国的“数字减排”困局本质上是政府的环境监管失灵问题，而究其原因，则主要是环境监管技术水平、制度水平和经济发展方式等因素共同造成。

第六章针对环境监管的技术水平做具体的分析。从环境监管的技术水平变化趋势看，技术专利的扩散数量与发明数量逐渐呈现出一种背道而驰的发展态势，有悖于常理。而这样的一种异常现象主要是在政府监管行为的驱动下形成的，主要是由于政府的“目标替换”行为、企业的风险规避动机以及市场机制的扭曲等方面，究其根本原因，则主要是由于政府的监管行为和监管方式导致了企业市场主体地位和环境治理主体作用被弱化。

第七章侧重于环境税制度的分析，环境税制度本应对空气质量的改善发挥更大的作用，但环境税收水平未能得到更进一步的提升，未能与GDP总体当量与发展速度相匹配，从而限制了其作用的进一步发挥，这主要是由于环境排污税制度尚未建立，能源类、交通类税收的总体额度依旧较低，限制了环境税总体水平的提升。而更深层次的原因在于，中央政府与地方政府的利益及认知差异。

第八章聚焦于中国的经济发展方式，包括城镇化、产业结构和能源结构的不合理问题，分别表现为不合理的城镇化发展路径和模式导致了汽车保有量的大幅增长，以及基础设施建设给建材行业发展带来了良好的契机；工业在国民经济中依旧占据了大量的份额，消耗了大量的煤炭，同时，伴随着工业制成品的进出口结构发生变化，中国出现了国际贸易中的隐性污染转移问题；在固定资产投资迅猛增长的前提下，中国的能源工业，特别是国有能源工业发展十分迅速。而这些背后都有一个共同的内在动因，那就是由政府所主导的固定资产投资所推动，这表现了政府不同政策目标之间的冲突。

第九章突出对其背后的行为逻辑、成因机理进行挖掘，主要是基于“结构”和“过程”两个维度，分别从静态和动态的视角展开，从而有效地识别出环境监管失灵这一问题产生与发展的内在成因和机理。因此，尝试将环境监管失灵的演化逻辑划分为两个部分：①“委托—代理”逻辑；②“问题—答案”逻辑。

第十章是结论与展望部分，围绕上述的论述和分析，得出相关的结论，并为“数字减排”问题提出相应的对策。

二、全书结构

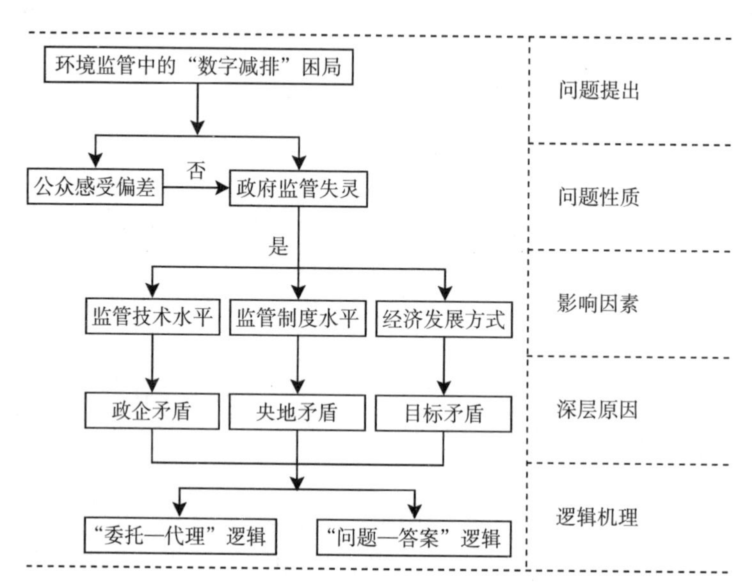

图 1-4　全书结构

第二章　国内外研究现状综述

第一节　“数字减排”困局的性质界定

由于本书在概念界定中已经从公众对环境质量的感受作了一定的辨析，并选取较为客观的公众健康状况来衡量公众感受这一核心变量，因而，“数字减排”困局的实质是政府监管水平、实际环境质量与公众健康状况三者之间的关系。由于政府监管水平重点考察的是政府的环境监管政策方面的力度和效度，因而监管水平与公众健康之间没有直接的关联性，而是通过作用于实际环境质量并进而对公众健康产生影响。所以，“数字减排”困局可以自然而然地解析为两个问题：①环境质量对公众健康的影响；②环境监管对环境质量的影响。从而围绕这两个方面的问题展开文献综述。

一、环境质量对公众健康的影响

全世界范围内，环境污染对于公共健康的影响是一个普遍的问题。Chang 等则选取美国的空气污染对室内工人生产率影响作为分析的视角，衡量了 PM2.5 的负面健康效应：PM2.5 导致的疾病可能会导致工作时间的减少以及工作效率的降低，从而影响了工作绩效。1999~2008 年，美国 PM2.5 平均降了 2.79，带来劳动生产率的上升，由此节省了 195 亿人的劳动力，为制造业创收了2.67%。[①] Chay等将1970年《清洁空气法案》和1980年的经济衰退作为"自然实验"，从而较好地控制了不可观测的缺失变量的影响，并利用空气污染这种外生的变化识别了空气污染的健康效应，研究结果显示，由于《清洁空气法案》（或经济衰退）的实施，导致了颗粒物减少，成人死亡率也随之减少。[②] Anderson基于风向导致洛杉矶主要公路附近的拟随机空气污染水平变化来估计长期空气污染暴露对死亡率的影响：以相对于公路的方位作为污染物暴露的替代变量，将每个人口普查街区的数据与最近气象站点的风向和风速数据匹配，运用2SLS估计表明，下风向时间一个标准差的增加，导致死亡率上升0.9个百分点，其中心肺疾病是空气污染导致死亡率上升的主要原因，而其他疾病产生的影响较小；而且，公路附近污染的下风向暴露会对老年人的死亡率产生显著的负向影响。[③] Clay等将1918~1919年西班牙流感大暴发作为一次自然实验，采用183个美国城市的面板数据进行实证分析，考察环境污染对流感中人口死亡率的影响：1918年，煤炭发电量和婴儿流感死亡率及整体流感死亡率都呈正向显著相关；1919年，这一正向显著相关仍然存在，尽管系数减小了一些；在其他年份，此类关系则并不存在。这一发现证实，环境污染和流行病之间会发生互补性作用，共同造成更严重的健康损失。[④] Arceo等利用墨西哥数据实证考察了环境污染对婴儿死亡率的影响，选取气象学上的逆温现象[⑤]作为工具变量，克服内生性问题之后，发现环境污染会显著提升婴儿死亡率，CO每提升1ppb，每周每10万个出生婴儿中的死亡人数将显著增加0.0046；PM10每增加1微克/立方米，每周每10万个出生婴儿中的死亡人数将显著增加0.23。[⑥] Cesur等利用土耳其数据实证

---

① Chang, T., Zivin, J. S. G., Gross, T., Neidell, M. J., "Particulate pollution and the productivity of pear packers (No. w19944)", *National Bureau of Economic Research*, 2014.

② Chay, K., Dobkin, C., Greenstone, M., "The clean air act of 1970 and adult mortality", *Journal of Risk and Uncertainty*, 2003, 27 (3): 279-300.

③ Anderson, M., "As the wind blows: The effects of long-term exposure to air pollution on mortality (No. w21578)", *National Bureau of Economic Research*, 2015.

④ Clay, K., Lewis, J., Severnini, E., "Pollution, infectious disease, and mortality: Evidence from the 1918 spanish influenza pandemic (No. w21635)", *National Bureau of Economic Research*, 2015.

⑤ 逆温现象（Thermal Inversions），即气温随高度增加而升高。根据气象学的研究，这一现象不会直接影响人们的健康水平，但会加重空气污染。因此逆温很适合充当环境污染的工具变量。

⑥ Arceo, E., Hanna, R., Oliva, P., "Does the effect of pollution on infant mortality differ between developing and developed countries? Evidence from Mexico City", *The Economic Journal*, 2015.

考察了天然气使用对空气污染及婴儿死亡率的影响，采用渐进型 DID 方法，将天然气在土耳其的推广和对煤炭等传统能源的替代过程作为自然实验，以天然气服务订阅率作为天然气使用密度的代理变量，比较考察了没使用天然气省份和使用天然气省份在使用前后的婴儿死亡率差异，发现天然气使用密度每增加 1 个百分点，婴儿死亡率会下降 4 个百分点，而天然气使用降低婴儿死亡率是通过提升空气质量得以实现的。[①] Currie 等也使用同一邮政编码区域内空气污染水平的变化，检测了新泽西地区空气污染水平对婴儿健康的影响，发现空气污染水平的降低能够增加婴儿的存活率。[②]

就中国的具体情境而言，环境影响因素，特别是空气污染，是公众发病率和死亡率的主要原因，在广大农村地区和许多城市家庭中，生物质燃料和煤被用于烹饪和取暖，结果导致了严重的室内空气污染，成为了疾病生成的重要成因，中国的快速工业化进程，伴随着能源使用量和工业废气排放量的增加；虽然工业化推动经济增长，进而提升了健康水平和生活质量，但也增加了有毒化学物质向环境的排放，造成了恶劣的健康影响，中国城市的空气质量已然是全世界最差的水平；再者，能源使用所造成的温室气体排放量快速增加，加速了全球气候变化，而气候变化将使得中国环境健康问题变得更为紧迫。[③] 据世界卫生组织（WHO）的测算，2010 年全世界预计大概有 320 万人因为空气污染死亡，多为心血管疾病，其中 22 万人死于肺癌，而超过一半肺癌死亡患者在中国和其他亚洲国家。[④] Yang 等采用了全球疾病负担、伤害及危险因素研究 2010（GBD 2010）中包括中国在内的 20 国集团（G20）中 19 个成员国 1990 年和 2010 年的结果，评估了死亡率、死亡原因等指标的水平及其变化趋势，得出 2010 年中国的主要死亡原因是卒中、缺血性心脏病和慢性阻塞性肺疾病，大气污染和室内空气污染都是主要的影响因素。因此，控制大气及室内空气污染，应

---

① Cesur, R., Tekin, E., Ulker, A., "Air pollution and infant mortality: Evidence from the expansion of natural gas infrastructure", *The Economic Journal*, 2015.

② Currie, J., Neidell, M., Schmieder, J. F., "Air pollution and infant health: Lessons from New Jersey", *Journal of Health Economics*, 2009, 28 (3): 688-703.

③ Zhang, J., Mauzerall, D. L., Zhu, T., Liang, S., Ezzati, M., Remais, J. V., "Environmental health in China: Progress towards clean air and safe water", *The Lancet*, 2010, 375 (9720): 1110-1119.

④ Straif, K., Cohen, A., Samet, J., "Air Pollution and Cancer", *IARC Scientific Publications*, 2014 (161).

当成为中国公共政策中的优先重点。[①] 谢鹏等也做了测算，PM2.5 浓度每增加 10μg/m³，人群急性死亡率、呼吸系统疾病和心血管疾病死亡率分别增加 0.40%、1.43%和 0.53%。[②] Zhou 等的研究结果显示：空气污染与呼吸系统疾病死亡率之间有显著的正向关系。2006~2010 年，PM10 的月平均浓度每增加 10μg/m³，则成年人呼吸系统疾病死亡率增加 1.05%。空气污染的效应在北方城市的供暖季节（每年 10 月至次年 4 月）最为显著；PM10 的月平均浓度每增加 10μg/m³，则老年人呼吸系统疾病死亡率增加 1.62%，但空气污染与青壮年群体的呼吸系统疾病死亡率没有显著的统计关系。[③] Lin 等探究了父母在空气污染中的暴露程度通过母婴传播对于子女的健康影响，PM10、SO_2 和 NO_2 等污染物都对子女健康产生较为显著的负面影响。[④] He 等将 2008 年奥运会期间的空气污染作为内生变量，估计了中国空气污染对于死亡率的影响：PM10 月平均浓度每降低 10μg/m³，则总死亡率下降 6.63%；奥运会期间，死亡率的降低主要是由于心脑血管疾病和呼吸道疾病死亡率的减少。[⑤]

因此，不论是在全世界范围，还是具体到中国的情境中，环境质量的恶化都已经成为公众健康的主要危险因素之一，一些环境污染相关疾病的死亡率或发病率持续上升。

二、环境监管对环境质量的影响

Greenstone 等以印度及其环境监管政策为研究对象，采用基于渐进型 DID 的方法检验政策效果。就空气污染监管而言，在政策实施 5 年后，

① Yang, G., Wang, Y., Zeng, Y., Gao, G. F., Liang, X., Zhou, M., Murray, C. J., et al., “Rapid health transition in China, 1990-2010: Findings from the Global Burden of Disease Study 2010”, *The Lancet*, 2013, 381 (9882): 1987-2015.

② 谢鹏、刘晓云、刘兆荣、李湉湉、白郁华：《我国人群大气颗粒物污染暴露——反应关系的研究》，《中国环境科学》2009 年第 10 期。

③ Zhou, M., He, G., Liu, Y., Yin, P., Li, Y., Kan, H., Fan, M., et al., “The associations between ambient air pollution and adult respiratory mortality in 32 major Chinese cities, 2006-2010”, *Environmental Research*, 2015 (137): 278-286.

④ Lin, H., Liang, Z., Liu, T., Di, Q., Qian, Z., Zeng, W., Zhao, Q., et al., “Association between exposure to ambient air pollution before conception date and likelihood of giving birth to girls in Guangzhou, China”, *Atmospheric Environment*, 2015 (122): 622-627.

⑤ He, G., Fan, M., Zhou, M., “The effect of air pollution on mortality in china: Evidence from the 2008 Beijing Olympic Games”, *Available at SSRN* 2554217, 2015.

Mandated Catalytic Converters 使 PM10 和 SO_2 等污染物的浓度显著下降；Supreme Court Action Plans 使 NO_2 浓度得到了下降。而且，空气污染的监管通过间接作用，有助于降低婴儿死亡率。与之相反，水污染监管政策却未能取得显著的成效。之所以两个领域的政策会出现不同的监管绩效，主要是因为人们对高质量空气的需求更加强烈，促使最高法院（印度最有效率的公共部门）亲自关注空气污染治理，这直接保证了空气污染治理政策的有效实施和最终成效；而水污染治理则只是由一般行政部门负责，执行效力并不能得到保证。这意味着公众的需求是在制度环境较差的发展中国家取得政策成功的一个重要因素。[①] Currie 等的论文中就有害物排放工厂的营业和关闭对附近居民房屋价值以及新生儿健康的影响进行了开拓性的研究，结果表明，工厂开张会显著降低试验组的房屋价值，尤其是 0~0.5 千米内房屋价值比 1~2 千米内的低大约 11%，而工厂关闭对房屋价值的影响却不显著，说明工厂开张对房屋价值有显著负向影响，而关闭工厂之后这种负效应仍在持续；从健康绩效而言，工厂的开张导致 0~1 千米内的新生儿出现体重不足的概率增加 3.3%~5.1%；整体而言，有害物排放工厂对房价的影响程度较之对新生儿健康的影响程度更大且更加显著。[②] Bento 等基于 1990 年美国《清洁空气法》修订案（CAAA）来考察环境规制的收入分配效应，证据表明，空气质量改善带来房产价格变化所引致的收入分配效应实际上是非退化的：一方面，1990 年 CAAA 空气质量改善是局部的，被规制者拥有更多的激励去处理未达标监测点周围区域的空气质量问题，以确保该县达到联邦标准；另一方面，未达标观测点周围 5 英里的范围内居住的多是相对低收入的家庭，而居住较远区域的则是高收入家庭。基于此，文章估计得出空气质量改善的资本化效应在未达标观测点周围区域更为显著，因此，低收入家庭更容易获得环境规制的收益；CAAA 激励当地的管制机构去处理污染最严重的区域，导致污染程度的非均衡降低，更加有益于低收入群体。[③] Oliva 等研究了墨西哥的排放测试中的欺骗行为

---

① Greenstone, M., Hanna, R., "Environmental regulations, air and water pollution, and infant mortality in india", *American Economic Review*, 2014, 104 (10): 3038-3072.

② Currie, J., Davis, L., Greenstone, M., Walker, R., "Environmental health risks and housing values: Evidence from 1600 toxic plant openings and closings", *American Economic Review*, 2015, 105 (2): 678-709.

③ Bento, A., Freedman, M., Lang, C., "Who benefits from environmental regulation? evidence from the clean air act amendments", *Review of Economics and Statistics*, 2015, 97 (3): 610-622.

的普遍性以及它对减少车辆排放的规制行为的效果削弱程度，通过贿赂规避规制是普遍的，允许重测和贿赂相结合削弱了这一项目的效率。10 岁以上的车主在测试中进行贿赂的比例达到 9.6%以上。通过结构模型进行的政策模拟显示，消除欺骗和提高再测试的成本将每年减少3708 吨的排放量。[①] Cicala 则认为放松监管可能对环境质量的改善更为有利，其从生产成本扭曲角度探讨了去除电厂“服务成本”监管（Cost-of-Service Regulation）对燃煤、燃气电厂的生产成本和生产方式（燃料采购行为）的影响，发现电厂为了达到环境标准主要通过两种方式——安装脱硫设施和采用更清洁的煤，去监管并剥离资本后，企业更愿意采用后者，并倾向于选择更有效率的煤矿。[②]

张晓认为，自改革开放以来，“中国政府所推行的环境政策是比较成功的，在经济快速发展过程中，它减缓了中国环境质量的恶化速度”，但开放经济下的环境问题具有阶段性特征，任何环境政策都具有时效性，当条件变化时，它们可能会部分甚至全部失效，因此，对于阶段性特征的把握尤为重要。[③] 李永友利用跨省工业污染数据分析了环境政策对清洁增长目标的促进作用，得出：我国采取的污染收费政策对减少污染排放起到了显著效果，而减排补贴和环保贷款制度的效果不明显，公众的环境质量诉求并不能在环保执法中得到满足，地区间污染控制决策呈现出明显的策略性特征，而且中央政府控制污染的决心未能对地方环保部门和地方政府的环保执法起到积极的促进作用。[④] 贺灿飞等从企业（规制阻力）、政府（规制执行）和公众（规制压力）三个角度分析环境规制对空气污染的影响，证明企业阻力和政府执行力显著影响规制执行效果，对空气污染具有重要的影响；教育等影响因素通过提升规制压力，进而促进空气质量的改善和提高。[⑤] 张红凤等围绕经济与环境协调发展问题，从环境库茨涅兹曲线（EKC）和污染密集型产业两个方面研究了山东省环境规制绩效问题，并

---

① Oliva, P., “Environmental regulations and corruption: Automobile emissions in Mexico City”, *Journal of Political Economy*, 2009, 123 (3): 686-724.

② Cicala, S., “When does regulation distort costs? Lessons from fuel procurement in US electricity generation”, *American Economic Review*, 2015, 105 (1): 411-444.

③ 张晓：《中国环境政策的总体评价》，《中国社会科学》1999 年第 3 期。

④ 李永友、沈坤荣：《我国污染控制政策的减排效果——基于省际工业污染数据的实证分析》，《管理世界》，2008 年第 7 期。

⑤ 贺灿飞、张腾、杨晟朗：《环境规制效果与中国城市空气污染》，《自然资源学报》2013 年第 10 期。

认为严格的环境规制虽然能改变 EKC 曲线的形状和拐点，但还需要配合相关的产业结构调整政策。[①] 李胜兰等基于地方政府竞争的视角，以能够同时反映经济发展和生态环境状况的“生态效率”作为衡量指标，测算了各省的区域生态效率，并检验了环境规制对中国区域生态效率的影响，发现地方政府在环境规制的制定和实施行为中存在明显的相互“模仿”行为，同时环境规制对区域生态效率具有制约作用；伴随着地方政府的环境规制制定、实施和监督行为从相互的政策模仿转向独立施行，环境规制行为对区域生态效率的作用也由“制约”转变为“促进”，或者制约作用减弱。[②] 王宇澄证明了地方政府间环境规制存在着竞争，而且省际环境规制竞争表现出跨界溢出效应：地方政府在工业二氧化硫、粉尘等治污减排成本大、环境规制正外部性强的污染物治理上存在“搭便车”动机；同时，政绩考核体系中环境质量占比的变化以及经济发展水平的提高，都会对地方政府间环境规制竞争强度产生影响。[③]

一部分学者则聚焦于中国环境监管中的特殊形式——运动式治理，指出其正面效果和局限性——在节能减排运动中，中央政府以“高规格的政治姿态”，通过资源动员和权力再分配，运用日益强化的环保监督和奖惩措施，有效执行了环保监管政策；但是，运动式治理依赖于充沛的资源和较大的权限，而其执行效果也恰恰取决于资源与权限的组合关系。[④] Fu 等以北京奥运会期间交通限行为例，探讨了其对空气质量和人类经济活动的影响：首先考察了北京交通限行政策带来的空气质量改善收益，发现在实施单双号限行期间，空气中的颗粒物下降了 18 个百分点，在实施每周一天的限行期间，空气中的颗粒物下降了 21 个百分点；但是，限行减少了公众的工作时间，如果没有工作效率的提升，那么限行必将导致整体经济产出的下降，而且对于交通所造成的成本在年均 5.2 亿~9.4 亿元。[⑤] Liu 则对北京 APEC 峰会期间中国政府通过采取严格的区域管控与减排措施，应

① 张红凤、周峰、杨慧、郭庆：《环境保护与经济发展双赢的规制绩效实证分析》，《经济研究》2009 年第 3 期。

② 李胜兰、初善冰、申晨：《地方政府竞争、环境规制与区域生态效率》，《世界经济》2014 年第 4 期。

③ 王宇澄：《基于空间面板模型的我国地方政府环境规制竞争研究》，《管理评论》2015 年第 1 期。

④ Liu, N. N., Lo, C. W. H., Zhan, X., Wang, W., “Campaign-style enforcement and regulatory compliance”, *Public Administration Review*, 2015, 75 (1): 85-95.

⑤ Viard, V. B., Fu, S., “The effect of Beijing's driving restrictions on pollution and economic activity”, *Journal of Public Economics*, 2015 (125): 98-115.

对可能出现雾霾天气的成功试验进行了评论：这次力度巨大的应急试验，充分反映了区域联合防控与管制在控制污染物排放、改善大气环境质量中的重大意义和作用；为了有效防治和解决环境问题，中国应当基于短期干预的成功，加快建立区域协同发展政策，以及减少污染的补偿制度。[①]

在上述对于中国环境监管绩效的研究中，尽管大都认为中国环境监管取得了一定的效果，但都强调了政策本身的适用范围和约束条件，诸如政策自身具有时效性，或是仅有排污费等管制型政策工具才能发挥作用，或是必须辅之以高强度的执法力度，抑或是必须伴随着较强的社会压力或产业结构调整等政策。换言之，中国环境监管政策往往是具有局限性的，其对于环境质量的改善，往往不只是需要其自身的作用，更取决于其他因素的配合、支撑甚至主导。而且，在绩效评估的研究中，往往会存在这样一个问题：由于存在主观认知偏差，公众对于本国、本地政府的评估会受到其他地方政府绩效影响，继而会形成“国外的月亮更圆”的认识。[②] 因此，对于“中国环境监管绩效能否符合公众感受”这一问题的判断，不能仅仅停留在对中国单一个案发展演变的分析上，更应当置于同类国家的整体趋势和情景中观测。

第二节 “数字减排”困局的成因与机理

从现有的资料看，尚且很少有直接探讨“数字减排”问题的内容，多数文献将目光聚焦在环境问题恶化、环境绩效不显著等环境监管失灵领域的问题。而且，根据上文的阐述，对于“数字减排”困局的论述主要分为两个部分，即环境质量对公众健康的匹配关系，以及环境监管对环境质量的匹配关系。若是前者的两个变量出现不匹配，则意味着是公众感受的偏差，或者是应归结为卫生医疗领域的问题，则不在本书所探讨的范围之内；若是后者的两个变量之间存在着不匹配的关系，则可以很明显地将其

---

① Liu, Y., Li, Y., Chen, C., “Pollution: Build on success in China”, *Nature*, 2015, 517 (7533): 145-147.

② Huang, H., “International knowledge and domestic evaluations in a changing society: The case of China”, *American Political Science Review*, 2015, 109 (3): 613-634.

界定为环境监管失灵的问题。因而，假定将环境监管中的“数字减排”困境界定为一种环境监管失灵的具体现象，并对相关文献进行综述及评论。

环境监管，就是通过政府干预的方式对环境问题予以规制和治理，是监管主体与监管对象的互动活动，其目的是将环境成本内部化，增进社会福利。[①] 但是，往往在市场操纵、现存规制环境、监管部门的执行力度和交易成本等多重因素的作用下，[②] 导致政府推行监管政策时经济与社会效率完全不能改善，或是监管实施后的经济与社会体制效率低于未实施监管之前等环境监管失灵的问题。[③]

一、环境监管失灵

Keohane 等试图通过公共选择理论解释环境监管失灵的原因，通常而言，取决于三个因素：①政府并不是全能的，缺乏充分的信息；②因为监管者的管辖权与环境问题的范围并不重合，而导致监管体系建构的不当；③政府官员的利益和公共利益不一致，可能会偏向某些特殊利益集团的诉求。[④] 2009 年度诺贝尔经济学奖得主 E. Ostrom 针对公共池塘资源（Common-pool Resources）开展了深入的研究，认为在追求自然资源和环境等共有资源的可持续性过程中，人类会遇到很多挑战，其中最为突出的一个就是“万能药”陷阱（Panacea Trap），以一种非此即彼的思维方式试图寻找“最优的方法”，片面地坚持所有的资源都应该归政府管理或者私有化，而这种单一层次、单一向度的治理模式必然会导致监管的失灵。[⑤] Stiglitz 和 Amartya Sen 等聚焦于 GDP、ESI、EPI 等一些衡量环境可持续发展的指标，发现其“缺乏对可持续性的含义的明确定义”，且“将各种构成要素加权的程序过于随意”，因而在对具体环境政策制定和执行的指导

---

① 胡税根、黄天柱：《政府规制失灵与对策研究》，《政治学研究》2004 年第 2 期。

② 李晓敏：《环境规制工具的比较分析》，《岭南学刊》2012 年第 1 期。

③ ［日］植草益：《微观规制经济学》，朱绍文译，中国发展出版社 1992 年版，第 20–21 页。

④ Keohane，N. O.，Revesz，R. L.，Stavins，R. N.，“Choice of regulatory instruments in environmental policy”，*The Harvard Environmental Law Review*，1998（22）：313.

⑤ ［美］埃莉诺·奥斯特罗姆：《公共事物的治理之道》，余逊达译，上海译文出版社 2011 年版，第 14 页。

上会出现偏差。[①] Silva 等认为，财政分权是处理环境偏好异质性的有效手段，并以此为基础提出“环境联邦主义”（Environmental Federalism），根据具体的环境问题，将环境监管中的不同职能和权责在联邦政府、联邦成员政府以及地方政府之间均衡分配，从而有效地遏制环境监管失灵的问题。[②] Lieberthal 则重点针对中国等威权体制国家的环境监管问题进行探讨，认为应该从一个宏观的政府治理体系来分析中国的环境监管问题，特别是权威的分配和激励结构，“中国目前的政治系统体现了松散和流动性，地方多样性和自主空间很大，地方政府优先发展经济的压力巨大。因此，环境法律法规的执行非常有限，环保部门处于以短期经济发展而非长期可持续发展为目标的地方政府的领导之下”，[③] 难免会导致环境监管的失灵。Shleifer 等则选择了监管者与监管对象之间的关系作为切入点，试图将政府与企业的关系纳入到政治庇护理论的解释范畴中，企业本身会给政府、特别是地方政府带来政治和私有收益，因而能够在政府的环境监管中处于较为有利的地位。[④] 企业往往会为自身的利益而采取一些特殊的行为，Crandall 发现，在空气污染控制的政策执行中，一些污染企业通过代议机关“俘虏”监管机构，从而阻碍其他竞争对手。[⑤]

规制经济学的创始人 Stigler 曾提出，要将“规制”这个要素内生化，从而有效解决监管失灵。[⑥] 为解决单一主体监管失灵的问题，很多国家也都在环境治理等领域引入多元主体参与的机制，如 PPP 模式，随着应用越来越广泛，此类模式已经从投融资模式扩大为一种制度创新。然而，Cohen 等发现，作为合作治理的一种表现形式，这些制度“不仅在解决问题，同时，本身也在制造着新的问题”，存在着法规制度缺失、政府权责

① [美] 约瑟夫·E. 斯蒂格利茨、[印] 阿马蒂亚·森、[法] 让·保罗·菲图西：《对我们生活的误测：为什么 GDP 增长不等于社会进步》，阮江平、王海昉译，新华出版社 2011 年版，第 152 页。

② Silva, E. C., Caplan, A. J., "Transboundary pollution control in federal systems", *Journal of Environmental Economics and Management*, 1997, 34 (2): 173-186.

③ Lieberthal, K., "China's governing system and its impact on environmental policy implementation", *China Environment Series*, Washington DC: Woodrow Wilson Center, 1997: 3-8.

④ Shleifer, A., Vishny, R. W., "Politicians and Firms", *The Quarterly Journal of Economics*, 1994, 109 (4): 995-1025.

⑤ Crandall, R. W., "Controlling industrial pollution: The economics and politics of clean air", *Washington DC: Brookings Institution*, 1983.

⑥ Stigler, G. J., "The theory of economic regulation", *The Bell Journal of Economics and Management Science*, 1971: 3-21.

划分不清、流程复杂、管理效率不高等问题”，进而导致问责的困境，依旧难以摆脱环境监管失灵的困局。[①] 新科诺贝尔经济学奖获得者 Tirole 也着力研究政府监管的相关问题：政府该管多少、管哪些和如何管，政府监管又能多大程度上弥补市场机制的不足。[②] 他所创立的新规制经济学尝试“将信息经济学与激励理论的基本思想和方法应用于规制理论”，希望在信息不对称的前提下，以最优规制机制的设计为核心，基于博弈论以及机制设计等相关理论，在规制者和规制企业的信息结构、约束条件和可行工具的前提下，分析双方的行为和最优权衡这一点在 PPP 模式广泛开展的公共事业领域体现得极为明显。[③]

上述研究都足以论证，环境监管失灵是在全世界范围内普遍存在的一个问题，虽然成因和表现形式各不相同，但最终对于环境治理绩效的弱化作用却是不言而喻的，使得环境质量难以得到真正的改善。若要对中国的“数字减排”等环境监管失灵现象作出解释，并实现问题的真正解决，必须将环境监管失灵问题纳入到中国的具体情境中，开展有针对性的分析和考量。

二、聚焦：中国的环境监管失灵研究

基于政府管理的视角，现有的研究已经对我国的环境监管失灵中的体制和机制做出反思，比较主流的观点重点关注以下几方面问题：指标式管理、环境分权、信息公开、政企合谋……而这些问题背后则涉及了国家治理中更为深层次、也更为核心的原因，诸如央地关系、政企关系、政社关系等。因而，环境监管失灵的问题也就不免牵涉到以下责任主体：中央政府、地方政府、环保部门、企业。

1. 将中央政府视为主要责任主体

“中国现行公共环境管理可以概括为计划与层级控制取向的‘指标下

---

① Cohen, S., Eimicke, W. B., “The responsible contract manager: Protecting the public interest in an outsourced world”, *Georgetown*: *Georgetown University Press*, 2008.

② Joskow, P., Tirole, J., “Retail electricity competition”, *The Rand Journal of Economics*, 2006, 37 (4): 799-815.

③ Laffont, J. J., Tirole, J., “Using cost observation to regulate firms”, *The Journal of Political Economy*, 1986: 614-641.

压’型模式，其主要特征体现为对环境指标的压力型和动员型管理、属地化和部门化管理、下沉式和交易式管理三个方面”，[①] 而一些研究者在反思环境监管中的指标式管理时，也将环境监管不力的责任主体定位于中央政府。

减排考核体系本身就是一个比较聚焦的问题：指标的设置未能真正地实现其自身的政策意图。冉冉着重讨论了中央政府的政治激励与地方环境治理的关系，根据田野调查和文献分析的结果指出，干部考核指标体系是目前中央政府鼓励地方官员进行环境治理的一种制度性政治激励模式，带有明显的“压力型体制”的特征。干部考核指标体系不但向地方官员传递了中央政府的意志和政策优先性，而且地方官员往往根据其传达的信号去解读来自中央政府的政治激励。实践中，环境治理绩效与官员的仕途升迁没有实质性联系，未能起到有效的政治激励作用。这种以指标和考核为核心的“压力型”政治激励模式，在指标设置、测量、监督等方面存在着制度性缺陷，导致地方官员将操纵统计数据作为地方环境治理的一条捷径。[②] Wang 认为，“十一五”期间中央政府在环境保护领域做出了实质性的努力，尤其是在设计官员晋升考核体系时，加入了量化的环保指标，甚至将干部环境类政绩评价视为减少执政风险的工具。但是，即使将环保表现纳入官员考核体系，地方政府也可能会积极实施那些在考核体系中被计入的项目，对中央的意图有所曲解，而不一定真正地改善环境。因此，中央的考核体系本身难免会弱化环保的政策目标和执行力度。[③] Oliver 对于环境监管政策失灵问题的分析则基于官员行为而展开，并集中探讨了数据造假的问题，他认为将官员晋升与绩效指标相挂钩的干部考核制度的确造成了反向激励，使官员倾向于在数字上造假，通过对重庆“蓝天行动”这一案例的观察，运用“断点回归”的方法，发现官员往往只报告达到蓝天标准的天数的结果，而且与没有被纳入考评的区县相比，被下达目标的区县谎报数字的可能性增加了 19 倍。[④]

---

① 王勇：《从“指标下压”到“利益协调”：大气治污的公共环境管理检讨与模式转换》，《政治学研究》2014 年第 2 期。

② 冉冉：《“压力型体制”下的政治激励与地方环境治理》，《经济社会体制比较》2013 年第 3 版。

③ Wang，A. L.，“The search for sustainable legitimacy：Environmental law and bureaucracy in China”，*Harvard Environmental Law Review*，2013（37）：365-440.

④ Oliver，S. M.，“Officials make statistics and statistics make officials：Campbell’s law and the CCP cadre evaluation system”，*APSA 2014 Annual Meeting Paper*，Washington，DC，2014.

也有一部分学者认为中央在减排指标体系制定的过程中没有充分考虑地方的意愿。朱旭峰认为，当前中国污染物减排任务没有实现达标的重要原因是国家减排指标的分配机制无法适应我国市场转型的需要。“中央环境政策在地方的贯彻实施主要依靠环境保护目标责任制完成”。然而，以国家“十一五”规划为例，中央在减排指标的分配过程中，“基本没有考虑地方政府的初始意愿”，在央地之间的“放权让利”改革背景下，这“不仅影响了地方政府执行中央分配污染物减排指标的意愿，而且在部分地区还影响了当地环境治理的能力”。[①] 宋雅琴和古德丹则选取了政策阶段视角和正式—非正式视角，审视“十一五”规划中主要指标的制定过程和执行过程：各地制定“十一五”规划在先，全国人大通过国家“十一五”规划在后，结果是，各地指标加总无法与全国指标匹配。为解决“国家与地方政府规划不统一”的政策冲突问题，国务院对各地的主要污染物减排指标“进行了追加规定，并要求各地严格执行”，在“事实上废除了各地原先已经由地方人大通过具有地方法规效力的‘十一五’规划中的有关规定”。而在规划实施的过程中，目标责任制表面上强化了地方政府的义务，但中央政府却没有能够提供可预期的责任机制。[②]

2. 将地方政府视为主要责任主体

当前，多数研究将地方政府视为在环境监管失灵的主要责任主体，学者们选取了理性人假设、晋升激励、政府间竞争、任期限制、央地利益冲突以及政企关联等多种不同的角度，试图诠释地方政府的自利性动机是导致中央环境政策难以显现成效的主要原因，并希望对其实施相应的问责。

张凌云等基于理性人的假设，对地方政府在政治晋升和财政制度环境下的环境监管困境进行了分析，认为地方政府“既追求政治权力也追求经济利益，同时还关注个人声望，行为上表现为追求政治晋升和充裕地方财政”。“GDP 至上”的政治激励体系和分税制主导的财政体系所形成的激励和约束制度环境，使得地方政府面临着环境监管的困境。[③] 于文超等一针见血地指出，“地方官员的政绩诉求是导致环境污染事故频发的根本制度

---

① 朱旭峰：《市场转型对中国环境治理结构的影响——国家污染物减排指标的分配机制研究》，《中国人口·资源与环境》2008 年第 6 期。

② 宋雅琴、古德丹：《“十一五”规划开局节能、减排指标“失灵”的制度分析》，《中国软科学》2007 年第 9 期。

③ 张凌云：《地方环境监管困境解释——政治激励与财政约束假说》，《中国行政管理》2010 年第 3 期。

性因素”，“对于地方政府而言，放松环境监管手段是招商引资的一种竞争手段，为了获取更多的流动性要素，具有明显外部性的环境政策往往首当其冲成为被牺牲的一项公共服务”，环境污染事故俨然成为了官员政治激励机制所带来的成本。[①] Jia 也将地方官员的政治晋升激励作为环境监管不力的解释因素，她构建了一个简单的政治经济学模型，并提出假设：“与政治局常委有紧密联系”与“经济增长”之间是“互补品”的关系。从而得出最核心的一个推论是：“与常委有紧密联系”会提升官员的污染水平。进而，经过自然实验和计量检验可以确认，由于高速的经济增长有助于官员的升迁，当地方官员有很强的晋升激励时，他们会有动力更多地投资高污染、高耗能的产业，从而拉动当地的经济增长，最终达到政治晋升的目的。[②]

Eaton 等则重点以官员任期制为切入点，反思地方政府在环境政策执行中的短视行为。环境政策更容易助长官员短期投机行为，因为环境政策要产生效果一般而言需要超出一任任期的时间。如果无法产生立竿见影的效果，对于追求升迁为主要目的的官员而言，投放资源的积极性就受到削弱。更为重要的是，环境保护与经济发展之间存在潜在的冲突。如果要合乎中央的“绿色经济”要求，就必须大力地重组产业结构，其中可能造成的经济增长放缓或损失往往是地方官员不愿意承受的。而且，环境政策的有效执行需要多部门的共同合作，新上任的官员往往需要时间来熟悉地方情况和协调不同地方部门的行动和利益。而这个过程可能需要消耗本来已经不长的任期里的大多数时间，遑论切实执行中央政策。[③]

余敏江对生态治理中的命令—控制、互动—妥协、政治动员三种主要模式作了较为详细的分析：由于地方机会主义和央地间共容性利益的模糊，地方政府往往“通过对中央政府的生态政策话语体系的完全模仿，表现出与中央政府生态治理理念、治理目标的高度一致”，实际上却在寻找政策“漏洞”、打“擦边球”“探政策底线”，采取“随机变通式”治理，忽略“隐性政绩”，从而使得中央政府的治理理念和目标被地方政府所架

① 于文超、何勤英：《辖区经济增长绩效与环境污染事故——基于官员政绩诉求的视角》，《世界经济文汇》2013 年第 2 期。

② Jia，R.，“Pollution for promotion”，*Unpublished Paper*，2012.

③ Eaton，S.，Kostka，G.，“Authoritarian environmentalism undermined? local leaders' time horizons and environmental policy implementation in China”，*The China Quarterly*，2014：1–22.

空。[①]对此，竺乾威做了更为细致的个案分析，运用"冲突—模糊"模型解释了地方政府在面临中央政府的减排约束性指标考核时，会采用变通式的执行方式——拉闸限电，并将这一行为界定为"政治性执行"，即央地政府之间的目标往往存在一定的冲突，而模糊性较低，因此，地方政府会在 GDP 考核中尽可能地占据有利地位，而同时采取突击行为以满足在减排考核中实现"达标"，而这样的行为往往会带来更大的环境恶果。[②] Zhan 等则突出强调地方政府在环境监管中的支持作用，环境监管政策的失灵往往是由于来自上级政府和社会公众的政治支持，并未转化为其他地方政府部门的配合，由此可见，如何发挥横向支持机制的关键作用，可能是填补环境执行空缺和增强执法效果的出路之一。[③]

郭红彩等进一步从政企关联的视角，重点对地方政府环境监管行为中的信息披露问题进行研究：在既定的法律框架下，地方政府对环境信息公开内容享有较大裁量权，"政企关联程度的高低会显著影响政府环境信息披露，即关联程度越高，政府环境信息披露程度越低"，而且，地方政府在环境信息公开时更会偏袒国有企业，其目的在于加强对国有企业的控制。[④]姚圣认为，"在环境控制技术与环境政策既定的情况下，环境政策的执行情况决定了环境监管的效果"，尤其是"被规制企业与地方政府建立的政治关联缓冲"是约束中央政府环境规制效力难以发挥的主要因素。[⑤]这也正好符合 Walder 的"政府即厂商"的命题，地方政府将自己视为一个"集团总部"，而将当地的企业作为自己的子公司，从而干预其具体的微观经济行为，尤其是能够对本地企业的资产实施有效的控制，而且地方政府与企业的目标也日益趋同，因而地方政府往往构成了中央环保政策的强大阻力。[⑥]

① 余敏江：《生态治理中的中央与地方府际间协调：一个分析框架》，《经济社会体制比较》2011 年第 2 期。

② 竺乾威：《地方政府的政策执行行为分析：以"拉闸限电"为例》，《西安交通大学学报》（社会科学版）2012 年第 3 期。

③ Zhan, X., Lo, C. W. H., Tang, S. Y., "Contextual changes and environmental policy implementation: A longitudinal study of street-level bureaucrats in Guangzhou, China", *Journal of Public Administration Research and Theory*, 2014, 24 (4): 1005-1035.

④ 郭红彩、姚圣：《政企关联与地方政府环境信息公开：秉公抑或包庇》，《财经论丛》2014 年第 9 期。

⑤ 姚圣：《政治缓冲与环境规制效应》，《财经论丛》2012 年第 1 期。

⑥ Walder, A. G., "Local Governments as industrial firms: An organizational analysis of China's transitional economy", *American Journal of Sociology*, 1995: 263-301.

Ghanem 等聚焦于地方政府的环境数据造假行为，通过使用 2001~2010 年的中国 113 座城市日均空气污染浓度数据，揭示了城市自报数据有问题的证据与修改时点，研究显示：高达一半的城市都存在不同程度的“人造”嫌疑。有意思的是，这些城市往往倾向于在不易被觉察的时间（如能见度高而风速低的时候）修饰官方数据，以避免被发现。当地方官员试图造假时，最有可能在空气污染浓度处于蓝天标准的临界点上时下手。这样一来，把略高于临界点的数据稍微拉下来一点，就可以使当天的空气污染数据符合蓝天标准，且不容易被人察觉。大约半数的城市存在修改 PM10 污染浓度的嫌疑。但是，二氧化硫和二氧化氮的数据修改并不明显。由于 PM10 是中国多数城市无法达到蓝天标准的主要诱因（高达 73.7%），因此在这个指标上有所动作就不足为奇了。为了掩人耳目，修改数据最可能发生在异常情况不易被揭发的日子。在能见度高而风速低的时候，数据修改更容易发生。能见度高时，人们会认为空气污染不严重，造假不易被觉察。风速低的时候，空气污染物无法随风而去，需要人为干预以影响空气污染数据。[①]

3. 将环保部门视为主要责任主体

同样，也有一部分学者更加关注作为具体的环境监管主体的环保部门的责任，例如在央地环保部门之间的权责划分不当、中央环保部门的政策制定问题、基层环保部门内部的微观运作逻辑和博弈机制、地方环保部门在政策执行中对于公众参与的容纳程度等现象所导致的问题。

卢洪友等指出，中国现行的环境监管体制的特征是“国家监察、地方监管、单位负责”，在环境监管部门的公共服务提供中形成环境分权、行政分权、监测分权、监察分权等格局，呈现出“环境联邦主义”的特征。环境分权、监测分权与环境污染之间呈 U 形关系，而行政分权、监察分权与环境污染呈倒 U 形关系，因此，监测权、监察权等权力在央地环境监管部门之间的不当配置，导致了环境治理绩效的弱化。[②] Grooms 则以美国《清洁水法》的环境管理主体从联邦层面向州政府的下放这一变化为断点事件，说明在环保权力下放的背景下，州政府的腐败与环境保护违法水

① Ghanem, D., Zhang, J., "'Effortless perfection': Do Chinese cities manipulate air pollution data?", *Journal of Environmental Economics and Management*, 2014, 68 (2): 203-225.

② 卢洪友、祁毓:《均等化进程中环境保护公共服务供给体系构建》,《环境保护》2013 年第 2 期。

平之间存在一定的关系，尤其是在环境监管分散化的情况下，腐败对于州一级层面上环境政策执行存在较为恶劣的影响，难以保证环境标准的有效落实。①

齐晔等对于环保部门所倡导的“绿色GDP”政绩考核体系作了较为翔实的论证：虽然，中央政府以及环保部门希望“绿色GDP”的应用能够“促使地方政府从专注经济发展转变到经济与环境并重”，但是，“绿色GDP”体系在具体的核算内容、虚拟治理成本以及污染损失成本法的误差等技术问题上尚且存在诸多不足，同时，现有的“绿色GDP”指标不会有效改变各地的GDP排名。因此，环保部门所推出的相关政策本身就值得商榷。②

杨林等基于经济视角审视了环境监管部门和厂商之间的博弈，发现“虽然对环境监管部门的经济激励本意旨在降低环境污染，但这种激励的结果会导致环境监管部门更倾向采用一个更低的超标排放罚款率来增加自己的收入，从而使减排水平更低”。因而可以断定，中国现行的以罚款为主的排污处罚机制，通过环境监管部门与厂商之间的博弈，加剧了污染物的排放，恶化了环境污染问题。③

周雪光等着眼于作为政策执行主体的环保部门，尤其是环保部门内部的上下级谈判过程以及形式，基于有关谈判和战略互动的博弈论视角指出，基层环保部门在多重目标的冲突中，往往会选择与上级环保部门展开博弈，而信息的模糊性则“使得它们在与上级政府部门进行合法性申诉和互动中有着更大的谈判能力，在有关资源分配、考核标准、工作负荷、责任分担等方面的讨价还价”，从而形成三种谈判形式：正式权威基础上的谈判、以非正式社会关系为基础的谈判、“准退出”选择。④基层环保部门的行为逻辑是满足任务指标、抱团和结盟、设计激励机制，而在完成减排任务的过程中，这三种逻辑交替出现，从而导致减排数据的虚假上报、再分配调整、排名激励等具体的组织行为，即环保部门的动机仅仅是为了在

① Grooms, K. K., “Enforcing the clean water act: The effect of state-level corruption on compliance”, *Journal of Environmental Economics and Management*, 2015 (73): 50-78.

② 齐晔、张凌云：《“绿色GDP”在干部考核中的适用性分析》，《中国行政管理》2007年第12期。

③ 杨林、高宏霞：《基于经济视角下环境监管部门和厂商之间的博弈研究》，《统计与决策》2012年第21期。

④ 周雪光、练宏：《政府内部上下级部门间谈判的一个分析模型——以环境政策实施为例》，《中国社会科学》2011年第5期。

上级的考核中实现“达标”水平，而不是推行更好的环境监管措施以在环境质量上实现真正的改善。①

蒲晓等针对“中国环境影响评价执行率逐步提高的同时，环境质量却持续恶化的现状”，选用经典博弈论中的信号博弈模型对中国的环评过程进行分析得出，环评制度的设计本身存在着一定的缺陷，公众无法真正参与到环评中。在公众参与缺乏的情况下，“政府具有对能维持自身正常运转的经济利益的追求、对官员经济发展优先的考核制度以及部分政府官员的‘寻租’行为等”，从而片面追求经济效益，使环评制度失效。② Dasgupta 和 Wheeler 则深入考察了中国地方的环境监管部门在应对公众环境投诉的问题上的回应态度及行为，发现公众的环境投诉、信访等行为能够给监管者提供有效的信息并降低监管成本，但环境监管资源的分布较为不均衡，与公众投诉具有直接的相关度。在大部分地区，由于公众的环境诉求表达未能充分地纳入到环境监管部门的执法过程中，因此环境监管的努力和实际所产生的绩效往往呈现出背道而驰的趋势。③

4. 将企业视为主要责任主体

针对污染企业，政府不仅从环保标准等技术层面对企业进行约束，还直接干预资本市场，调控资金投资方向，但是“企业体现的效果与收益并不成正比，整个节能减排实践过程中最大的受益者是社会，企业并未得到任何直观的收益。而且作为节能减排的主体，虽然同为企业，但是不同行业不同类别之间存在不同的标准”④，正因为如此，企业自身在配合环境监管、落实环境治理措施方面缺乏足够的动力，甚至会主动地规避监管，与地方政府或监管部门形成利益上的合谋。从企业自身而言，其履行企业社会责任的动机可以分为策略性、非营利性和道德风险性三种，在环境监管中，不同国家、不同地区之间缺乏一个“不受空间制约且能用于衡量其合作伙伴的统一尺度”，因此企业社会责任常被用于弥补传统的政府监管手段在应对市场失灵、提高资源配置效率上的不足，但是，却未必真

① Zhou, X., Lian, H., Ortolano, L., Ye, Y., “A behavioral model of ‘muddling through’ in the Chinese bureaucracy: The case of environmental protection”, *The China Journal*, 2013 (70): 120-147.

② 蒲晓、程红光、龚莉、齐晔、郝芳华：《中国环境影响评价制度四方信号博弈分析》，《中国环境科学》2009 年第 2 期。

③ Dasgupta, S., Wheeler, D. *Citizen Complaints as Environmental Indicators: Evidence from China*. 1997, 1704. World Bank Publications.

④ 李保明：《推进绿色转型与污染减排的国企责任》，《环境保护》2012 年第 19 期。

的有效。[①]

吴卫星从环境决策中的结构性失衡角度看待企业逃避监管的动机与能力，环境监管的特征可以概括为“集中化的成本（由企业承担）和分散化的利益（给予公众）”，单个企业受到监管的影响要远大于单个的公众成员，因而企业有足够的动力来维护自身的利益。企业会充分地向行政机关表达自己的偏好，因而被监管企业的“利益与主张将会获得‘充分’的、甚至‘过度’的考量，而公众有可能成为‘沉默的大多数’，无法提出有影响力的利益诉求”。[②]

也有相当一部分研究将注意力投向了一类重要的环境监管对象——国企。许松涛等认为，由于我国的环境治理总体政策是总量控制、责任分解落实，而在重度污染的行业中，“国企特别是地方国企的投资行为”对环境监管目标的实现发挥了举足轻重的作用，并基于实证分析得出，地方国企的对地方政府的干预，抵消了环境监管“对地方国企投资的负面影响”。由于缺乏国家层面的污染物排放总量控制和排污许可证管理条例，为地方政府“基于环境治理的投资立项审批提供了足够的权力空间”，作为实现地方 GDP 政绩的重要工具的地方国企也在新增投资立项上受益，反而加剧了污染。[③] 谭保罗则指出，作为“共和国长子”的央企，由于其在加大地方投资和发展经济方面的优势，也使之形成了与地方政府谈判过程中的巨大“议价能力”，由于地方官员受任期所限，在引入央企投资时倾向于“一锤子买卖”，而央企却日益形成稳固的利益集团，后者会更多考虑“长期利益”，因此时常会签“不平等条约”，例如不少地方政府只会“一次性征收环境补偿费用”，从而能够有效地规避环境监管，甚至直接导致环境进一步恶化。[④]

官员行为的激励因素并不仅仅来自政府组织内部，不少研究发现地方政府可以为企业界所“俘虏”[⑤]。Wank 的研究描述了地方政府如何与企业

---

① Kitzmueller, M., Shimshack, J., “Economic perspectives on corporate social responsibility”, *Journal of Economic Literature*, 2012, 50 (1): 51-84.

② 吴卫星:《论环境规制中的结构性失衡——对中国环境规制失灵的一种理论解释》,《南京大学学报》(哲学·人文科学·社会科学) 2013 年第 2 期。

③ 许松涛、肖序:《环境规制降低了重污染行业的投资效率吗?》,《公共管理学报》2011 年第 3 期。

④ 谭保罗:《地方政府“环保战”剑指央企》,《南风窗》2014 年第 17 期。

⑤ [美] 施蒂格勒:《产业组织和政府管制》,潘振民译,上海三联书店 1989 年版,第 4-8 页。

互动，为之所俘虏，并对其提供政治保护。[①] 借鉴梯若尔和拉丰的新规制经济学中“双重委托代理理论”[②]，郭庆指出污染企业为了使监管机构“在行使相机抉择权时采取有利于自己的行动，具有动力去俘获”监管机构，从而获取足够的竞争优势。[③] 但是，正如 Pearson 所指出的那样，由于企业和政府监管机构常常源于先前的同一政府组织，这样一种制度遗产使得我们很难分辨：究竟是企业“俘虏”了监管机构，还是监管机构本身试图在保护其系出同源的“近亲”。[④]

第三节 文献评述

一、困局的性质界定

现有的研究已经围绕公众对于环境的感受、环境质量对于公共健康的影响，以及环境监管的绩效等议题作了非常全面、细致的研究，尽管有一些学者进一步探讨了环境监管对于公众健康绩效的影响，诸如李梦洁从环境经济学的视角探讨了环境污染对于居民主观幸福感的“绝对剥夺效应”和“相对剥夺效应”，并指出环境规制能抑制环境污染对居民幸福感的绝对剥夺效应和相对剥夺效应，[⑤] 但是，系统考量环境监管绩效与公众感受的研究却十分有限。特别是在中国，环境监管投入越来越高，相应的法律体系也越来越完善，然而，公众所感受到的环境质量却每况愈下，尤其体现在公众的健康水平上，相关疾病的发病率和死亡率似乎并没有得到有效

---

① Wank, D. L., “Commodifying Communism: Business, trust, and politics in Chinese city”, New York: Cambridge University Press, 1999.

② [法] 让·梯若尔、让·雅克·拉丰：《政府采购与规制中的激励理论》，石磊、王永钦译，上海三联书店 2004 年版，第 7–13 页。

③ 郭庆：《环境规制中的规制俘获与对策研究》，《山东经济》2009 年第 2 期。

④ Pearson, M. M., “Governing the Chinese Economy: Regulatory reform in the service of the state”, *Public Administration Review*, 2007, 67 (4): 718–730.

⑤ 李梦洁：《环境污染、政府规制与居民幸福感——基于 CGSS (2008) 微观调查数据的经验分析》，《当代经济科学》2015 年第 5 期。

的改善。目前，现有的文献对于这一问题的讨论却并不充分。

现有研究对于中国环境监管的健康绩效研究，往往存在着以下几个方面的问题：

（1）局限于单一国别的背景中，但是中国的环境监管是否真正与公众感受相匹配，是否能够对公众的健康水平起到正面的改善作用，改善的程度如何，受到何种因素的影响，是否是特定发展阶段所不可避免的问题，这些都应该通过与其他同类国家进行对比而得出，单纯只强调中国自身，似乎并不能真正衡量中国环境监管的绩效。

（2）对于环境监管水平的衡量，往往局限于制度层面，诸如资金投入、立法数量等，但环境监管在很大程度上取决于技术水平，因而只有将技术水平和制度水平共同考量，才能较为系统地识别出环境监管投入的力度。

（3）在分析公众健康水平的时候，一般都是将“公众”作为一个整体来衡量其健康水平，也有一些医学领域的研究按照年龄进行组别细分，然而鲜有文献有针对性地考察环境质量对于不同性别人群的影响，众所周知，男性和女性的体质状况、工作性质等特征有显著的差异，在应对环境风险时也会呈现出不同的结果，如果不能区别对待，将无助于问题的有效解决。

因而，本书将试图基于前述文献的研究，用公众健康水平衡量公众对于环境质量的感受，并结合环境监管水平，以继续深入探讨这一问题。首先，应识别环境质量与公众健康水平之间的相关性及因果关系，以及具体的影响机制；其次，应衡量环境监管水平是否必然导致环境质量的改善，并重点观察中国的具体情境；再次，结合上述分析，判断环境监管水平与公众健康水平之间是否的确存在不匹配，甚至背道而驰的局面，并深入解析这一现象的成因与机理；最后，根据成因和机理的分析，为改进这一现象提出较为合理、可行的对策建议。

二、困局的成因分析

关于中国的环境监管失灵问题，国内外学者已从多个层次、多个维度作了十分详尽的论述与研究：或是着眼于环境绩效指标体系及其制定过程，从而定位于中央政府的责任；或是选取理性人假设的视角，观察晋升激励、政府间竞争、任期限制、央地利益冲突以及政企关联等多种不同的因素，诠释地方政府的自利性动机对于环境监管失灵所造成的不良后果；或是审视环保部门自身的责任，诸如环保部门的央地权责划分、政策制定与执行、内部博弈以及对公众参与的容忍程度；或是将视角投射到政府部门以外，考察作为监管对象的污染企业的规避监管、对监管部门的“俘获”等行为。

显然，现有研究已经较好地分析了各个参与主体在环境监管中的责任，突出强调了中央政府、地方政府、环保部门以及企业等正式组织在监管失灵中所扮演的角色。此类基于“主体性”所开展的分析，将一时一地的微观场景片段作为关注点，展现了环境监管中具体实在且丰富多样的运作逻辑，一点一滴地拼凑出了中国环境监管体制机制的整体画面。

然而，在 Head 看来，环境问题应当是典型的“复杂而糟糕的政策问题”（Complex and Wicked Problems），符合以下特征：理性的综合规划难以奏效、问题难以被界定、相互依赖与多层次的因果关系、价值差异、不稳定与持续的演化、高度的社会复杂性与多样化的利害相关者、认定问题性质与范围的知识基础是存在争论的。[①] 环境监管失灵本身是一种系统性的问题，将其归咎为个体的责任，往往容易偏离问责的本质性意图。这其实也是我们在问题处理中的一种认知门槛：将整体性的系统问题简单地视为单个组织责任，进而将导致“不断升级的复杂性的结果”。[②] 而这样的分析进路也必然会致使我们将所谓的“中国特色”的、个体化的、偶然性的因素过分地夸大。关于监管失灵的应对，OECD 曾经阐述了八项基本原则：政府监管应当服务于明确的改革目标；监管本身应当具备较好的法律基础；监管所带来的社会效益应当大于给社会总福利所造成的损失；监管给市场所造成的损失应当最小化；监管应当通过市场激励等机制来推动改革和创新；监管的措施必须清晰、实用；政府监管必须同其他的监管、政策相一致；政府监管必须尽可能地与国内外的竞争、贸易和投资等规则相互协调。[③] 所以，政府、企业等主体的责任不能割裂开来看待，而是深度嵌入在系统化的体制机制之中，每一个主体背后所蕴含的央地、政企、政

① Head, B. W., “Public Management Research: Towards relevance”, *Public Management Review*, 2010, 12 (5): 571-585.

② [美] 丽贝卡·科斯塔：《即将崩溃的文明》，李亦敏译，中信出版社 2013 年版，第 81-89 页。

③ 王学军、胡小武：《论规制失灵与政府规制能力的提升》，《公共管理学报》2005 年第 2 期。

社等关系所交织而成的网络才是环境监管失灵产生的背景和土壤。只有将每一个主体纳入到这样的系统和网络中，观察其在总体性的制度框架中的位置以及角色，剖析其运作机理和行为方式，充分挖掘其动态性的结构和过程等因素，才有可能真正理解其深层次的逻辑。

因此，对于“数字减排”困境这样一个环境监管失灵现象的研究，需要因循几条主要的线索来展开：

（1）中国环境监管系统（包含政府、企业、社会等多个领域）的大致轮廓究竟应如何勾勒；

（2）分布在不同领域的多个主体在这样一个系统中究竟处于怎样的结构位置；

（3）不同主体之间连接究竟基于何种互动机制和运作逻辑而展开；

（4）中国的环境监管系统在不同的背景之下又经历了怎样的演化过程；

（5）导致系统演化的因素和环境又是如何。这样一些问题将有助于本书的开展和深入。

第三章　研究设计

第一节　研究路径

对于环境监管中的“数字减排”困境的研究，首先需要对这一现象予以确证，即是否真的存在“数字减排”困境，而对于这一问题的论述应分成两个部分：①环境质量对于公众健康水平的影响是否存在？影响程度如何？是否也受到其他因素的影响？根据G20国家整体状况所得出的结果能否适用于中国？这一部分旨在论证公众对于环境的感受能否与真实的环境质量相匹配，以及其内在的影响机制。②环境监管的投入绩效如何？是否能够真正实现环境质量的改善？除了监管投入之外，环境质量的变化情况还受到哪些因素的影响？中国的环境监管绩效能否与G20国家的整体趋势相吻合？这一部分重点在于考察环境监管对实际环境质量的影响程度、影响机制。基于以上论证，对于中国的“数字减排”现象予以确证后，有必要深入探究这一现象生成、演化和发展的内在机理，解析这一困境的形成逻辑，才能为问题的解开找到一把钥匙。

一、环境质量对公众健康的影响

自从环境问题产生以来，以“环境与健康关系”为主题的研究一直被环境科学和健康科学所关注，主要体现在环境毒理学和环境流行病学等学科领域。该类学科对于公众健康的关注点，其落脚点不是单个人的健康（Health of Individual），而是侧重于人口的健康（Health of Population）：重点研究决定人口健康的条件和因素，诸如“外部环境如何对人体健康产生影响，发现外部环境的作用机理，提出改善外部环境的办法，从而最终促进公共健康”；主要研究的对象是群体，其所借助的分析工具主要是生物统计学和流行病学（以分析人口中的风险、疾病、伤害为基本研究内容），核心议题是聚焦于两个“率”：发病率和死亡率，旨在减少发病率和死亡率，从而以挽救生命、预防人口疾病伤害。[①] 因此，环境污染对健康的影响和危害，是环境质量监管与治理的核心议题，是基于整个社会—生态系统（Socio-Ecology System）的视域综合考量人口健康问题。

从机理而言，环境对于健康的影响过程包含了污染、暴露以及计量反映函数三个关键要素；其次，“污染被描述为一个特定地点总体的有毒物质，暴露所表示的是人们接触这些有毒物质的程度，剂量—反应（Dose-Response）函数则指由既定的污染物暴露（接触）所转化成的生理健康反应”[②]。相对于水污染、土壤污染等其他污染形式而言，空气污染的外生决定性和外溢性更强，而且公众在空气污染中的暴露程度和概率更高，对居民健康需求的影响更强。[③] 国际上关于空气污染的健康风险评价，一般选择死亡作为健康终端评价空气质量污染对居民健康影响的慢性效应。因此，本书将聚焦于空气质量和空气污染，分析其对于公众健康水平的影响。

现有的研究中，关于中国环境质量的健康影响方面的研究，大多是立足于中国本土实践的实证分析，基于省域、城市的数据考量环境质量的变化对于健康的影响，或者是以国别为单位进行历时态的个案研究。然而，这样的研究未能真正解释中国环境质量对于公众健康水平影响的严重性和相对性。所以，本书将采用统计、比较的方式，通过 G20 国家的面板数据分析，衡量这一问题的普遍情况；进而，通过与普遍情况的对比分析，考察中国情境下的特殊性，特别是中国的环境健康问题变化发展趋势能否与国际趋势相匹配、相一致；基于此，便能够对中国情况作出较为准确的判断。

---

① 杨彤丹：《权力与权利的纠结——以公共健康为名》，法律出版社 2014 年版。

② 祁毓、卢洪友、杜亦譞：《环境健康经济学研究进展》，《经济学动态》2014 年第 3 期。

③ Wang, X., Mauzerall, D. L., “Evaluating impacts of air pollution in China on public health: Implications for future air pollution and energy policies”, *Atmospheric Environment*, 2006, 40 (9): 1706-1721.

二、环境监管对环境质量的影响

公众对于环境质量的感受不仅来源于客观的环境条件本身，也来源于对环境应对措施的判断，同样环境监管与客观环境质量之间也存在着一定的逻辑关系：从应然的角度而言，环境监管能够在一定程度上减缓环境质量的恶化。因此，环境质量也在一定程度上取决于环境监管的水平。

因为环境监管主要是“通过降低污染水平来影响环境健康绩效，但这种水平效应的研究并不能忽视结构效应，即环境污染对不同地区（群体）健康的影响存在差异，环境政策健康绩效是异质的，也影响着环境污染健康效应的分布差异”[①]，因而，对于中国环境监管绩效的评价，依旧是因循上一部分的思路，将中国的个案还原到国际整体趋势中进行分析。

首先，依旧以 G20 国家为样本，观察此类国家在一定时期内的环境监管水平与环境质量变化情况；其次，进一步分析环境监管水平对于环境质量的影响情况，需要指出的是，与其他政治、社会议题不同，环境质量监管与环境污染监管不仅取决于制度水平，同样也取决于技术水平，单纯强调制度的作用，诸如立法的重视、执法的加强、财政投入的增多等因素，似乎并不全面，需要将技术水平作为环境监管的重要内容纳入其中，作系统考量；根据 G20 国家的环境监管整体趋势，与中国环境监管绩效的个案作比较，对中国的环境监管绩效做出判断。

根据中国和 G20 国家总体样本的差距，并结合具体的影响变量，对二者间的差异进行分析，既要判断环境监管水平，包括技术水平和制度水平，是否落后于 G20 国家的总体水平，同时也要考量其他影响因素，如城镇化水平、工业化水平和能源消费等，是否导致了二者间的差异。

三、环境监管失灵的成因与机理

环境监管本身并不是目的，而是一种手段，是为了实现环境治理绩效的提升，即环境质量的改善。监管失灵问题的探究，首先需要明确为什么

① 卢洪友、祁毓：《环境质量、公共服务与国民健康——基于跨国（地区）数据的分析》，《财经研究》2013 年第 6 期。

要“监管”、为谁“监管”、如何“监管”的问题，进而设计出较高“安全性、有效性、质量及性能的新工具、新标准或新方法”①。

在上文中，对于中国环境监管中的“数字减排”困局性质的界定，主要依赖于同G20整体趋势以及其他国家具体情况的对比分析所判断得出，而在这种现象的具体成因和机理分析上，必须还原到中国的语境中，考察为什么会出现这种环境监管失灵的现象，特别是对相关重点影响因素的研判和探究。

因为环境技术的应用和环境税收的缴纳，都是作为监管对象的企业对于监管政策的一种服从行为，所以，无论是环境技术还是环境税对于环境质量所产生的影响，都应回溯到政府的监管政策和监管行为，以及其背后所蕴含的逻辑机理。同样，如果是城镇化水平、工业化水平和能源消费等因素对环境质量产生了影响，则意味着环境质量的恶化是由于不当的发展方式所导致，而这种发展方式的形式是否也与政府行为有某种必然的关联，这些都是应深入探究的问题。

因而，本书尝试将中国环境监管的“数字减排”困局归因为政府监管行为与监管机制的失灵问题，通过将环境监管技术水平和制度水平中的问题予以挖掘，并回溯到政府行为本身，同时，对于城镇化、工业化和能源消费等问题追溯到政府对于发展方式的主导和驱动上，从而归纳出监管失灵的根本性、结构性原因。进而，试图对环境监管中的“数字减排”困境的结构性原因和形成机理予以深度剖析，基于宏观和微观两条主线建构分析框架。其中，宏观主线指的是环境监管中的结构性逻辑，即“委托—代理”逻辑；微观主线指的是环境监管中的过程性逻辑，即“问题—答案”逻辑。在这一分析框架中，充分还原不同参与主体在其中的位置、角色、权重关系以及相互之间的互动机制，从而为有效地开展环境监管提供科学的依据。

---

① 刘昌孝、程翼宇、范骁辉：《转化研究：从监管科学到科学监管的药物监管科学的发展》，《药物评价研究》2014年第5期。

第二节 样本选取

单纯地看中国的个案情况，难以判断环境监管是否真正有效，是否能够改善公众健康水平，因为缺乏有效的衡量标准。只有把中国的个案纳入到同类国家的整体水平的情境下，才能够提炼出一个相对客观的标准，从而与中国的具体情况进行比较、对照，得出中国的环境监管与公众感受之间的关系。

基于样本的典型性与可比性考虑，本书选取 G20（二十国集团）国家为分析样本。G20 由 G8（八国集团）财长会议于 1999 年 9 月 25 日在美国华盛顿倡议成立，属于布雷顿森林体系框架内非正式对话的一种机制，由阿根廷、澳大利亚、巴西、加拿大、中国、法国、德国、印度、印度尼西亚、意大利、日本、韩国、墨西哥、俄罗斯、沙特阿拉伯、南非、土耳其、英国、美国以及欧盟 20 方组成。国际金融危机爆发前，G20 仅举行财长和央行行长会议，就国际金融货币政策、国际金融体系改革、世界经济发展等问题交换看法。目前 G20 机制已形成以峰会为引领、协调人和财金渠道“双轨机制”为支撑、部长级会议和工作组为辅助的架构。

从结构和功能上看，G20 具有以下三个较为显著的特点：

（1）代表性。与 OECD、APEC 等具有明显发展水平或地域归属特征的国际组织相比，G20 国家的样本类型呈现出较为多元化的特点，样本的分布还较为广泛，分别来源于亚洲、非洲、欧洲、北美洲、南美洲、大洋洲等各个地区，G20 构成兼顾了发达国家和发展中国家以及不同地域平衡，人口占全球的 2/3，国土面积占全球的 60%，国内生产总值占全球的 90%，贸易额占全球的 80%。

（2）平等性。相关国家加盟的主要依据是各自的国际影响力，而对于经济发展水平和意识形态等特征的限定却并不是十分严格，因此，G20 的样本中既有美国、日本等经济发达国家，也有中国、印度等新兴发展中国家，G20 采用协商一致的原则运作，新兴市场国家同发达国家在相对平等的地位上就国际经济金融事务交换看法。

（3）实效性。自 2008 年由美国引发的全球金融危机使得金融体系成为全球的焦点，开始举行G20首脑会议，扩大各个国家的发言权，以取代之前的G8首脑会议或G20财长会议，其宗旨是为推动已工业化的发达国家和新兴市场国家之间就实质性问题进行开放及有建设性的讨论和研究，以寻求合作并促进国际金融稳定和经济的持续增长，G20峰会通过了一系列重要决定，为应对金融危机、促进世界经济复苏、推动国际金融货币体系改革发挥了重要作用。[①]

由此，可以确定，作为一种国际合作网络，G20对于自身的加盟成员已经参照相应的标准做出了一定的筛选，形成一种良好的取样机制，所选国家具有非常显著的典型性和代表性，并且究其政治、经济、社会以及自然条件而言，同中国之间具有一定的可比性，因此，直接将G20国家（剔除欧盟，共19个样本）作为分析对象，能够较好地为中国环境监管中的“数字减排”困局提供一些参照样本，并基于此展开比较研究。

同时，根据样本数据的科学性和可操作性，本书重点选择G20国家在2002~2012年的相关指标数据，这一时期也正是世界各国经济、社会稳定高速发展的阶段，能够较为明显地识别出“数字减排”困局的影响因素和形成机理。

第三节　研究方法

一、比较研究

由于本书所探讨的问题是中国环境监管中的“数字减排”困局，通常所应采用的研究策略是通过不同省域或城市的环境监管、环境质量以及公众健康等方面的数据收集，建立一个总体性的数据库，并运用计量模型等定量研究方法对其主要影响因素进行识别，从而对这一困局的形成和发展进行有效的归因。然而，这一研究思路存在着一定的局限性，所选取的样本依旧是中国本身，等于是对“数字减排”这一问题已经有了基本的默

① 资料来源：2016年G20峰会网站，http://www.g20.org/gyg20/G20jj/201510/t20151027_871.html。

认，并开展进一步的原因分析和对策研究。事实上，缺少时空条件比较的价值判断是缺乏可靠性的，对于“数字减排”困局的探究，首先有必要对这一现象本身的存在与否及其基本性质予以确证，通俗而言，“数字减排”问题所指代的是环境监管投入和绩效与公共的感受不吻合，这一现象在中国是存在的，然而，在其他国家是否也存在类似的问题，在全世界范围内，环境监管水平与公众感受不匹配这个问题，究竟是中国独有的，还是一个共性的问题。进一步而言，中国与世界平均水平，尤其是主要发达国家的水平之间有多大的差距，这些问题都是有必要探讨的。如果“数字减排”问题是世界各国普遍存在的一个共性问题，那么，其对于中国而言，就构不成一个所谓的“困局”，再基于中国的发展中国家属性，这一“困局”或许只是一个位于合理区间内的正常现象。但是，如果这一问题仅仅是中国所独有，或局限于少部分国家之中而违背了世界的总体趋势，则方能够将其定义为一个真正的“困局”。

基于以上考虑，研究的开展有必要因循比较研究的思路，将中国的个案置于国际间的比较中，通过不同国家之间的对比，以确证出“数字减排”困局是否是一个真问题。参考比较政治学中的方法，“遵循类似自然科学重复实验的规则，在世界范围内兼用纵向（时间）和横向（地域）比较的方法检验‘所有的政治因果假设’”，从“他者”的视角理解本国的政策运行[①]，将能够有效地对“数字减排”困局的本身予以确证。

比较研究不同于国别研究，单一的国别研究必然会呈现出碎片化，而比较研究则可以增加国别研究的深度和精确度。[②] 政策和环境等领域的问题都已是比较政治学科的主流议题[③]，“数字减排”作为政策绩效领域的一项重要议题，“只有在比较和对比的意义上才能得到充分理解，并得到恰当的使用”，而且这一议题背后所牵涉到的政策绩效、环境、健康等众多问题也已然超越了国别，成为了全世界范围内的“共生事件”，只有从比

① 潘维：《比较政治学及中国视角》，《国际政治研究》（季刊）2013 年第 1 期。

② Lees, C., “We are all comparativists now why and how single-country scholarship must adapt and incorporate the comparative politics approach”, *Comparative Political Studies*, 2006, 39 (9): 1084-1108.

③ Hull, A. P., “Comparative political science: An inventory and assessment since the 1980's”, *PS: Political Science & Politics*, 1999, 32 (1): 117-124.

较中才能寻找解释的因素，发现共同的规律。[①] 而比较研究的作用正是在于“当受到非直接的或多重自变项的影响而难以导出因果关系时，或者说出现未被分析的变项影响以及‘伪相关因素’的影响而使某些个案与理论推导出的假设或规则不相符合时，就需要我们从这些特殊的个案中进一步寻找相关变项间的关系，并在此基础上形成新的因果关系。”[②]

二、嵌套分析

作为比较研究的一种方法，“嵌套分析”（Nested Analysis）是由Evans S. Liberman所提出的，其特征是“以大样本的定量统计分析为主体框架，并辅之以大样本案例集中的单个或者多个案例的深入定性剖析”，这一研究策略的优势在于其可以较好地“提升概念化、测量手段和竞争性解释分析的质量，以便更好地增进关键结论的总体信度”。[③] 从这个角度看，嵌套分析可以突破“定性—定量”之争的两难困境，并能为因果推论提供更可靠的依据，论证效果明显优于定量分析和定性分析两部分简单相加之和。[④]

在比较研究中，定量分析和定性分析方法的区别主要体现在“度量层次”（Level of Measurement）上，其中，定性方法的优势在于“描述过程、展现机制”，善于处理“定类数据”（Nominal/Categorical-level Data），因为“定性研究的特点是度量/抽象层次比较低，定量研究相对层次较高，很多丰富的细节被省略、抛却了，因此后者更易找出规律”[⑤]，所以，只有充分运用定量研究的度量/抽象层次较高的特点，呈现规律性的问题，并且对接定性研究方法，挖掘关键个案中的关键机制，才能对理论本身起到一定建构作用。

本书应定位于一种“探索性研究”，并不以任何明确的起始假设为基础，仅仅是为探究中国环境监管中的“数字减排”困局这样一个现象的问

① 朱德米、沈洪波：《比较政治研究议题的设定：从何处来》，《社会科学》2013年第5期。

② 李路曲：《比较政治分析的逻辑》，《政治学研究》2009年第4期。

③ Lieberman，E. S.，“Nested analysis as a mixed-method strategy for comparative research”，*American Political Science Review*，2005，99（3）：435-452.

④ Lieberman，E. S.，“Bridging the qualitative-quantitative divide：Best practices in the development of historically oriented replication databases”，*Annual Review of Political Science*，2010（13）：37-59.

⑤ 耿曙、陈玮：《比较政治的案例研究：反思几项方法论上的迷思》，《社会科学》2013年第5期。

题性质，以及形成机制等。[①] 所以，有必要先从宏观层面的定量研究入手，再进行微观层面的细致定性研究，既要考察“如何从大样本的基础上得到因果效应的平均作用大小”，又要对特定事件所产生的异常结果和特殊个案着重给予深度的剖析。[②]

1. 基于国别比较的定量分析

根据经典的KKV[③] 研究路径，一个研究过程应分为描述性推论和因果性推论两个部分，描述性推论涉及“如何由样本推及整体，而因果性推论则试图发现不同因素间真实的因果关系”，其中，“前者是研究的起点并构成后者的基础”。[④] 在一项致力于解释性工作的研究设计中，准确地对问题进行描述是一个基础性的步骤。只有从整体结果中寻找到一些可观测的现象，方能寻求具体现象的成因机理。

因此，选择将中国的个案纳入到同类国家的国别比较中，利用统计等定量分析工具，可以有效地离析出不同国别个案之间的主要因素和特征，也能够有助于从单一的个案中总结并归纳出相应的研究结果，识别出较为有价值的变量。以“数字减排”问题为例，在以计量分析方法为基础的变量取向的研究中，研究的核心目的在于解释环境监管水平、实际环境质量和公众健康状况等不同的自变量与因变量之间的共变趋势，并以数量化的方式对这种趋势进行较为精确、客观的描述。

在具体的计量分析中，基于G20国家2002~2012年的样本数据，本书将以实际环境质量情况为中介变量，分别考察其与政府环境监管水平以及公众健康状况二者之间的关系，并采用OLS回归模型、Driscoll-Kraay标准差固定效应线性模型等不同的计量工具，对三者之间的匹配关系及影响程度进行深入分析，从而有效地识别出G20国家的范围内三个核心变量的关系，从而对“数字减排”问题的性质予以确证。

---

① ［美］马丁·登斯库姆：《怎样做好一项研究——小规模社会研究指南》，陶保平译，上海教育出版社2014年版，第98页。

② James Mahoney，Celso. M. Villegas：《历史分析与比较政治》，《浙江社会科学》2008年第3期，第12-19页。

③ KKV即《社会科学中的研究设计》一书的三位作者加里·金（Gary King）、罗伯特·基欧汉（Robert Keohane）、悉尼·维巴（Sidney Verba）三人姓氏首字母的缩写。

④ ［美］加里·金、罗伯特·基欧汉、悉尼·维巴：《社会科学中的研究设计》，陈硕译，格致出版社2014年版，第1-12页。

2. 基于特殊个案的定性分析

在定性研究方法中，个案分析是旨在“探索难以从所处情景中分离出来的现象时所采用的研究方法”，其优势在于能够较为细致地解析一个特殊的事件或现象中所蕴含的详细信息。[①] 特别是对于大样本定量研究中所出现的一些个别性的、特殊性的异常案例的分析，案例本身已然背离了原来已经建立的归纳，往往无法简单地用统计规律进行解读，只能够将此类案例从整体的研究样本中抽取出来，既要对其本身的特性加以探究，又应结合样本的整体规律，将二者进行有机的对比，“重点关注大样本统计分析中未能观测到的其他相关变量因素，抑或是提取出部分或者所有变量的（操作性）定义”[②]，从而较好地识别出异常型案例产生和形成的主要原因。

个案研究虽然是面向单个国家、单个事件和单个机构的，但却并非“只因为其研究对象具有单一性”，毕竟，“仅满足于对单一对象本身作简单勾勒只能产生教科书式的通论性著作”。一个可以被视为真正有意义的个案研究，它必须包含较强的问题意识和理论预设，通过考察个案本身来“显示它在一个更大集合的政治现象方面能告诉我们什么，或者它们将政治的特殊方面与更一般的政治理论性思考联系起来”，进而，“更强调要结合经济、社会、文化的背景进行全面的、整体的分析”。[③] 因而，个案本身的选取应十分审慎地对其重要性、研究意义和研究目的加以考量。

而本书立足于G20国家的计量分析，继而着重观察中国的个案情况，基于这种考虑，源于对中国个案本身的问题意识，将中国的个案纳入到G20的整体样本中进行分析，并将个案剥离出整体样本，使之与总体的规律性结论相互比较、印证，从而对“数字减排”问题的属性特征（即究竟是中国独有还是G20国家普遍现象）予以定位，并通过影响因素间的比对，发现出导致“数字减排”问题形成的主要原因。

---

① Yin, R. K., “The case study crisis: Some answers”, *Administrative Science Quarterly*, 1981, 26 (1): 58-65.

② Lijphart, A., “Comparative politics and the comparative method”, *American Political Science Review*, 1971, 65 (3): 682-693.

③ 陈刚：《个案研究在比较政治中的应用及其意义》，《社会科学战线》2014年第5期。

三、制度分析

本书所研究的“数字减排”困局，实质上，应是着力于探讨一个环境监管政策的主、客体以及相关对象之间互动关系的问题。因此，对于这一问题的探究，不能仅仅局限于计量分析所得出的结果本身，若这样则难免会局限于静态的影响因素上，将问题停留在对于单个行为主体的所谓“问责”上，从而忽视问题背后所蕴含的深层次逻辑、机理，难以使问题真正得到解决。特别是环境监管问题，其本质是一次“规划性社会变迁”，是政府在强大的外界示范和压力之下，确立了较为明确的总体目标和方向[①]，通过制定相关法律和政策，沿着政权的科层体制，将一套制度推行到社会，以实现社会体制与社会秩序重构的过程。因此，“理解中国，必须理解中国政府；理解中国政府，必须理解科层组织”，因为“政府的作用是通过不断精细化和扩展的科层组织能力加以实现”[②]。所以，“数字减排”的最终落脚点必须定位于对制度及其作用逻辑的反思上，制度分析的方法是解析这一问题的有力工具。

在社会科学中，“制度”通常所表征的是一种相对稳定并能够重复的存在状态、符号性的范本或行为规则的范式，其中包含了组织、章程、规范、期待、社会结构等。在制度分析中，存在着一个中心命题，“正式组织有着与其他组织形式不同的结构、过程以及运行逻辑，因此需要特定的分析解释”[③]。所以，制度分析的功能在于“对各种制度的演变过程进行解释和说明，以及将制度对人们如何组织经济、社会生活的影响”，[④] 同时，也将人们的行为分解为相互关联、相互影响的组成部分[⑤]，不同的行

① 许远旺：《规划性变迁：理解中国乡村变革生发机制的一种阐释——从农村社区建设事件切入》，《人文杂志》2011 年第 2 期。

② 何艳玲、汪广龙：《不可退出的谈判：对中国科层组织“有效治理”现象的一种解释》，《管理世界》2012 年第 12 期。

③ Richard，S. W.，“Organizations：Rational，Natural，and Open Systems”，*Englewood Cliffs*：*Prentice Hall*，2003.

④ 周雪光：《西方社会学关于中国组织与制度变迁研究状况述评》，《社会学研究》1999 年第 4 期。

⑤ Ostrom，E.，“Rational choice theory and institutional analysis：Toward complementarity”，*American Political Science Review*，1991，85（1）：237-243.

动主体在相应的行动情境下遵循一定的规则展开互动。①

作为一种具体的组织行为方式，环境监管政策的“结构和其运行都会受到以社会性建构的观念体系和规范所体现的制度环境的影响”。② 然而，关于环境监管问题的现有研究，通常都是基于中央政府、地方政府、企业、第三方等单个责任主体作为主要的分析对象。Young 认为，我们过多地关注了责任，而忽视了义务，我们需要从“责任模式”转向“社会连接模式”：前者强调个体责任人由于不当行为所导致的不良后果，后者则关注所有参与者在不断进展的社会过程中分享责任。③ Walder 认为，将“原因”罗列出来并不难，然而“作为一种解释或理论则必须阐明在可能的原因和可能由之引发的政治后果之间的联系，即其中蕴含的社会进程或体制机制”，只有着眼于“哪些社会过程和机制可能发挥了导致变迁的作用”，才能真正对社会问题形成一种解释力。④

制度分析的研究方法，意味着需要将建构、协调、激励等与制度设计相关的机制引入到具体问题的分析中，并能够提高研究的概念精密化程度和分析力度，其理论模型和分析工具可以用来解释央地环境议题中的属地管理与垂直管理的双重控制、环境监管部门与企业之间的服从和抵抗、政府对社会力量的吸纳与制衡等一系列问题。因而，应尝试将分析的焦点从单个的行为主体转向一个多主体参与的“意义建构”⑤ 的社会系统或网络，⑥ 将更多的注意力投入到央地关系、政企关系、政社关系等不同主体间的关系以及互动机制上。环境监管中的“数字减排”现象，绝不应当是孤立存在的，而是深深地嵌入到环境治理工作的大系统中，具有复杂性

---

① Ostrom, E., Gardner, R., Walker, J., “Rules, games and common past Resources”, *Ann Arbor: University of Michigan Press*, 1994.

② ［美］加里·德斯勒：《人力资源管理》（第六版），刘昕、吴雯芳译，中国人民大学出版社 2001 年版，第 373 页。

③ Young, I. M., “Responsibility and global justice: A social connection model”, *Social Philosophy and Policy*, 2006, 23 (1): 102.

④ Walder, A. G., “The decline of communist power: Elements of a theory of institutional change”, *Theory and Society*, 1994, 23 (2): 297-323.

⑤ “意义建构”（Sense-making），是指组织成员将从外界环境中领会的信息作为自己行动的出发点，从而将外界环境转化为某个心理状态的过程，也就是组织成员试图和周围同伴沟通并交换信息，以对工作需要、限制和成果得失有更好的理解。

⑥ 田晓明、王先辉、段锦云：《组织建言氛围的概念、形成机理及未来展望》，《苏州大学学报》2011 年第 6 期。

公共问题的特征，诸如多重嵌入性、动态演化性、宏观涌现性、主观建构性①。尤其是在当前推进国家治理体系和治理能力现代化的进程中，“要弄清楚整体政策安排与某一具体政策的关系、系统政策链条与某一政策环节的关系、政策顶层设计与政策分层对接的关系、政策统一性与政策差异性的关系、长期性政策与阶段性政策的关系”②。

第四节　指标设定与数据来源

一、公众感受

关于公众感受，即健康水平的指标选取，应能够“反映有意义的健康状况的各个方面”并“以适当的精确度进行测量”③。通常而言，评价指标包括常规指标和局部指标，前者包括出生预期寿命等，而后者主要指特定疾病的死亡率等，以环境污染为例，最为相关的就是心肺疾病的死亡率。二者从不同角度衡量了人群死亡率水平和生存状况，测量较为客观、精确。

因此，对于健康水平的衡量，首先需要采用常规指标，根据WHO对健康的定义并参照以往研究，将重点选取“出生时预期寿命”（Life Expectancy）作为度量指标。该指标实质上是一个假定的指标，是假定当期各年龄段的死亡率保持不变，根据婴儿和各年龄段人口死亡的情况计算后得出，同一时期出生的人预期能继续生存的平均年龄。这一指标可以反映出一个社会公众生活质量的高低，除了个人差异，还与社会经济条件、卫生医疗水平、环境质量等客观因素密切相关，可以在一定程度上区分和

① 杨冠琼、刘雯雯：《公共问题与治理体系：国家治理体系与能力现代化的问题基础》，《中国行政管理》2014年第2期。

② 参见《推进国家治理体系和治理能力现代化》，http：//zqb.cyol.com/html/2014-02/18/nw.D110000zgqnb_20140218_2-01.htm.

③ ［美］舍曼·富兰德、艾伦·C. 古德曼、迈伦·斯坦诺：《卫生经济学》，王健、孟庆跃译，中国人民大学出版社2004年版，第112页。

识别健康水平的结构差异。但因为现实中的死亡率是在不断变化的，与微观数据中健康水平的度量指标相比，该指标存在一定的局限性。

考量环境质量对于健康水平的影响，不能仅仅局限于“出生时预期寿命”指标，因为该指标只能观测影响程度，却不能有效识别影响机制。因而，需要有针对性地分析特定病因对于死亡率的影响。而空气污染的影响则主要是通过心肺疾病（主要是缺血性心脏病、脑血管病、肺癌和慢性阻塞性肺疾病）而产生。但是，心脑血管疾病的发病率和死亡率所受到的影响变量过多、影响机理过于复杂，难以有效控制和剥离其他相关变量（如饮食习惯等）的影响，不易克服内生性的问题；而且研究也已证明，癌症的致病原因更多来自于外部，恶劣的环境因素将能够增加罹患癌症的概率[①]。因此，出于典型性和代表性的考虑，可以选择“气管、支气管和肺恶性肿瘤（Tracheal，Bronchus and Lung Cancer，以下简称肺癌）死亡率”进行衡量，对空气污染的健康影响予以分析。

值得一提的是，公众健康水平往往与性别因素紧密相关，因此，无论是对于出生时预期寿命的分析，还是对于肺癌死亡率的分析，都有必要将男性和女性区别开来，分析环境质量对于不同性别群体的健康影响。

“出生时预期寿命”的相关数据主要是采用世界银行数据库（World Bank Database）中 G20 国家的数据，包括总人口的出生时预期寿命、男性人口的出生时预期寿命以及女性人口的出生时预期寿命，时间跨度为 2002~2012 年；“肺癌死亡率”数据的主要来源是 WHO 和华盛顿大学健康计量与评估研究所联合开展的全球疾病负担（The Global Burden of Diseases，Injuries，and Risk Factors Study，GBD）项目数据库中关于 2002~2012 年阶段的男性、女性肺癌死亡率，相关数据均已采用 ASR（W）年龄标准化计算进行了处理，能够较好地反映和概括不同年龄群体之间的全貌。

二、环境质量

随着中国经济增长的加速、人均收入的提升，背后所付出的环境代价

① Wu，S.，Powers，S.，Zhu，W.，Hannun，Y. A.，“Substantial contribution of extrinsic risk factors to cancer development”，*Nature*，2016，529（7584）：43-47.

也是十分惨重的，环境污染的类型也逐渐发生着变化，“从局部型、单一型污染走向全局型、复合型污染”，其中，目前最为显著、最为突出的环境污染问题当属空气污染，已经“从煤烟型污染发展到复合型污染的新阶段”，空气质量状况也能够较好地反映中国的环境质量水平。在中国500个大中城市中，“只有不到1%达到了世界卫生组织推荐的空气质量标准”。[①]

众所周知，当前最能够反映空气质量状况的指标无疑是PM2.5的浓度，相比于其他污染物。它更能够综合地表征空气质量。PM2.5是指直径小于2.5微米的颗粒物，是空气中固态和液态颗粒物的总称，主要有三个来源：一是污染源的直接排放；二是空气中的硫氧化物、氮氧化物、挥发性有机化合物及其他化合物相互作用形成的细颗粒物；三是来自于未铺沥青、水泥的路面上行使的机动车等以及被风扬起的尘土。在整个中国的疆域范围内，受到PM2.5污染影响的区域大概有100多万平方千米，严重威胁着公众的健康水平、生活质量乃至幸福感。

PM2.5年均浓度数据，主要来源于由耶鲁大学环境法规政策中心、哥伦比亚大学国家地球科学信息网络中心、瑞士世界经济论坛和意大利欧洲委员会联合研究中心联合发布的环境绩效指标（Environmental Performance Index，EPI），该数据库包括了2个基本目标、10个政策类别、22个细分指标，涵盖了空气、水资源、生态系统、能源、社会等内容，通过对各类细分指标进行加权合成得到最终指数值。其中各国PM2.5年均浓度是根据Van Donkelaar的模型，利用中分辨率成像光谱仪观测到的气溶胶光学厚度（MODIS Aerosol Optical Depth）和地表大气PM2.5浓度水平的关系得到的计算结果。

一般而言，空气污染相关指标所涉及到的PM2.5等颗粒物浓度，指的是“质量浓度”（$\mu g/m^3$）；PM2.5的健康效应也与其“在不同尺寸范围的分布情况”密切相关，即在质量浓度相同的情况下，“颗粒越小，颗粒数目越多，颗粒物比表面积就越大，可能导致的健康危害也越大”。[②]但是，由于数据获得的可操作性，本书仅采用质量浓度来对PM2.5所表征的空气

① 王亚华、齐晔：《中国环境治理的挑战与应对》，《社会治理》2015年第2期。
② 胡彬、陈瑞、徐建勋、杨国胜、徐殿斗、陈春英、赵宇亮：《雾霾超细颗粒物的健康效应》，《科学通报》2015年第30期。

污染严重程度进行衡量。

三、环境监管

本书对环境监管水平的分析，主要包含两个维度，分别是技术水平和制度水平。对于技术水平和制度水平的衡量，现有的文献选取了大量不同的指标，但是，如果单纯地考量环境监管中人力、物力、财力等方面资源的投入指标，将难以排除监管执行过程中的损耗，不能真正客观地反映监管水平和力度，因此应尽可能地关注技术的实际应用状况和制度的落实情况。从这个角度看，“环境技术的采用程度”和“环境税的缴纳入库额度”将是两个较为理想的指标变量。

同时，本书所选取的G20国家的国别比较样本中，不同国家间差异较大：在环境监管水平的衡量上，由于G20国家的经济发展水平、政治制度类型、社会意识形态等背景因素差异较大，其所采用的环境监管政策工具也难以统一到一个框架下予以测量，所以，采用监管对象的“合规”程度，可以从一个侧面间接地判断出该国环境监管政策工具的严格性与有效性。因此，“环境技术的采用程度”和“环境税的缴纳入库额度”这样两个指标从信度和效度上都具有明显的优势。

关于这两个指标的数据，将参考OECD数据库，重点选取两个指标：

（1）“环境相关技术专利的扩散数量”（该变量需要做取自然对数处理）。之所以没有选择技术专利的发明数量，是因为技术发明并不等于能够投入应用环节，而技术专利的跨国间扩散数量则意味着已然投入市场，并获得其他国家的认可，从一个侧面反映了该技术的可行性与应用价值。这样的技术越多，说明该国环境监管的技术水平越高。

（2）“环境相关税收在总税收中所占的比重”，这一指标能够阐明环境保护与经济发展的相关性，因为总税收往往象征着国家经济发展水平，如果这一比值越高，则反映了环境监管的力度越强，同时，环境税在总税收中所占的份额也能够显示出政府对于环境监管的意愿和决心。

两个指标的时间跨度都是2002~2012年，但是，需要指出的是，由于数据缺失，后一项指标仅包含16个国家（缺少印度尼西亚、俄罗斯、沙特阿拉伯的数据）。

四、其他控制变量

在衡量环境监管水平、实际环境质量和公众健康水平三者之间关系的时候，也必须考虑其他相关因素的影响，包括城镇化水平、工业在国民经济中所占的比重以及能源消费等要素，从而全面地识别出不同变量之间的关联度。

就城镇化水平而言，相关文献已经做了较为充分的研究，并认为城镇化水平对于空气质量的影响是负面的，尤其像中国这样正处于高速城镇化发展阶段的国家，其城镇化水平往往与环境质量之间呈现出高度的正相关性。Han 等选取了“气象能见度”作为指标来反演推算出 20 世纪 70 年代以来的 PM2.5 浓度，从而对城市的长时段空气质量状况进行有效的识别，结果显示，北京空气中细颗粒物 PM2.5 浓度在过去 40 年间显著增加，对人类健康危害严重的 PM2.5 占可吸入颗粒物 PM10 比例高达 71%，且与人口和 GDP 的增加，即城市化进程正相关，表明人类活动在短时间内确实对北京的空气质量产生了严重影响，而且，研究中并没有观察到经济和 PM2.5 浓度之间的倒 U 形关系，表明北京可能还没有达到 EKC 的 U 形曲线的转折点。① 而工业在国民经济中所占比重的负面影响则尤为突出。在重工业化增长模式的引导下，中国的经济增长方式（即 GDP 生产结构）和收入水平，对环境污染问题具有很大的影响，尤其是经济增长方式及其背后所蕴含的能源强度（以工业能源强度为代表），产业结构和能源消费结构等因素都对温室气体与污染物的排放产生了非常强的负面效果，进而影响了居民的健康。② 其中，既有工业化进程本身所产生的污染排放对公众生理和心理健康所产生的影响，③ 也有伴随着工业化发展所导致的“工作和生活方式的变迁”所带来的生理和心理健康影响。④ 根据相关测算，

---

① Han, L., Zhou, W., Li, W., “Fine particulate (PM2.5) dynamics during rapid urbanization in Beijing”, 1973–2013. *Scientific Reports*, 2016 (6): 1–5.

② 林伯强，蒋竺均：《中国二氧化碳的环境库兹涅茨曲线预测及影响因素分析》，《管理世界》2009 年第 4 期。

③ Szreter, S., “Industrialization and health”, *British Medical Bulletin*, 2004, 69 (1): 75–86.

④ Granados, J. A. T., Ionides, E. L., “The reversal of the relation between economic growth and health progress: Sweden in the 19th and 20th centuries”, *Journal of Health Economics*, 2008, 27 (3): 544–563.

中国环境污染的社会成本已达到了实际 GDP 的 8%~10%，经济发达地区的环境社会成本显著高于欠发达地区，而且“经济增长对居民健康的替代效应远大于收入效应，在总体上降低了社会健康水平”。[①]

所以，对于这一问题的研究，需要尽可能全面、充分地考量整体效应，诸如经济发展水平、城镇化水平、公共卫生水平、工业比重、能源消费以及吸烟率等因素。其中，用人均 GDP 衡量经济发展水平，用城镇人口占总人口的比重来衡量城镇化水平，用人均医疗卫生开支来衡量公共卫生水平，用工业产值占 GDP 的比重来衡量工业化比重，这些数据主要来自于世界银行数据库。能源消费水平则以人均能源消费量指代，数据取自美国能源情报所（Energy Information Agency，EIA）。而吸烟率则是非常重要的一个控制变量，因为肺癌死亡率不仅受到空气污染的影响，同样也与吸烟密切相关，将这一变量纳入考量，将有助于更好地识别环境空气质量对于健康水平的影响，吸烟率也区分为不同性别看待，采用 GBD 的数据，分别考察不同性别人口中吸烟人口的比重。

第五节　样本概况

在展开相关计量研究之前，有必要先对样本自身的概况做出一个描述性统计和相关性分析，从而对观测值以及相关变量的全貌做出较为客观的判断。

一、描述性统计

本书选取了 G20 国家（剔除欧盟，共 19 国）作为观测样本，重点考量公众健康、环境质量、环境监管三类变量：其中，公众健康指标包括总人口的人均预期寿命，以及男性人口和女性人口各自的人均预期寿命，同时，针对具体病因的死亡率指标进行重点观察，主要针对男性人口和女性人口的肺癌死亡率问题；在环境质量指标上，选择了 PM2.5 浓度水平指代

① 杨继生、徐娟、吴相俊：《经济增长与环境和社会健康成本》，《经济研究》2013 年第 12 期。

当前最为突出的环境质量问题；关于环境监管指标的表征上，选用环境技术专利的扩散数量和环境税占总税收的比重，分别用以衡量环境监管的技术水平和制度水平。除此之外，为了更好地控制其他相关因素对结果的影响，本书也将其作为控制变量纳入考量，主要包括了吸烟率（包括总人口、男性人口和女性人口三组数据），人均 GDP、城镇化率、工业比重、人均能源消费量以及人均卫生支出等，如表 3-1 所示。

表 3-1 描述性统计

变量名	观测值	均值	标准差	最小值	最大值	标准误	95%置信区间	
公众健康指标								
人均预期寿命（总体）	209	74.8322	7.14423	51.56	83.1	0.4941767	73.85796	75.80644
人均预期寿命（男性）	209	77.6753	7.346883	52.866	86.44	0.5081945	76.67343	78.67717
人均预期寿命（女性）	209	72.1245	7.121244	50.311	79.94	0.4925868	71.15339	73.0956
肺癌死亡率（男性）	209	46.30191	20.23734	7.23	87.21	1.399846	43.54221	49.06162
肺癌死亡率（女性）	209	15.69469	8.468032	3.41	34.02	0.585746	14.53993	16.84945
环境质量指标								
PM2.5 浓度值	209	13.2533	9.795812	3.09	49.92	0.6775905	11.91748	14.58913
环境监管指标								
环境技术专利扩散数量（对数）	209	6.278063	3.081064	0	10.64142	0.2131217	5.857908	6.698219
环境税占总税收比重	176	6.627784	3.937902	-7.5	17.44	0.2968305	6.041956	7.213612
其他控制变量								
吸烟率（总人口）	209	16.46569	5.226807	6.43	26.93	0.3615458	15.75293	17.17846
吸烟率（男性）	209	23.32359	9.666136	9.65	43.2	0.6686206	22.00545	24.64173
吸烟率（女性）	209	9.629043	5.790575	0.71	21.07	0.4005425	8.8394	10.41869
人均卫生支出（对数）	209	6.776914	1.550645	3.012972	9.087628	0.1072604	6.565458	6.988371
人均能源消费	209	156.3094	107.6789	13.17832	428.6119	7.448307	141.6256	170.9933
人均 GDP（对数）	209	9.433054	1.211889	6.17508	11.12006	0.0838281	9.267792	9.598315
城镇化率	209	72.41034	15.79405	28.244	91.902	1.092497	70.25655	74.56413
工业比重	209	32.09415	9.606663	19.60192	66.75665	0.6645068	30.78412	33.40418

注：作者自制。

统计学中，标准差是样本数据方差的平方根，所计算的是一组数据偏离其均值的波动幅度，旨在衡量样本数据的离散程度，既可以对样本进行标准化处理，也可以用于确定异常值；而标准误则是样本均值的标准差，衡量的是样本均值的离散程度，在实际的抽样过程中，往往习惯于用样本均值推断总体均值，因而标准误越大，抽样误差越大，所以标准误所用以衡量的是抽样误差的大小。95%置信区间是指在95%的置信度下，总体参数所处于的区域间距，而置信度又被称为显著性水平，即总体估计参数落在某一个区间之内时，可能犯错误的概率情况。

在上述变量中，由于环境技术专利扩散数量、人均GDP和人均卫生支出三组变量数据的分布趋势有偏，因此，做了取对数处理。经过处理后的各个变量的均值都大于标准差，说明样本的分布不存在极端异常值，样本离散程度不高，稳定性较强。而从标准误和95%置信区间看，各个样本的数值分布较为合理，能够符合计量分析的基本要求，因此，样本的选择是较为可靠的。

二、相关性分析

由于本书所选取的相关变量数据均为连续数据，而且经过检验，数值的分布趋势符合正态分布规律，因此，对于主要变量的相关性分析将主要采用Pearson相关系数进行考察，并结合相关系数的显著性指标进行综合评价。Pearson相关系数是用来衡量两个数据集合是否在一条线上，它用来衡量定距变量间的线性关系。相关系数的绝对值越大，相关性越强：相关系数越接近于1或-1，相关度越强，相关系数越接近于0，相关度越弱。利用样本相关系数推断总体中两个变量是否相关，可以用t统计量对总体相关系数为0的原假设进行检验。若t检验显著，则拒绝原假设，即两个变量是线性相关的；若t检验不显著，则不能拒绝原假设，即两个变量不是线性相关的，如表3-2所示。

表3-2 主要变量的相关系数及其显著性

变量	1	2	3	4	5	6	7	8	9	10	11	12
人均预期寿命	1											
肺癌死亡率（男）	0.302***	1										

续表

变量	1	2	3	4	5	6	7	8	9	10	11	12
肺癌死亡率（女）	0.389***	0.439***	1									
吸烟率	0.259***	0.783***	0.139**	1								
人均卫生支出（对数）	0.674***	0.390***	0.532***	0.131*	1							
人均能源消费	0.423***	0.187***	0.523	–0.028***	0.685***	1						
环境技术专利扩散（对数）	0.512***	0.307***	0.498***	0.199***	0.625***	0.474***	1					
环境税比重	–0.240***	0.275***	–0.216***	0.316***	–0.359***	–0.262***	–0.540***	1				
工业比重	–0.216***	–0.396***	–0.372***	–0.106	–0.516***	–0.049	–0.249***	0.023	1			
城镇化率	0.562***	0.217***	0.226***	0.030	0.740***	0.543***	0.465***	–0.405***	–0.217***	1		
人均 GDP（对数）	–0.043	0.007	–0.034	–0.003	0.007	–0.001	–0.041	0.046	–0.001	–0.039	1	
PM2.5 浓度	–0.02	0.083	0.019	0.171**	–0.383***	–0.286***	0.152**	0.284***	0.284***	–0.618***	–0.009	1

注：括号中为稳健标准误差。*** 表示 $p<0.01$，** 表示 $p<0.05$，* 表示 $p<0.1$。

从样本中主要变量的相关系数看，多数变量两两之间存在非常显著的相关性，能够展开有效的计量回归分析。值得注意的是，人均 GDP 这一变量与其他任何一个变量之间都不存在显著的相关性，相关系数本身也都接近于 0，这可能是由于 G20 国家经济总量都较大，且从人均 GDP 上看，多为发达国家，而其他方面的特质却不尽相同。换言之，经济发展水平对于环境监管、环境质量以及公众健康等诸多指标的影响不甚明显。而 PM2.5 浓度变量与大多数变量之间均存在显著相关性，却与表征公众健康水平的三个变量人均预期寿命，以及男性和女性肺癌死亡率之间不存在显著的相关性，但影响系数的正负向度符合常识认知，因此，这可能是由于没有将相关控制变量纳入分析的缘故，下文的回归分析将对相关变量做总体性的计量分析。

三、主要变量的基本概况

1. 公众健康

首先，对总人口的人均预期寿命指标进行观察，可以发现，2002~2012 年，G20 各国的人均预期寿命都呈现出总体增长的态势，除了南非和俄罗斯等部分国家在个别年份出现了降低之外，大部分国家的人均预期寿命均逐年增加。在G20国家中，除了南非，其他国家的人均预期寿命均已达到了60岁以上，印度尼西亚、俄罗斯和印度三国的人均预期寿命处于60~70岁，而日本则是G20各国中最为“长寿”的国家。中国的人均预期寿命也呈现出明显的增长趋势，但与G20多数国家相比，中国的人均预期寿命并不高，仅仅优于土耳其、巴西、印度尼西亚、俄罗斯、印度和南非等国家，如图3-1所示。

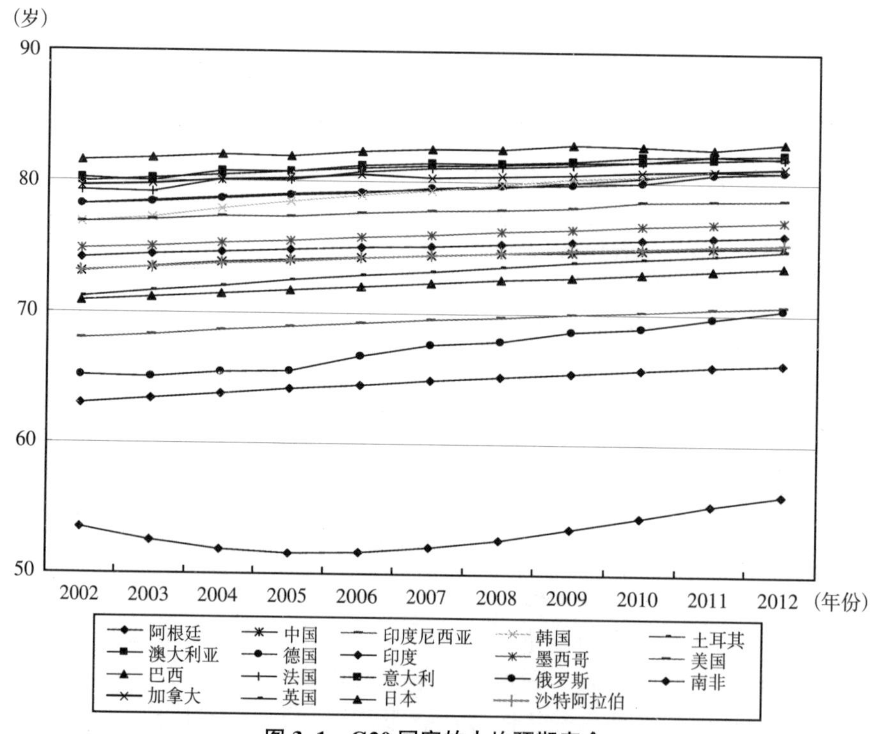

图3-1　G20国家的人均预期寿命

数据来源：世界银行数据库。

将目光聚焦于肺癌等具体病因的死亡率上，则有不同的趋势，由于肺癌死亡率在男性人口和女性人口之间表现出非常巨大的差异，因此，有必要对两组数据进行分类比较。首先，可以关注男性人口的肺癌死亡率数据，从G20国家的总体变化趋势看，男性的肺癌死亡率有一定程度的下降，因为肺癌死亡率与吸烟等行为密切相关，说明国际社会的医疗卫生条

件改善和控烟等方面工作取得了明显的成效。位列男性肺癌死亡率排行榜前3名的国家分别是土耳其、俄罗斯和韩国，这3个国家都呈现明显的下降趋势；而男性肺癌死亡率最低的3个国家则是沙特阿拉伯、印度和墨西哥，死亡率均始终保持在20例/10万人以下。相对而言，中国的男性肺癌死亡率排在G20国家的中游水平，但是，特别值得警惕的是，与G20国家的整体趋势相反，中国的死亡率表现出了上升的势头，总体处于50~60例/10万人，如图3-2、图3-3所示。

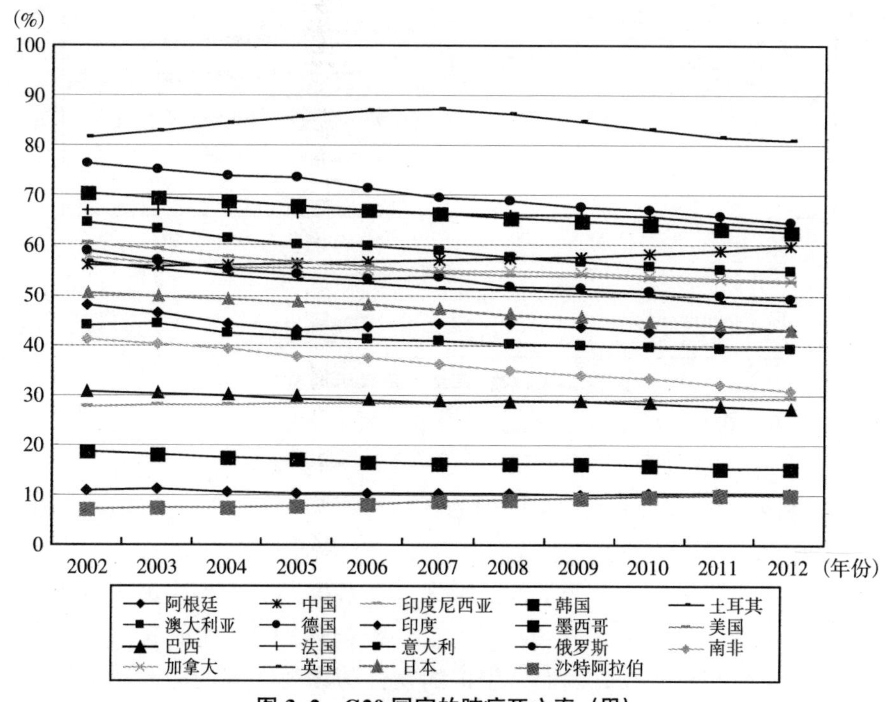

图3-2　G20国家的肺癌死亡率（男）

数据来源：GBD数据库。

与男性的肺癌死亡率变化趋势有所不同，G20国家的女性肺癌死亡率则未表现出明显的改善趋势，但是，死亡率则远远低于男性的数字，均低于35例/10万人。死亡率最高的3个国家分别为美国、加拿大和英国，均为传统的英语国家，而死亡率排名末位的3个国家分别是沙特阿拉伯、印度和墨西哥，与男性的排名较为一致。在G20范围内，中国女性的肺癌死亡率则处于一个排名较高的位次，名列第四（排名前三的国家为美国、加

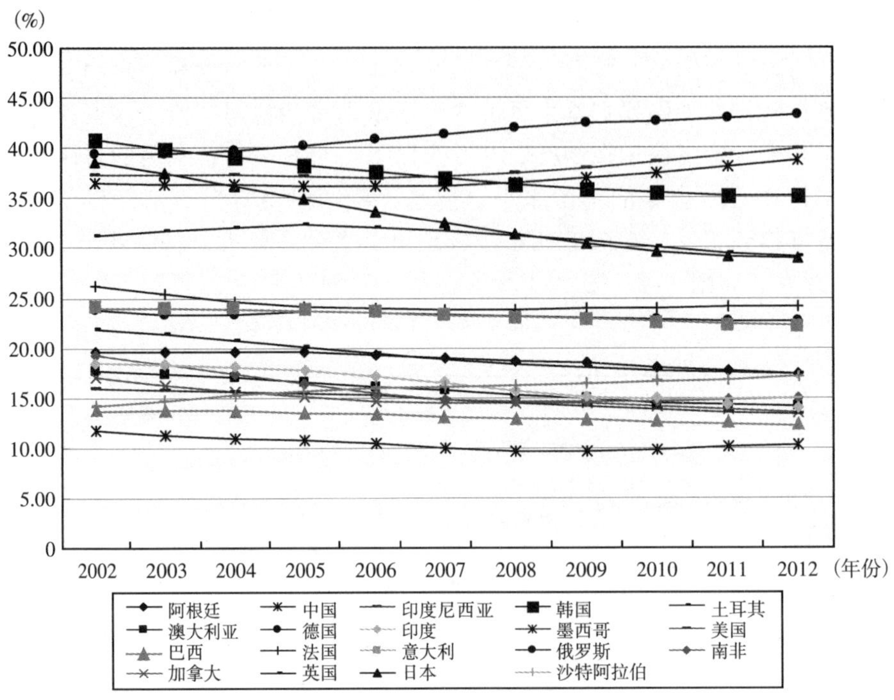

图 3-3 G20 国家的男性吸烟率

数据来源：GBD 数据库。

拿大、英国，女性吸烟率均在中国的 5 倍以上），死亡率处于 10~25 例/10 万人（见图 3-4）。然而，这却似乎并不能归因于吸烟问题，因为中国的女性吸烟率始终保持一个非常低的水平，在 G20 国家中仅仅高于沙特阿拉伯，位列倒数第二（见图 3-5）。而死亡率位于中国之前的 3 个国家，其女性吸烟率也相对较高，因而，中国的女性肺癌死亡率的居高不下，应另有原因。

基于上述数据、变量的观察与比较，可以发现，不论是男性还是女性，肺癌死亡率的变化趋势都与吸烟率呈现出一定的相关性，例如沙特阿拉伯、印度和墨西哥 3 个国家的男性和女性肺癌死亡率都处于较低的位次，而这 3 个国家的吸烟率也相对较低，可以判断，吸烟率对肺癌死亡率有较为明显的影响。但需要指出的是，中国的女性肺癌死亡率在 G20 国家中名列前茅，但吸烟率却是最低的国家之一，这是否意味着，中国的女性肺癌死亡率更多的是受到空气污染等环境质量因素的影响，值得继续做更

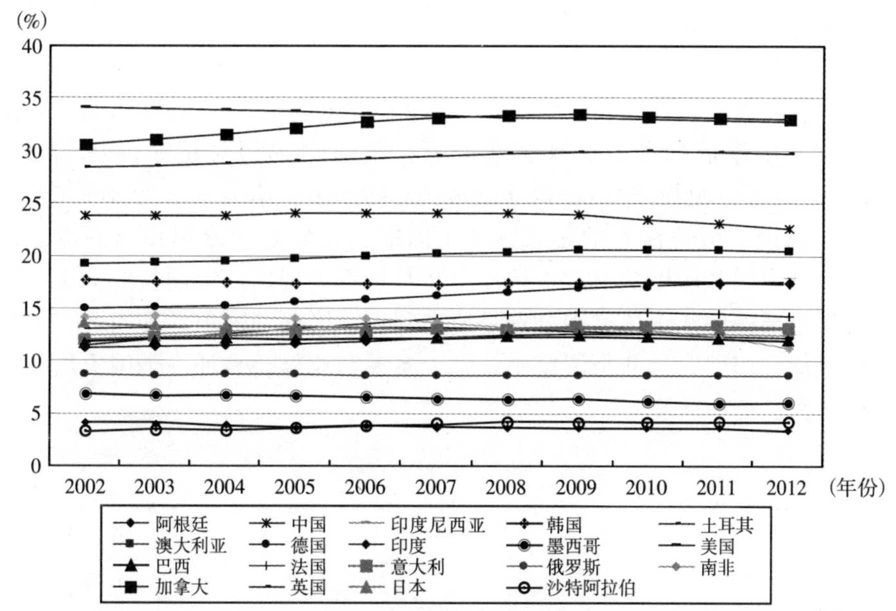

图 3-4　G20 国家的肺癌死亡率（女）

数据来源：GBD 数据库。

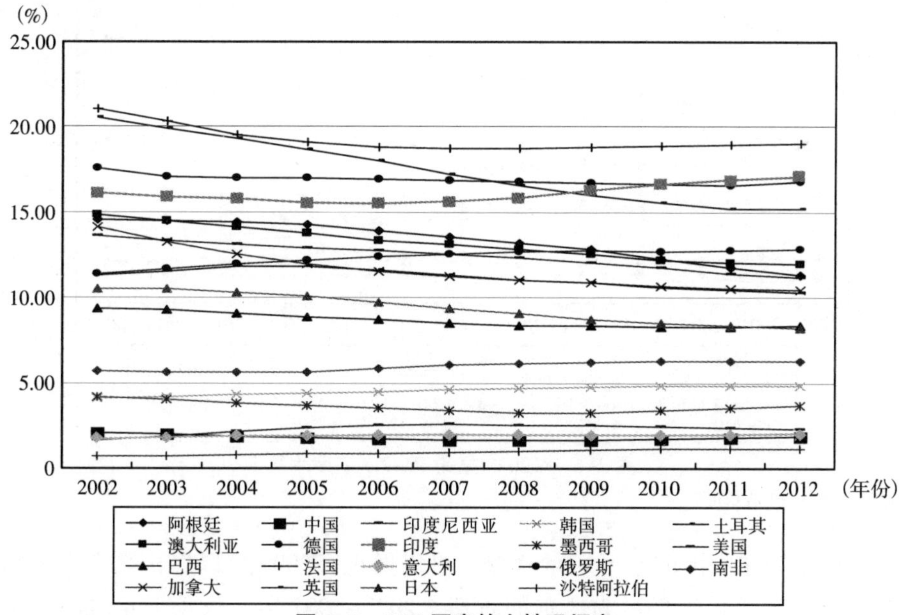

图 3-5　G20 国家的女性吸烟率

数据来源：GBD 数据库。

进一步的深入研究。

2. 环境质量

根据耶鲁大学环境绩效研究中心的 EPI 数据显示，在 G20 国家中，基于 PM2.5 浓度值的考量，大多数国家空气质量都相对较好，基本处于 20μg/m³ 以下（见图 3-6）。高于 20μg/m³ 的国家仅有 3 个，分别是中国、印度、韩国，值得注意的是，这 3 个国家又正好处于分别相邻的地理位置，而且中国和印度的 PM2.5 浓度变化趋势都表现出持续增长的势头。而空气质量最好的 4 个国家则分别是澳大利亚、巴西、阿根廷和南非，都处于南半球，当然，这几个国家中，除了澳大利亚外，另外三个国家均为发展中国家。

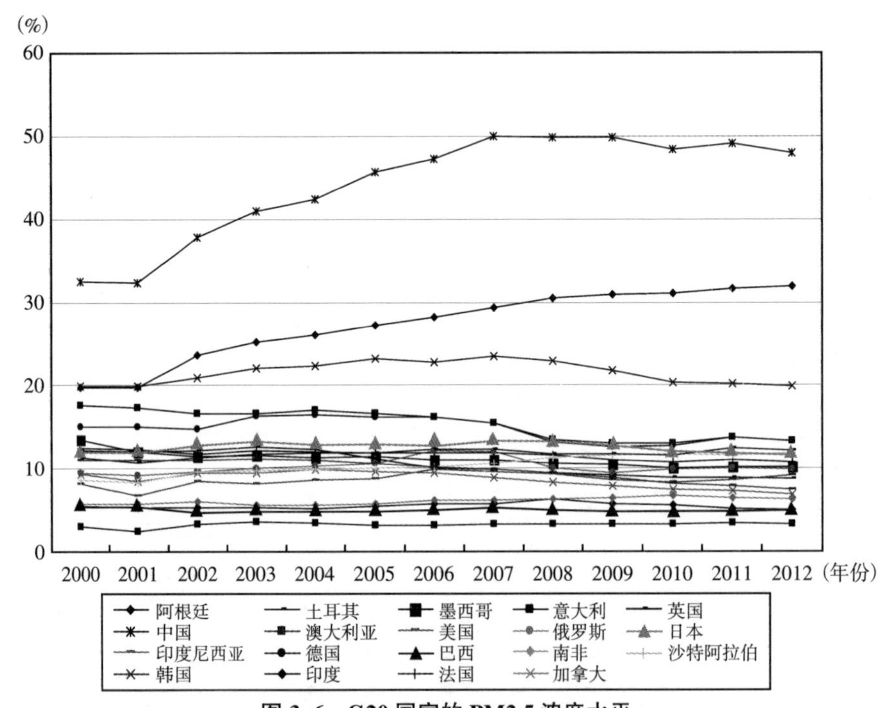

图 3-6　G20 国家的 PM2.5 浓度水平

数据来源：EPI 数据库。

重点关注中国的空气质量状况，可以发现，2000 年以后，恰恰是中国的空气质量恶化趋势最为严重的时期，2000~2007 年，仅仅七年时间，中国的 PM2.5 浓度就快速增长了近 20μg/m³，增长势头之迅猛，足以令人反思。而 2008 年之后，中国的 PM2.5 浓度处于相对稳定发展的状态，基本上保持在 50μg/m³ 左右。由此可见，无论中国是否采取较大力度进行环境监管和污染治理，中国的实际环境质量恶化的事实似乎不容否认。非但如此，根据 EPI 中的环境质量数据，中国的整体环境质量和水、土壤质量都未能得到相应的提升，甚至是以较快的趋势在恶化。

3. 环境监管

环境监管水平可以分为两个维度，即技术水平和制度水平，又分别可以运用两个指标进行衡量：①环境相关技术专利的扩散数量；②环境相关税收在总税收中所占的比重。

其中，将环境专利扩散数量作为技术水平的代理变量，主要是考虑到，环境监管不仅依赖于政策本身的力度，同时也需要提高技术水平，而专利扩散数量则说明专利本身已经投入应用，并被其他国家所采用，在一定程度上证明了其具有可行性和先进性。由图 3-7 可见，2002~2012 年，中国的环境技术专利扩散数量有了一个飞速的增长趋势，从 2002 年的

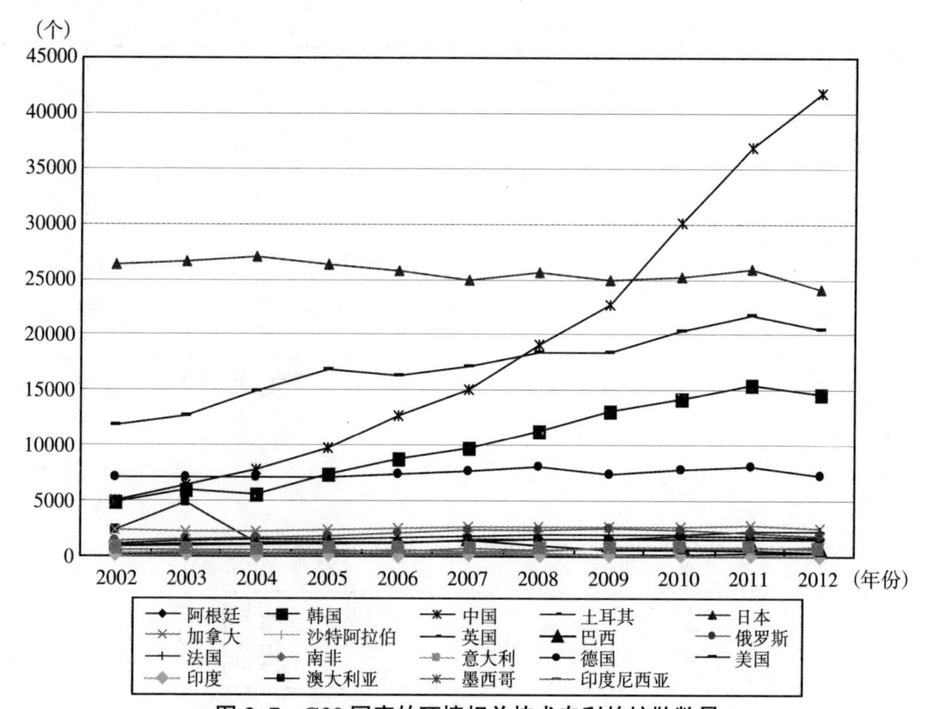

图 3-7　G20 国家的环境相关技术专利的扩散数量

数据来源：OECD 数据库。

5000个左右增加到2012年的40000个以上，一举跃居成为G20国家中的领头羊，由于G20国家都是全世界最为发达的国家，因此，毫无疑问，中国实际上已经成为了全世界环境技术专利扩散数量最多的国家。尤其是“十一五”以来，中国对于环境监管力度的加强，增加了企业对环境技术的采用率，也催生了环保技术和环保产业的发展，中国的环境类技术专利扩散数量增长很快。除了中国以外，日本和美国占据了前三甲中的另外两个位置，而且，从2002~2012年的年均环境技术专利扩散数量看，日本则是当仁不让地把持了第一的位置。从总体形势而言，中国的环境监管水平，特别是技术水平已经形成了飞速提升趋势。

至于环境监管的制度水平，则可以用环境税在总税收中所占的比重予以衡量。这一数据既可以测度环境监管的力度，也可以反映政府在环境监管中的意愿，因为环境相关税收的征收在总税收额度中所占比重越高，意味着政府对于环境监管的重视程度越高。由图3-8可见，由于俄罗斯、沙

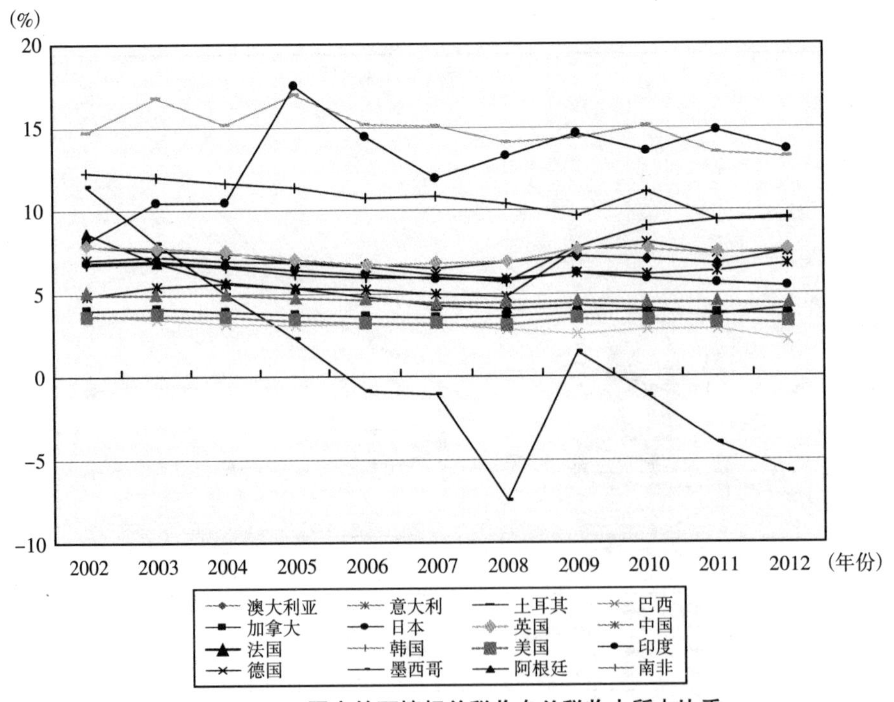

图3-8 G20国家的环境相关税收在总税收中所占比重

数据来源：OECD数据库。

特阿拉伯和印度尼西亚 3 个国家的数据有所缺失，因此仅对其他 16 个国家的相关情况进行观察。环境税比重最高的 3 个国家分别是土耳其、印度和韩国，其环境税在本国的总税收收入均占到了 10%以上，印度和土耳其一度达到 15%。而比重最低的国家，无疑是墨西哥，其环境税比重甚至为负值，这说明政府大力地通过财政补贴等方式对高污染、高能耗行业进行税收的优惠和减免。而在这一指标上，中国的表现似乎并不是很突出，2008 年以前，中国的环境税比重基本维持在 5%左右，而到了 2008 年以后，中国的环境税比重出现了快速的上扬，达到了 8%左右，上涨了 3 个百分点，在 G20 国家中位居第五。由此可见，以环境税为代表的中国环境监管制度水平也在以较快的速度发展。

综上所述，无论是从技术水平看，还是从制度水平看，中国的环境监管水平都在不断发展，而且提升的速度较快，这足以说明，中国的环境监管力度的确是在不断地提高、不断地进步。本章围绕研究路径、样本选取、研究方法、变量设定、数据来源以及样本基本概况和描述性统计等几个方面，将本书的具体研究设计予以思路呈现，尝试将中国环境监管中的“数字减排”困局问题解构为两个方面：①公众的环境感受偏差；②政府的环境监管失灵。并基于 G20 国家的相关数据，对这两个维度分别展开验证，以期对环境监管中的“数字减排”问题的性质予以确证，进而根据计量分析的结果，得出该现象形成的主要影响因素。随后，将中国的案例从样本中予以剥离，与 G20 的整体情况进行对比，找出问题的症结，最终，尝试对“数字减排”困局的解决提出相应的对策建议，做出一些有益的尝试。

第四章　环境质量对公众健康的影响

第一节　问题的提出

根据亚洲开发银行和清华大学于 2013 年 1 月联合发布的《中华人民共和国国家环境分析》报告，中国的空气质量恶化造成了较为高昂的社会成本，基于疾病成本估算，每年由空气污染所产生的经济损失约折合为当年 GDP 的 1.2%，而基于支付意愿估算，这种经济损失则能够高达当年 GDP 的 3.8%。若以 GDP 为 50 万亿元的当量计算，1%的损失约等于 5000 亿元左右。可见目前的污染已经影响到健康、经济与社会，政府治霾迫在眉睫。

对于具体的健康影响，绿色和平组织于 2014 年委托北京大学公共卫生学院对雾霾的健康危害开展了研究，并发布了《危险的呼吸 2：大气 PM2.5 对中国城市公众健康效应研究》，报告关注的地区为中国 31 个省会城市和直辖市，研究获得了各城市 2013 年平均 PM2.5 浓度数据（基线情景），选取了 3 个“情景目标”，分别为大气 PM2.5 年均浓度从 2013 年实测值下降达到城市 2017 年 PM2.5 浓度下降目标值（2017 情景），达到中国《环境空气质量标准》（GB 3095-2012）二级浓度限值 35μg/m^3（国标情景），以及达到世界卫生组织（WHO）空气质量准则值 10μg/m^3（WHO 情景）。研究估算了 31 个省会城市和直辖市的大气 PM2.5 年均浓度从基线情景下降达到三个目标情景时，分别可避免的病因别超额死亡数（主要是缺血性心脏病、脑血管病、肺癌和慢性阻塞性肺疾病四种病因别超额死亡之和）。研究结果显示，与最清洁的 WHO 情景相比，在基线情景即 2013 年 PM2.5 污染暴露水平下，31 个省会城市和直辖市总共发生了 25.7 万例超额死亡。在 21 个已经制定了明确的 2017 年 PM2.5 下降目标的城市中，如能达到 2017 年情景暴露水平，总共可避免 26218 例超额死亡。除拉萨、海口及福州三座已经达到国家 PM2.5 浓度二级标准的城市外，其他 28 个省会城市及直辖市，如能达到国标情景暴露水平，总共可避免 112357 例超额死亡。与最清洁的 WHO 情景相比，2013 年浓度值水平下的 PM2.5 污染在石家庄造成了最多例超额死亡，石家庄也正是 2013 年 PM2.5 年均浓度值最高的城市。31 座省会城市和直辖市平均的每十万人口中的超额死亡人数为 89 例。

为了检验空气污染对公众健康的影响程度及其影响机制，本章聚焦于 2002~2012 年 G20 国家环境空气质量对公众健康的影响，以试图检验公众的感受能否客观地反映真实的环境质量状况。首先，以人口的出生时预期寿命作为主要指标，衡量 PM2.5 浓度对于人口预期寿命之间的相关性及影响程度，从而确认环境空气质量对人口预期寿命存在一定的负面影响；其次，为了深入探究空气质量对于公众健康水平的影响机制，即如何减缓人口预期寿命的增长幅度，将以肺癌死亡率作为主要的指标判断空气质量的恶化是否对肺癌死亡率的增加产生了促进作用，进而验证空气质量是否通过增加肺癌死亡率的路径来减缓人口预期寿命的增长；最后，将中国从 G20 国家的样本中抽取出来做个案分析，并与 G20 的数据形成对比，观察其是否符合 G20 国家的整体变化趋势，以此确证，在中国的具体情境中，客观环境质量情况能否与公众感受相匹配。

第二节　空气污染对健康的危害

2013 年 10 月，WHO 下属的国际癌症研究中心把大气颗粒物（以 PM10、PM2.5 为代表）升级列为一类致癌物。[①] 近年来的多项研究表明，

① WHO 下属的国际癌症研究中心对致癌物质进行了归纳和分类：一类致癌物质，指有足够证据证明其致癌性的物质，如酒精、甲醛、二噁英、芥子气、中子辐射、镭等放射性元素、石棉、黄曲霉素以及以 PM2.5 为代表的大气污染物等。二类致癌物质，指有一定证据证明实验动物致癌性，但有限证据支持其存在人体致癌性的物质，比如铅及其化合物、多氯联苯和滴滴涕、萘、硝基苯等。三类致癌物质，指缺乏足够证据证明其人体致癌性和实验动物致癌性，但存在足够理论支持其具备致癌性的物质，如苯胺、邻苯二甲酸酯增塑剂、苏丹红等。

伴随着控烟措施的推行，吸烟导致的肺癌（鳞状上皮癌，简称鳞癌）发病率上升势头得到明显控制，但与环境影响呈正向相关的肺癌（小细胞腺癌，简称腺癌）发病率却出现飞速上涨势头。在诸多癌症中，PM2.5 与肺癌发病率上升的关联度最为密切。由于人体的鼻腔和口腔并不能很好地阻挡 PM2.5 和 PM10，约 50%的 PM2.5 和 PM10 粒子分别渗透进了鼻腔及口腔，而少部分粒径更小的颗粒物能深入到人体气管及下呼吸道内。PM2.5 相比粒径较大颗粒物对人体健康的威胁更大是因为：①相同体积的颗粒物，PM2.5 数目更多。②PM2.5 更容易进入鼻孔、穿过气管进入肺部，甚至血液，也更容易吸附对人体健康有毒有害的物质。③在空气中停留时间长，被人体吸入机会大。④大多数对人体有致癌和严重危害的物质富集于 PM2.5 中。⑤比表面积（内表面积加外表面积）大，有毒有害物质在肺中更容易溶解，在人体内与目标细胞相互作用的活性强。[①] PM2.5 可能通过两种机制导致肺癌的发生中起着两方面的作用：

第一，PM2.5 作为载体，将铅、汞、镉、砷等有毒性重金属，以及苯、甲醛、二噁英、PCBs、细菌和病毒等有毒有害物质带入下呼吸道，直接或间接地引起支气管黏膜及肺上皮细胞突变。PM2.5 中的成分非常复杂，不同地区的 PM2.5 成分都不一样，但都包括了一些和癌症有明确联系的物质，比如二氧化硫、氮氧化物等。长期大量吸入这类化合物，可能导致基因突变，增加肺癌发生概率。

第二，PM2.5 的颗粒性引起的免疫反应抑制辅助性 T 淋巴细胞 1 型细胞，降低 Th1 型细胞因子白细胞介素-2 的活性，导致 Th2 型细胞优势，增高人群对肺癌的易感性。[②] 重度空气污染下，吸入的各种物质也会造成肺部细胞损伤。肺部细胞需要更多的分裂增生来修复损伤，长期的空气污染会造成肺部反复的“损伤—修复—再损伤—再修复”循环，导致大量细胞分裂，肺部加速老化，从而增加肺癌发生概率。

PM2.5 等颗粒物进入体内之后，在细胞的自我保护行为——“细胞自噬”机制的作用下，细胞会试图通过“自噬”包裹住这些黑暗颗粒并降

---

① 王平利、戴春雷、张成江：《城市大气中颗粒物的研究现状及健康效应》，《中国环境监测》2005 年第 2 期。

② Alessandrini，F.，Schulz，H.，Takenaka，S.，Lentner，B.，Karg，E.，Behrendt，H.，Jakob，T.，“Effects of ultrafine carbon particle inhalation on allergic inflammation of the lung”，*Journal of Allergy and Clinical Immunology*，2006，117 (4)：824-830.

解这些侵入的超细颗粒、无用蛋白质等，然而，由于这些超细颗粒含有大量无机碳、重金属等有毒物质，很难被细胞自噬降解。在一系列复杂过程下，最终导致了气道炎症和黏液的大量分泌，最终引发慢性呼吸道疾病。[①] 如图 4-1 所示。

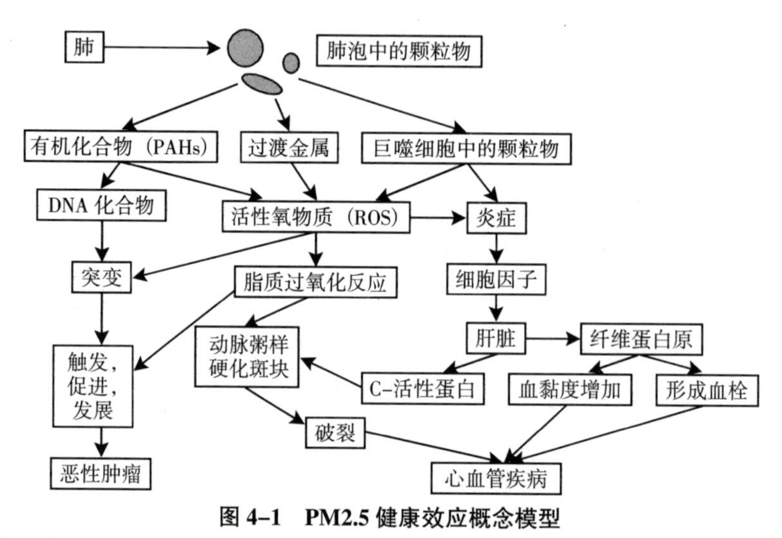

图 4-1 PM2.5 健康效应概念模型

数据来源：科学网（http://blog.sciencenet.cn/blog-528739-871469.html）。

第三节 空气污染对人口预期寿命的影响

暴露—反应关系将空气质量的变化（每增加一单位 PM2.5 浓度）和人群健康效应终端（死亡率、患病率、住院率等）的变化联系起来，是定量评价空气污染对健康损失的关键。因此，对于健康水平的衡量，首先需要采用常规指标，根据 WHO 对健康的定义并参照以往研究，重点选取“出生时预期寿命”（Life Expectancy）作为度量指标。该指标实质上是一个假

① Chen, Z. H., Wu, Y. F., Wang, P. L., Wu, Y. P., Li, Z. Y., Zhao, Y., Xu, F., et al., “Autophagy is essential for ultrafine particle-induced inflammation and mucus hyperproduction in airway epithelium”, *Autophagy*, DOI: 10.1080/15548627.2015.1124224.

定的指标，是假定当期各年龄段的死亡率保持不变，根据婴儿和各年龄段人口死亡的情况计算后得出，同一时期出生的人预期能继续生存的平均年龄。这一指标能够反映出社会生活质量的高低，除了个人差异，还与社会经济条件、卫生医疗水平、环境质量等客观因素密切相关，可以在一定程度上区分和识别健康水平的结构差异。但是，因为现实中的死亡率是不断变化的，与微观数据中健康水平的度量指标相比，该指标存在一定的局限性。

一、基本概况

改革开放以来，特别是自 20 世纪 90 年代以后，中国的医疗卫生条件有了极大的改善，而且这些改善也带来了公众健康状况的提升，儿童死亡率降低，结核病和下呼吸道感染等传染病发病率呈下降趋势，在一定程度上实现了人均预期寿命的增长，但是，中国的人均预期寿命增长却是非常有限的。[①] 如图 4-2 所示，在 G20 国家中，中国的人口预期寿命增长幅度十分有限，2012 年的总人口预期寿命比 2002 年增长了 2.28 年，不仅落后于多数西方发达国家，而且与自然、社会条件比较相近的日本和韩国相比，也有十分明显的差距。

二、计量模型

在 G20 国家中，绝大多数都拥有较好的空气质量和较高的预期寿命，但是，这不能断定空气质量的恶化一定能够导致预期寿命的损失。因此，基于 G20 国家的面板数据，建立回归模型分析。

$$expectany_{it} = \gamma_0 + \gamma_1 pm_{it} + \gamma_2 smoker_{it} + \gamma_3 lnpergdp_{it} + \gamma_4 urbanrate_{it} + \gamma_5 indval_{it} + \gamma_6 lnhealex_{it} + \eta_{it}$$

数据均取自 G20 国家在 2002~2012 年的年度数据，i 表示国家，t 表示年份。其中，被解释变量 $expectany_{it}$ 分别代表各国每年的总人口、男性、女性肺癌死亡率，因为不同人群对空气污染暴露的毒性反应不同，PM2.5

① Yang, G., Wang, Y., Zeng, Y., Gao, G. F., Liang, X., Zhou, M., Vos, T., et al., "Rapid health transition in China, 1990-2010: Findings from the global burden of disease study 2010", *The Lancet*, 2013, 381 (9882): 1987-2015.

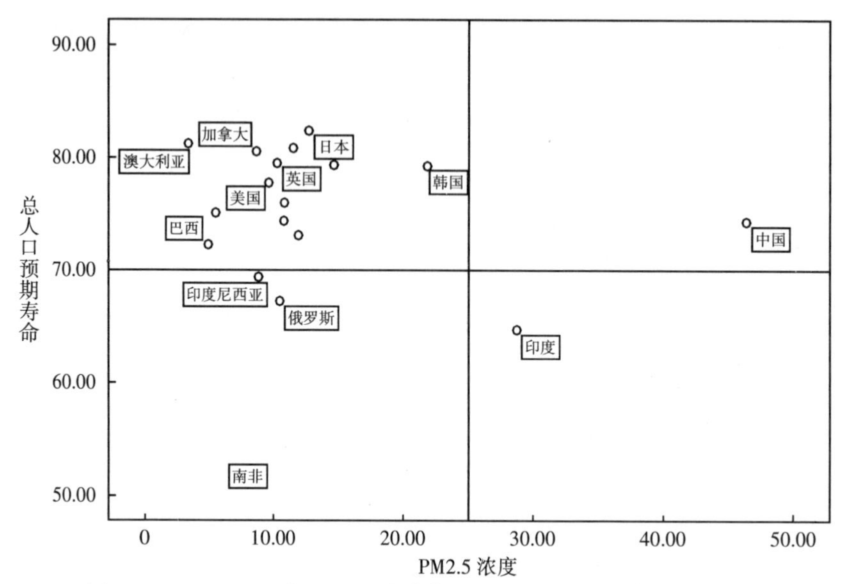

图 4-2　2002~2012 年 G20 国家的年均 PM2.5 浓度与年均预期寿命

数据来源：世界银行数据库。

的沉积、迁移、清除及毒性的主要因素都不可避免地受到性别等特征的影响，所以对不同性别的影响应予以区分。①

核心解释变量 pm_{it} 表示各国每年的 PM2.5 浓度值。此外，控制变量 $smoker_{it}$ 表示总人口、男性、女性吸烟率；$lnpergdp_{it}$ 表示人均 GDP，取对数形式；$urbanrate_{it}$ 表示城镇化率；$indval_{it}$ 表示工业在国民经济中所占比重；$lnhealex_{it}$ 表示人均医疗卫生投入状况，取对数形式；残差 η_{it} 表示其他可能起作用但是并没有被模型捕获的因素，按照假设应该随机分布于模型的被解释变量中。

由于研究中所使用的面板数据为大 N 小 T 结构，如果不考虑样本的异质性，直接运用最小二乘法进行回归分析，将会产生一定的估计偏误。因此，标准的处理办法是使用固定效应模型或随机效应模型，假定个体的回归方程都拥有相同的斜率，但截距项不同。需要强调的是，二者之间所存在的区别主要是：随机效应模型的前提是个体的特征与解释变量之间均不

① United States Environmental Protection Agency. Integrated Science Assessment for Particulate Matter. December 2009，EPA/600/R-08/139F.

相关，否则最小二乘估计将不再是一致估计，因而其具备更为严格的前提假设；而固定效应模型则不同，其允许代表个体特征的截距项与解释变量相关，这一点与现实条件具有更高的吻合度。具体到“人口预期寿命”这一健康议题，地区间的自然条件、经济发展水平和社会文化因素等多个方面的差异，均有可能与人口预期寿命呈现出相关性；而且，各国之间许多难以观测、难以识别和难以量化的个体特征也极有可能对 PM2.5 排放浓度产生潜在而深远的影响。从这个层面而言，固定效应模型将能更好地适应这一问题的分析，运用 Hausman 检验对面板数据进行估计，所得结果为 P = 0.0000，确实能够支持固定效应模型。

三、回归结果

表 4–1　空气污染对人口预期寿命的影响

解释变量	（1）总体预期寿命	（2）男性预期寿命	（3）女性预期寿命
PM2.5 浓度	–0.112** (0.0414)	–0.144** (0.0461)	–0.101** (0.0419)
吸烟率（男/女）	–0.112*** (0.00506)	–0.0929*** (0.00880)	0.0217 (0.0451)
人均 GDP（ln）	–0.0312 (0.0336)	–0.0343 (0.0310)	–0.0294 (0.0370)
城镇化率	0.0492** (0.0185)	0.0137 (0.0157)	0.106*** (0.0237)
工业比重	0.0584 (0.0349)	0.0521 (0.0351)	0.0494 (0.0312)
人均医疗卫生开支（ln）	1.921*** (0.121)	2.199*** (0.135)	1.688*** (0.119)
常数项	59.99*** (1.364)	58.96*** (1.395)	58.40*** (1.645)
固定效应	是	是	是
观测值	209	209	209
个案数	19	19	19
R^2	0.715	0.741	0.662

注：括号中为稳健标准误差。*** 表示 $p<0.01$，** 表示 $p<0.05$，* 表示 $p<0.1$。

表 4-1 显示了空气污染水平，即 PM2.5 浓度对于国民预期寿命的影响，以 G20 国家为例，PM2.5 的浓度对于国民预期寿命有着非常显著且稳定的负面影响：在控制了吸烟率、人均 GDP、城镇化率、工业比重和人均医疗卫生支出等指标之后，PM2.5 的浓度对于总人口的预期寿命影响系数为-0.112，其中，对于男性人口的预期寿命影响系数为-0.144，而对女性人口的预期寿命影响系数为-0.101。这也就意味着 PM2.5 的浓度每增加 100μg/m^3，总人口的预期寿命就将减少 11.2 年，男性预期寿命减少 14.4 年，而女性预期寿命减少 10.1 年，由此可以得知，PM2.5 对于男性人口的负面影响更为严重。将中美两国 2012 年的 PM2.5 浓度进行对比，可以得出这样的结论：如果能够将中国 PM2.5 浓度（48μg/m^3）降低到美国的水平（7.47μg/m^3），其结果是可以使中国的总人口平均预期寿命增加 4.48 年，男女预期寿命分别增加 5.76 年和 4.04 年，这能够极大地改善人口质量和健康水平。

在影响国民预期寿命的各个控制变量中，吸烟率也是较为显著的一个变量，吸烟率对于总人口的预期寿命影响系数为-0.112，说明总人口的吸烟率每增加 10 个百分点，人均预期寿命就会降低 1.12 年。而对于男性人口的预期寿命影响系数为-0.0929，对于女性的影响较小而且并不显著。从显著性看，对于男性的影响最为显著，因为吸烟人群中，男性占据了绝大多数。但值得注意的是，将吸烟率与 PM2.5 浓度数据进行对比，可以发现，无论是从影响系数还是从显著性而言，前者要弱于后者，而这可以认为是前者的影响主要体现在部分疾病和部分人群，而后者的影响范围会更加广泛一些。

医疗卫生支出对于国民预期寿命有着显著的正向影响，影响系数为 1.921，而且无论是对于男性抑或是女性人口，其影响系数都非常高：当人均医疗卫生支出（ln）每增加一个单位，随之所产生的正面效应使总人口预期寿命增加 1.921 年，而男女的预期寿命分别增加 2.199 年和 1.688 年。这一结果是符合预期的，足以说明医疗卫生的投入力度显著地影响着人口的预期寿命。据此可知，虽然空气污染的确对公众健康水平有非常显著的影响，但伴随着医疗卫生条件的改善，人均寿命总体上还是呈现出上升的趋势。

值得一提的是，城镇化率对于男性的预期寿命都没有显著的影响，而对于总人口和女性的预期寿命的影响则非常显著，影响系数分别为 0.0492

和 0.106，这意味着，在 G20 国家中，城镇化率越高，总人口和女性的预期寿命越高。城镇化的发展，必然伴随着各项公共服务水平的提升和整体生活质量的改善，因此城镇化的发展对于人口预期寿命的促进作用显而易见。然而，城镇化对于男性预期寿命的改善作用极其微弱，而且并不显著，为何城镇化进程在男女预期寿命上体现出截然不同的作用效果？对此，有一种可能的解释是因为城镇化的发展，基础设施逐步改进，导致以薪柴等传统高污染的传统烹饪条件得以改善，从而降低了室内的空气污染，使女性的预期寿命得到提升，而男性的工作和生活条件则没有特别明显的改善。当然，这一解释仅仅是一种推测，在接下来的研究中，将尝试运用相关数据，对其进行验证。

统计结果显示，人均 GDP 对于国民预期寿命没有显著影响，主要是由于 G20 国家本身多为发达国家，因而将这些国家进行对比时，经济发展水平对于国民预期寿命的影响不是很明显，更主要的因素体现在资源的分配环节，诸如医疗卫生资源的投入。而工业比重越高，国民预期寿命越高，但这一结论并没有通过显著性检验，如图 4-3 所示，G20 国家的年均工业比重与年均预期寿命实质上应当是表现为负相关，G20 国家中的多数

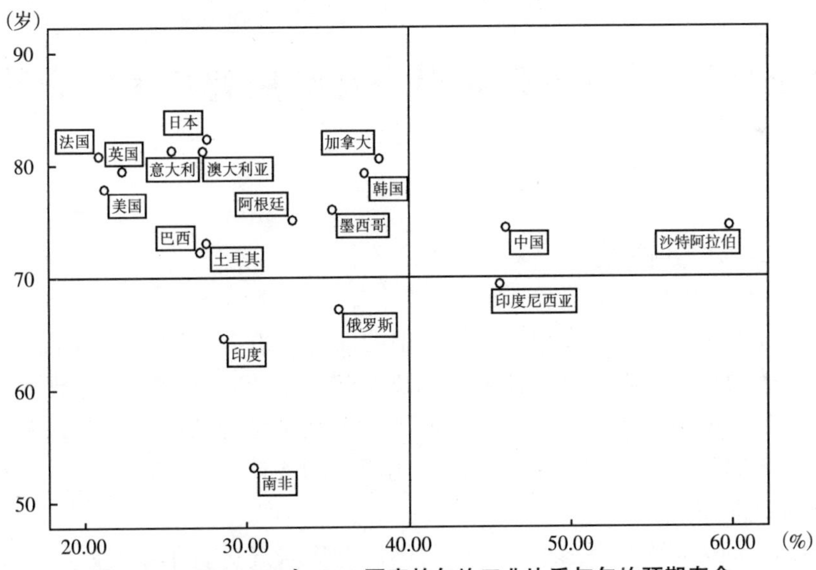

图 4-3　2002~2012 年 G20 国家的年均工业比重与年均预期寿命

数据来源：世界银行数据库。

国家早已完成工业化进程，处于后工业化阶段，由于整体治理水平和服务质量较高，其国民的人均预期寿命通常也较高。

对应到中国的具体情境中，2012 年的 PM2.5 浓度值与 2002 年相比，增长了 10.21μg/m³，如果不考虑其他控制变量因素的话，可以计算得出与 2012 年的总人口预期寿命应当比 2002 年降低了 1.12 年，男性预期寿命降低了 1.44 年，女性预期寿命降低了 1.01 年。而事实上，中国 2012 年的总人口预期寿命比 2002 年增长了 2.28 年，男性和女性的预期寿命均有增长，分别为 2.32 年和 2.24 年，这主要是得益于医疗卫生投入的提高。根据测算，2002~2012 年，中国的人均医疗卫生开支增加了近 300 美元，取对数为 1.79，因而，总人口预期寿命应当比 2002 年增长 3.44 年，而男性和女性预期寿命应该分别增长 3.94 年、3.02 年。由此可见，空气污染对于人口预期寿命的影响非常明显，使得人均预期寿命的损失超过了 1 年。

这说明伴随着经济社会的发展，尤其是医疗条件的改善，人均预期寿命本应有更加显著的增长，但是，由于空气污染状况的日益严重，人均预期寿命的改善变得较为缓慢。就这个层面而言，足以证明公众的感受能够较为客观地反映出的恶化趋势。

第四节　空气污染对男、女肺癌死亡率的影响

一、计量模型

通过上述分析可以发现，空气污染的确对 G20 各国的国民健康水平产生了显著的负向影响，但具体的影响机制却尚不清晰。现有的为数不多的流行病学数据还不能够完全断言 PM2.5 和死亡率增加的因果关系，无法推断 PM2.5 的暴露—反应关系，也尚未阐明 PM2.5 诱发疾病的发病率和死亡率增加的机理。

Ebenstein 等针对中国空气污染与国民健康状况进行了个案研究，基于中国国家疾控中心的 DSPS（全国疾病监测点系统）数据，将疾病监测点的人均寿命、死亡率等数据与中国环境年鉴中的空气污染数据相匹配，运

用一阶差分等微观计量手段探究空气污染对生命健康的具体影响机制：空气污染主要是通过恶化心肺疾病的死亡率等途径来降低人均寿命的。[①]

由此可见，心肺疾病的死亡率应成为进一步研究的焦点，通常而言，癌症发病与死亡是评价一个国家和地区居民癌症负担，制定防控策略的重要信息。世界癌症研究基金会（World Cancer Research Fund International）第二次专家报告得出结论，在年龄标准化的基础上，中国每 10 万人中约有 36.1 人罹患肺癌，在全世界排名第 14。[②] 根据三次全国死因调查，过去 30 年我国人群恶性肿瘤标化死亡率由 75.6/10 万人上升至 91.24/10 万人，与环境质量密切相关的肺癌等病因的死亡构成呈明显上升趋势，肺癌死亡率在过去 30 年上升了 465%，从 1996 年起，肺癌已成为我国肿瘤中的第一位死因，死亡率平均每年上升 4.5%左右。相关研究则认为，环境污染加剧或其相对重要性上升所带来的健康风险不容忽视。[③]

本书重点选取气管、支气管和肺恶性肿瘤（Tracheal，Bronchus and Lung Cancer，以下简称“肺癌”）的死亡率指标作为核心的被解释变量，数据主要取自 WHO 和华盛顿大学健康计量与评估研究所联合开展的全球疾病负担（The Global Burden of Diseases，Injuries and Risk Factors Study，GBD）项目数据库。由于上表的分析结果已经得出吸烟率对于国民预期寿命也有着较为显著的影响，而且对于男性和女性的影响不尽相同，因此，在进一步的研究中，将继续区分男性和女性的肺癌死亡率，分别展开分析。

$$\begin{aligned} cancer_{it} = {} & \alpha_0 + \alpha_1 pm_{it} + \alpha_2 smoker_{it} + \alpha_3 pmsmoker_{it} + \alpha_4 lnpergdp_{it} + \\ & \alpha_5 urbanrate_{it} + \alpha_6 indval_{it} + \alpha_7 lnhealex_{it} + \delta_{it} \end{aligned}$$

数据均取自 G20 国家在 2002~2012 年的年度数据，i 表示国家，t 表示年份。其中，被解释变量 $cancer_{it}$ 分别代表各国每年的男女性肺癌死亡率，核心解释变量 pm_{it} 表示各国每年的 PM2.5 浓度值。此外，控制变量 $smoker_{it}$ 表示男性、女性吸烟率；$lnpergdp_{it}$ 表示人均 GDP，取对数形式；$urbanrate_{it}$ 表示城镇化率；$indval_{it}$ 表示工业在国民经济中的所占比重；

① Ebenstein，A.，Fan，M.，Greenstone，M.，He，G.，Yin，P.，Zhou，M.，“Growth，Pollution，and Life Expectancy：China from 1991-2012”，*American Economic Review*，2015，105（5）：226-231.

② 资料来源：http：//www.wcrf.org/int/cancer-facts-figures/data-specific-cancers/lung-cancer-statistics.

③ 孙秀艳：《污染影响健康，如何防范风险》，《人民日报》2014 年 11 月 15 日第 9 版。

$\ln healex_{it}$ 表示人均医疗卫生投入，取对数形式；残差 δ_{it} 表示其他可能起作用但是并没有被模型捕获的因素，按照假设应该随机分布于模型的被解释变量中。在核心解释变量的选取上，需要强调的一点是，除了空气污染之外，还将空气污染与吸烟率的交互项纳入分析过程，即添加 $pmsmoker_{it}$ 变量。因为，同样是肺癌死亡率的重要影响因素，空气污染和吸烟率之间是否存在着相互增强的作用，这一点值得深入探究。

在回归分析之前，首先对男性和女性肺癌死亡率面板数据分别进行 Hausman 检验，检验结果表明该面板更适合采用固定效应模型（P=0.000），为了更好地控制自相关和异方差等因素，将采用带有稳健性检验的固定效应模型进行回归分析。而且，考虑到肺癌的发病周期通常为 13.65 个月[①]，当年的肺癌死亡率可能与上一年度的空气污染因素有更强的相关性，因此，分别对“PM2.5 浓度”这一变量作了滞后 1 期、滞后 2 期的处理，并建立回归模型。其中，模型（1）、模型（2）、模型（3）是用于估计男性肺癌死亡率，分别是固定效应模型、滞后 1 期、滞后 2 期模型；而模型（4）、模型（5）、模型（6）也分别是以上三种模型，主要用于对女性肺癌死亡率的回归分析。模型回归结果显示如表 4–2 所示。

表 4–2　空气污染对肺癌死亡率的影响（G20 全样本）

解释变量	肺癌死亡率（男）			肺癌死亡率（女）		
	（1）	（2）滞后 1 期	（3）滞后 2 期	（4）	（5）滞后 1 期	（6）滞后 2 期
PM2.5 浓度	0.730*** (0.162)	0.639*** (0.161)	0.550*** (0.161)	0.0966*** (0.0338)	0.0932*** (0.0347)	0.0917** (0.0355)
吸烟率（男/女）	0.842*** (0.137)	0.749*** (0.141)	0.645*** (0.146)	−0.114* (0.0648)	−0.0814 (0.0681)	−0.0496 (0.0691)
PM2.5 浓度 × 吸烟率（男/女）	−0.00687 (0.00570)	−0.00337 (0.00554)	−0.000414 (0.00543)	−0.0201*** (0.00365)	−0.0201*** (0.00379)	−0.0189*** (0.00384)
人均 GDP（ln）	−0.00652 (0.0838)	0.0212 (0.0811)	0.0530 (0.0776)	0.0101 (0.0257)	−0.000359 (0.0257)	0.00122 (0.0248)
城镇化率	0.279** (0.114)	0.128 (0.124)	−0.0415 (0.134)	−0.223*** (0.0314)	−0.244*** (0.0358)	−0.277*** (0.0403)

① 吴新悦、张城敏、葛秀平、凌颖、李海英、康万里：《北京市 1272 例原发性肺癌生存时间及影响因素调查分析》，《北京医学》2009 年第 1 期。

续表

解释变量	肺癌死亡率（男）			肺癌死亡率（女）		
	(1)	(2) 滞后 1 期	(3) 滞后 2 期	(4)	(5) 滞后 1 期	(6) 滞后 2 期
工业比重	−0.0870 (0.0679)	−0.0649 (0.0697)	−0.0107 (0.0714)	0.0228 (0.0208)	0.0170 (0.0222)	−0.00144 (0.0230)
人均医疗卫生开支（ln）	−3.203*** (0.384)	−3.017*** (0.423)	−2.705*** (0.481)	0.567*** (0.118)	0.611*** (0.134)	0.671*** (0.153)
常数项	23.70*** (8.868)	34.56*** (9.544)	45.27*** (10.21)	29.08*** (1.965)	30.37*** (2.242)	32.58*** (2.553)
固定效应	有	有	有	有	有	有
观测值	209	190	171	209	190	171
个案数	19	19	19	19	19	19
R^2	0.614	0.591	0.570	0.425	0.380	0.350

注：括号中为稳健标准误差。*** 表示 $p<0.01$，** 表示 $p<0.05$，* 表示 $p<0.1$。

为了对中国的具体状况进行有效的识别，于是，将中国的个案从总样本中予以剔除，也就是将其余 18 个 G20 国家的总体样本进行回归分析，从而对二者之间的主要解释变量的影响系数进行比较分析，从而探究中国个案是否偏离了 G20 样本的总体规律，并对其偏离程度予以着重考量，如表 4-3。

表 4-3 空气污染对肺癌死亡率的影响（剔除中国）

解释变量	肺癌死亡率（男）			肺癌死亡率（女）		
	(1)	(2) 滞后 1 期	(3) 滞后 2 期	(4)	(5) 滞后 1 期	(6) 滞后 2 期
PM2.5 浓度	0.656*** (0.175)	0.462*** (0.125)	0.446*** (0.0981)	0.0502 (0.0504)	0.0163 (0.0423)	−0.0162 (0.0358)
吸烟率（男/女）	0.633*** (0.148)	0.415*** (0.136)	0.283** (0.127)	−0.140** (0.0694)	−0.101 (0.0687)	−0.0690 (0.0677)
PM2.5 浓度 × 吸烟率（男/女）	0.00521 (0.00782)	0.0154*** (0.00551)	0.0184*** (0.00432)	−0.0171*** (0.00439)	−0.0160*** (0.00364)	−0.0142*** (0.00320)
人均 GDP（ln）	−0.0251 (0.0865)	0.00756 (0.0827)	0.0430 (0.0758)	0.0127 (0.0273)	0.00810 (0.0269)	0.00598 (0.0256)
城镇化率	0.270** (0.130)	0.0689 (0.138)	−0.152 (0.142)	−0.227*** (0.0356)	−0.231*** (0.0388)	−0.242*** (0.0420)

续表

解释变量	肺癌死亡率（男）			肺癌死亡率（女）		
	（1）	（2）滞后 1 期	（3）滞后 2 期	（4）	（5）滞后 1 期	（6）滞后 2 期
工业比重	−0.0842 (0.0676)	−0.0680 (0.0679)	−0.0295 (0.0666)	0.0255 (0.0215)	0.0236 (0.0226)	0.0173 (0.0231)
人均医疗卫生开支（ln）	−3.215*** (0.383)	−2.786*** (0.428)	−2.196*** (0.474)	0.578*** (0.122)	0.538*** (0.136)	0.550*** (0.155)
常数项	27.58*** (9.996)	42.96*** (10.47)	55.97*** (10.70)	29.78*** (2.386)	30.37*** (2.637)	31.17*** (2.912)
固定效应	有	有	有	有	有	有
观测值	198	180	162	198	180	162
个案数	18	18	18	18	18	18
R^2	0.636	0.625	0.632	0.410	0.376	0.344

注：括号中为稳健标准误差。*** 表示 $p<0.01$，** 表示 $p<0.05$，* 表示 $p<0.1$。

通过将表 4–2 和表 4–3 中所得出的影响系数进行逐一比对，可以发现，在 G20 全样本的回归分析中，PM2.5 浓度对于男、女性肺癌死亡率都有着非常显著的正向影响，而且，这种影响在滞后 2 期的时候均依旧十分显著。然而，当剔除中国的样本后，PM2.5 浓度对于男、女性肺癌死亡率影响系数均出现了明显的下降，而且对于女性肺癌死亡率的影响已然趋于不显著。说明在中国，空气质量对公众健康状况的负面影响可能高于 G20 国家的平均水平，但从总体趋势上看，二者没有本质上的差异。因此，可以断定中国的空气质量对公众健康起到了较显著的负面影响，与 G20 国家整体趋势相吻合。

二、回归结果

由于中国的个案与 G20 国家的总体样本趋势相吻合，因此，为了尽可能全面地反映空气质量对公众健康的影响，重点以 G20 全样本的计量回归结果作为分析对象，以便更好地确保结果的稳健性。

1. PM2.5 浓度

通过回归分析，可以发现空气污染对于肺癌死亡率有着显著的影响：在 G20 国家中，PM2.5 浓度与男、女性肺癌死亡率都呈正相关关系，对于男性人口的肺癌死亡率影响系数为 0.730，对于女性人口的肺癌死亡率影响系数为 0.0966。由此可见，空气污染对于男性和女性的影响不尽相同：当 PM2.5 浓度每增加 100μg/m^3，每十万人中，男性的肺癌死亡率增加 73 人，而女性的死亡人数仅增加 9.7 人，PM2.5 对于男性肺癌死亡率的影响程度是女性的 7.5 倍。这与 Greenstone 等之前的关于中国肺癌死亡率的研究结论相吻合（当 PM2.5 浓度每增加 100μg/m^3，每十万人中心肺疾病死亡率增加 79 人）[①]。但是运用 1 期滞后模型，则可以得出 PM2.5 浓度对于男、女肺癌死亡率的影响系数分别为 0.639 和 0.0932，对于男性的影响程度有所减弱，对女性的影响则没有明显的变化，这意味着上一年度的 PM2.5 浓度每增加 100μg/m^3，将对本年度的人口肺癌死亡率产生非常显著的影响，每十万人中，男性的肺癌死亡率增加 64 人，而女性的死亡人数仅增加 9.3 人，PM2.5 对于男性肺癌死亡率的影响程度是女性的 6.9 倍；而采用滞后 2 期模型进行回归分析时，PM2.5 浓度对于男、女肺癌死亡率的影响系数分别为 0.550 和 0.0917，PM2.5 浓度增加所导致的男女肺癌死亡率分别增加 55 人和 9.2 人，相差 6 倍，两者之间的差距再度缩小。无论是考量当年 PM2.5 浓度对肺癌死亡率的影响，还是观察上两个年度的滞后影响，PM2.5 对于男女的肺癌死亡率都产生较为悬殊的影响。

这样的发现对于固有的认知而言，无疑是一种颠覆，男女为何在这个方面表现出如此显著的差异？已有相关研究论证，女性对于空气污染的感知程度更加敏锐，并对污染有更高的支付意愿，因而能够对污染进行较为及时、有效的防护，减弱部分负面影响。[②] 此外，可能的解释有以下几个方面：①无论是对单一国别的衡量还是考察全世界总体水平，男性的吸烟率都明显地高于女性，空气污染和吸烟都会导致人体的炎症因子异常，两者相互增强，使趋化因子 CXCL13 在癌组织的表达量明显增高，甚至能够达到癌旁正常肺组织的 63 倍，促进肿瘤细胞的迁移、转移[③]；②与男女性

---

① Ebenstein, A., Fan, M., Greenstone, M., He, G., Yin, P., Zhou, M., "Growth, pollution and life expectancy: China from 1991-2012", *American Economic Review*, 2015, 105 (5): 226-231.

② Zhang, X., Zhang, X., Chen, X., "Happiness in the air: How does a dirty sky affect subjective well-being? (No. 9312)", *IZA Discussion Papers*, 2015.

③ Wang, G. Z., Cheng, X., Zhou, B., Wen, Z. S., Huang, Y. C., Chen, H. B., Zhou, G. B. et al., "The chemokine CXCL13 in lung cancers associated with environmental polycyclic aromatic hydrocarbons pollution", *eLife*, e09419, 2015.

的职业暴露程度有关，由于存在一定程度的职业性别隔离[①]（Occupational Gender Segregation），[②] 相比于女性，男性更多地从事一些室外作业的职业，因而增加了污染暴露的概率；[③] ③与二者的体质差异有关，男性的肺功能各项指标，诸如肺活量等，一般会优于女性，而这则更有可能会受到空气污染的影响。[④]

2. 吸烟率

无论是否考虑滞后影响，相比于空气污染等其他致病因素，吸烟对于整体肺癌死亡率的影响更强。G20 国家中男性肺癌死亡率最高的国家分别是土耳其、俄罗斯和韩国，女性肺癌死亡率最高的国家分别是美国、加拿大和英国，这些都是吸烟率较高的国家。与此形成鲜明对比的是，印度的污染程度很高，在 G20 国家中仅次于中国，其他指标，如城镇化率、医疗水平等也并不理想，但是，其肺癌死亡率却居于很低的水平，究其根本原因，主要是其吸烟率非常低。

与此同时，吸烟率对于男性和女性的肺癌死亡率影响也不相同，当年的吸烟率对于男性的影响系数为 0.842，影响非常显著，而对于女性的影响虽然为负值，但是并不显著。通过对比可以得知，对于男性而言，吸烟率的影响程度大于空气污染。仅 2013 年，吸烟（含二手烟）就导致了 610 万人的死亡和 1.435 亿人的伤残调整生命年。其中，直接吸烟导致的死亡人数从 1990 年的 460 万人增长到 2013 年的 580 万人，伤残调整生命年则从 1.159 亿人增长到 1.342 亿人。虽然，全球范围的吸烟人数在减少，但是，高收入国家和地区，吸烟通常都是对健康影响最大的三个风险因素之一。在加拿大、阿根廷、澳大利亚、韩国、印度尼西亚、土耳其、法国、英国等国家，吸烟一直是第一大健康风险因素。而且，值得警惕的是，在

① 职业性别隔离，是指男女因性别不同而被分配、集中到不同的职业和工作中，职业性别隔离的程度越高，表明男女在不同职业类型中的分布愈加不均衡，收入和许多非经济资源的分布愈加不平等。

② Gross，E.，“Plus ca change...? The sexual structure of occupations over time”，*Social Problems*，1968：198-208.

③ 陆益龙：《水环境问题、环保态度与居民的行动策略——2010 CGSS 数据的分析》，《山东社会科学》2015 年第 1 期。

④ Silbiger，S.，Neugarten，J.，“Gender and human chronic renal disease”，*Gender medicine*，2008（5）：S3-S10.

一些发展中国家，特别是新兴经济体，女性吸烟率也有增长的迹象。[①]

为了衡量空气污染与吸烟率之间的关系，添加了空气污染与吸烟率之间的交互项，空气污染与男性吸烟率之间的交互项为-0.00687，绝对值很小，说明二者之间存在极小的相关性，而且没有通过显著性检验，而空气污染与女性吸烟率之间的交互项则非常显著，影响系数为-0.0201，这意味着随着女性吸烟率的上升，空气污染对于女性肺癌死亡率的影响则递减。需要强调的是，这并不是因为女性吸烟率和空气污染二者之间存在必然的因果关系，而是存在一定相关关系，从样本中可以看出，在G20国家中，女性吸烟率较高的国家多为发达国家，空气状况较好，而印度、中国等国家本身虽然空气状况不佳，但女性吸烟率也较低。因此，可以认为吸烟率和污染都是肺癌死亡率的影响因素，但对于不同国家的影响不同。在中国，雾霾属于主要影响因素。

3. 城镇化率

城镇化率对于男性和女性肺癌死亡率的影响却截然不同（见图4-4）：城镇化率对于男性的肺癌死亡率有着正面影响，即城镇化水平越高，男性肺癌死亡人数越多。根据“差别暴露”理论（Differential-exposure Theory）[②]进行判断，相对于农村地区而言，城镇所面临的环境问题，特别是空气污染的问题更加严重，因为伴随着城镇化发展，高密度居住环境、建筑业和交通发展所导致的污染，城市居民通常被暴露在更为严重的环境危害中，必然会增加肺癌死亡率。[③]这一影响对于当年的肺癌死亡率有十分显著的影响，而滞后效应却并不显著。对此，也有相关研究在分析空气对于城乡死亡率的影响后提出，雾霾和PM2.5对于农村居民（特别是居住地靠近污染地区的居民）的影响更大、更严重。[④]

---

① Ng, M., Freeman, M. K., Fleming, T. D., Robinson, M., Dwyer-Lindgren, L., Thomson, B., Murray, C. J., et al.,“Smoking prevalence and cigarette consumption in 187 countries, 1980-2012”, *JAMA*, 2014, 311 (2): 183-192.

② Van Liere, K. D., Dunlap, R. E.,“The social bases of environmental concern: A review of hypotheses, explanations and empirical evidence”, *Public Opinion Quarterly*, 1980, 44 (2): 181-197.

③ 范叶超、洪大用：《差别暴露、差别职业和差别体验——中国城乡居民环境关心差异的实证分析》，《社会》2015年第3期。

④ Zhou, M., He, G., Fan, M., Wang, Z., Liu, Y., Ma, J., Liu, Y. et al.,“Smog episodes, fine particulate pollution and mortality in China”, *Environmental Research*, 2015, 136: 396-404.

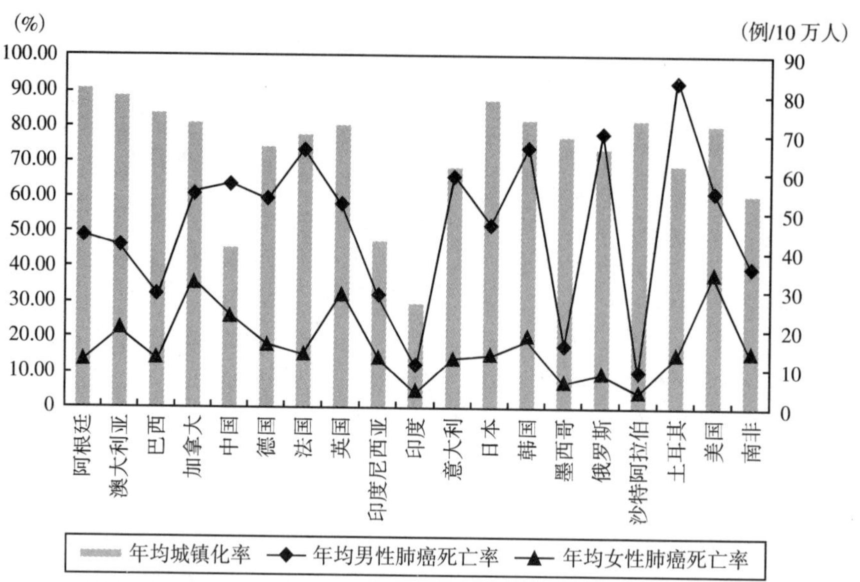

图 4-4　2002~2012 年 G20 国家的年均城镇化率与年均肺癌死亡率

数据来源：世界银行数据库、GBD 数据库。

与之相反，城镇化率与女性肺癌死亡率之间呈现出非常显著的负相关性，相关系数为-0.223，这意味着城镇化率越高，女性肺癌死亡率越低，这一点可能是由于城镇化过程所导致的传统生活方式、特别是传统烹饪方式（薪柴、油烟为特点）的改变，而降低了室内空气污染，进而降低了女性肺癌死亡率。这一结果恰好验证了德国马克斯—普朗克研究所的研究成果：从全世界范围看，传统的烹饪方式，即生火做饭产生的烟尘对空气污染的影响很大，在 2010 年的过早死亡人数中，有 31%即 100 万人左右是由住宅内薪柴能源的使用导致的，特别是在中国，空气污染的 32%来源于居民能源消耗，居民做饭取暖时炉灶不完全燃烧产生的烟尘，此类烟尘形成后往往聚集于狭窄、封闭的室内空间中，浓度很大，而且属于高毒性的细颗粒物，并且主要集中在广大农村地区[①]，而这种家务劳动又主要由女性来承担，必然会对女性人口的肺癌死亡率产生巨大影响。伴随着城镇化的发展，传统的烹饪条件逐步得到改善，女性逐渐从高污染的炊事环境中

① Lelieveld，J.，Evans，J. S.，Fnais，M.，Giannadaki，D.，Pozzer，A.，“The contribution of outdoor air pollution sources to premature mortality on a global scale”，*Nature*，2015，525（7569）：367-371.

解放出来，进而肺癌死亡率得到了一定程度的减缓。

在人类历史上，城镇化发展带来了褒贬不一的外部作用，一些城市人口预期寿命普遍较高，而另一些则并非如此。Ashraf 等认为，缺乏有效制度支持从而导致建设费用超过公众支付意愿是造成发展中国家公共健康设施短缺的重要原因。①

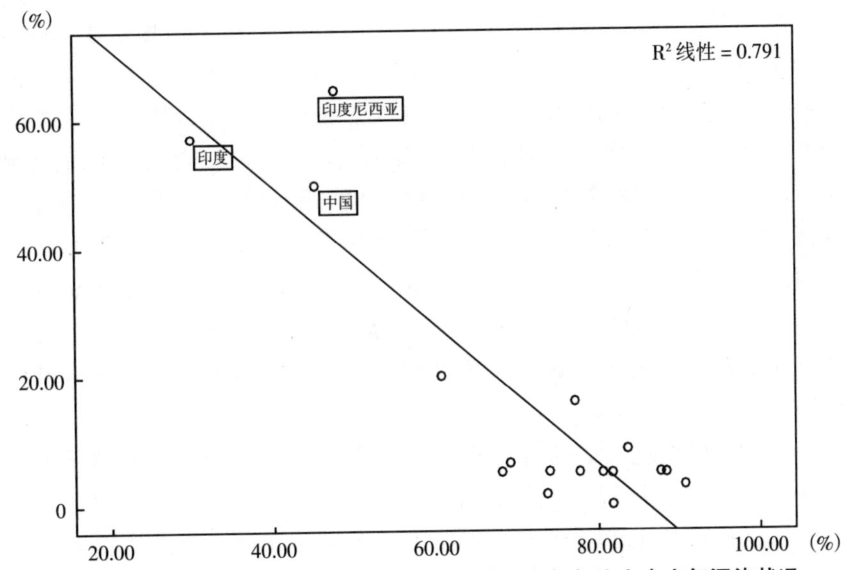

图 4-5 2002~2012 年 G20 国家的年均城镇化率与年均室内空气污染状况

数据来源：世界银行数据库、EPI 数据库。

如图 4-5 所示，城镇化进程与室内空气污染状况呈现出较为显著的负相关性，室内空气污染程度最为严重的三个国家分别是印度尼西亚、印度和中国，这三者的城镇化进程的确也在 G20 国家中处于较为落后的水平，进而可以确认城镇化率对于女性肺癌死亡率的影响在一定程度上是通过室内空气污染这一中介变量而发挥作用。

4. 医疗卫生开支

同样，医疗卫生开支也是值得关注的一个指标，对于男性和女性的肺癌死亡率都有着显著的影响，但却截然相反：医疗开支对于男性肺癌死亡

① Ashraf, N., Glaeser, E. L., Ponzetto, G. A., "Infrastructure, Incentives and Institutions (No. w21910)", *National Bureau of Economic Research*, 2016.

率呈现负相关，说明医疗卫生投入能够起到了减缓的作用，而且效果十分明显，影响系数为-3.203；而医疗卫生支出对于女性肺癌死亡率的影响则是正向的，即医疗水平越高，女性肺癌死亡率也越高，这一结论看似有悖于常理，但通过观察女性肺癌死亡率的数据，似乎能够与这一结论相吻合。从图4-6中可以发现，死亡率最高的国家诸如美国、加拿大、英国等，往往都是医疗投入较高的一些国家，而死亡率最低的国家为沙特阿拉伯、印度、墨西哥，其医疗投入则也处于较低的水平。这也与男性肺癌死亡率形成鲜明的对照：男性肺癌死亡率最高的国家分别是土耳其、俄罗斯、韩国，这些国家的医疗卫生开支均处于较低的水平，因而，人均卫生医疗投入水平在男性和女性的肺癌死亡率上产生了截然不同的影响。Cochrane曾分析了18个发达国家1969~1971年的各年龄段人口死亡率，发现医师数对所有年龄段的死亡率均出现了正相关，[①] 但这并不能得出“医疗投入越高，女性肺癌死亡率越高”的结论，只能说医疗保健方面的正面影响未能够充分发挥，并被其他因素（如污染）的负面作用所抵消，当高危因素对健康的负面影响大于其他因素的正面影响时，将阻碍健康的改善[②]。

事实上，根据现有的研究结论可以发现，卫生费用和健康绩效（尤其是单一病种的改善情况）之间，并不必然存在着线性的关系，“卫生投入的规模拐点和边际拐点预示着卫生投入规模可能存在一个最小值和一个最大值”，最小值意味着“卫生投入必须达到此门槛值，否则投入是低效甚至无效的”，而最大值则“显示卫生投入达到此门槛值后边际效应开始递减，此时增加的投入不再带来足够的回报”。[③] 而且，Filmer等认为：公共卫生支出并不必然能够转化为有效的健康服务，公共卫生服务对健康状况供应的有效性取决于个人需求和市场供给，公共医疗开支有时过度投入在昂贵且无效的治疗服务上。[④] 更何况，医疗支出的增加意味着由供给方，

① Cochrane, A. L., St. Leger, A. S., Moore, F., “Health service ‘input’ and mortality ‘output’ in developed countries”, *Journal of Epidemiology and Community Health*, 1978, 32 (3): 200-205.

② Wilkinson, R. G., “Income distribution and life expectancy”, *British Medical Journal*, 1992, 304 (6820): 165-168.

③ 方敏：《国家应该花多少钱用于健康？——卫生投入与健康结果的文献评估》，《公共行政评论》2015年第1期。

④ Filmer, D., Hammer, J. S., Pritchett, L. H., “Weak links in the chain: A diagnosis of health policy in poor countries”, *The World Bank Research Observer*, 2000, 15 (2): 199-224.

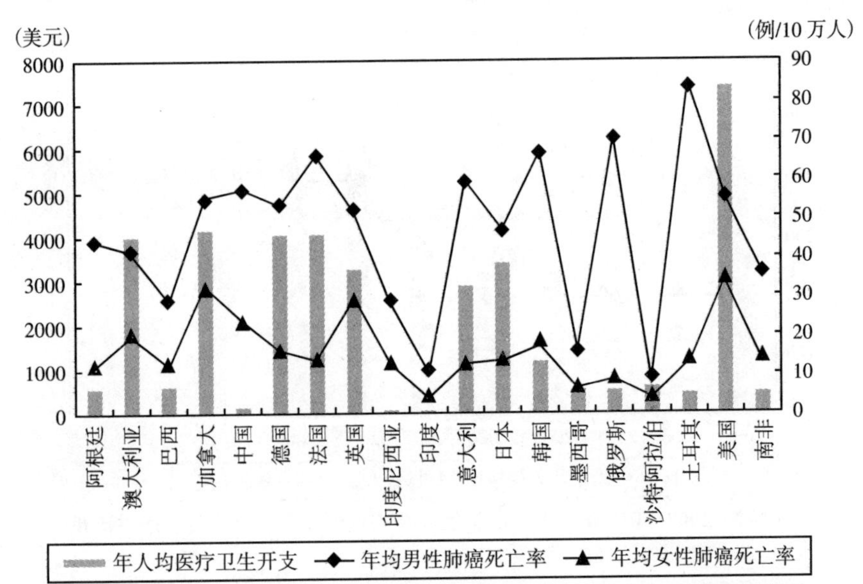

图 4-6　2002~2012 年 G20 国家的年人均医疗卫生开支与年均肺癌死亡率

数据来源：世界银行数据库、GBD 数据库。

而非需求方，推动医疗服务（如住院等）的增加，由此难免会产生一些非预期的后果。①

所以，对于这一现象的解释应当对人均医疗开支这一指标做详细的划分，其本身是一个包含了多种健康医疗投入的综合性指标，而肺癌等相关疾病的治疗仅占其中极为有限的一部分。可能是由于具体领域的医疗资源分配不合理所导致，女性肺癌治疗相关的卫生经费未能与总的卫生开支实现同步增长。肺癌是慢性非传染性疾病中的一类，根据 WHO 的测算，2012 年，全世界共死亡 5600 万人，其中 3800 万死于慢性非传染性疾病，占到了 68%的比重②，但是，与之形成鲜明对照的是，对于慢性非传染性疾病的医疗投入始终未能超过医疗卫生总投入的 2%（见图 4-7）。

但这一结果同样可以从另一个角度理解：由于医疗卫生支出的大幅增加，对于女性人口的总体疾病死亡率起到了遏制作用，增加了人均预期寿命，诸如原先因流行性、传染性疾病而死亡的人口数量大幅降低，而肺癌

① Yi Hongmei，Grant Miller，Linxiu Zhang，Shaoping Li，Scott Rozelle.，"Intended and unintended consequences of China's zero markup drug policy"，*Health Affairs*，2015，34（8）：1391-1398.

② 世界卫生组织：《2014 年全球非传染疾病现状报告》2015 年 10 月，第 1 页。

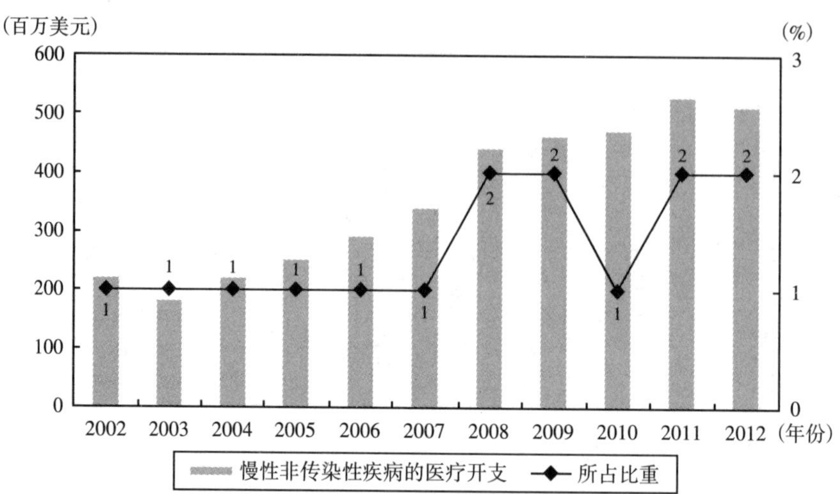

图 4-7　2002~2012 年全世界的慢性非传染性疾病医疗开支及其所占比重

数据来源：世界银行数据库、GBD 数据库。

作为一种慢性非传染性疾病，其改善的程度不如前者。因此，伴随着年龄的增加，最终死于肺癌的女性人口相对增加，从而导致医疗卫生开支与女性肺癌死亡率之间出现了负相关关系。而这样的情形恰恰说明了医疗卫生开支的增加对于健康绩效具有明显的改善作用。

第五节　中国的个案：PM2.5 浓度对肺癌死亡率的影响

基于 G20 国家的面板数据所得出的结论能否适用于中国的具体情境，则需要做进一步验证，将中国的个案从中抽取出来，识别其空气污染对于肺癌死亡率的影响。

在环境污染诱导下，中国肺癌的发病率和死亡率呈持续走高态势，是中国人群死亡率上升最快的癌症。[①] 全国肿瘤登记中心发布的《2012 中国

① 陈万青、张思维、邹小农：《中国肺癌发病死亡的估计和流行趋势研究》，《中国肺癌杂志》2010 年第 5 期。

肿瘤登记年报》，在对全国24个省的8500万人口进行数据统计和分析后显示，肺癌已取代肝癌，位于癌症发病率和死亡率的榜首，占全部恶性肿瘤死亡的22.7%，且发病率和死亡率仍在继续上升。来自国家卫生计生委的统计数据显示，目前我国的肺癌发病率以每年26.9%的速度增长，近几十年来，每10~15年，肺癌的患者人数就会增加1倍。如不及时采取有效控制措施，预计到2025年，我国肺癌患者将达到100万人，成为世界第一肺癌大国。[①] 而且北京市卫生局对外发布的北京市肿瘤防治研究办公室监测数据显示，在北京等雾霾高发地区，肺癌的发生率明显高于全国平均水平。北京市肺癌发病率由2002年的39.56/10万人上升至2011年的63.09/10万人，已远远高出全国平均水平。十年间，北京市肺癌发病率增长了56%，年均增长率为2.4%，全市新发癌症患者中有1/5为肺癌患者。[②]

从女性肺癌死亡率的发展趋势上看，G20国家的平均死亡率与中国的情况呈现出比较相近的变化趋势，基本上都没有明显的波动；但是，男性的肺癌死亡率方面，二者是背道而驰的，中国的死亡率呈现出轻微上扬的趋势，而G20国家的平均水平则显著下降，更加符合PM2.5的浓度变化情况。聚焦中国的个案，2002~2012年，中国的PM2.5浓度增长了10.21μg/m^3，根据所估计的影响系数，在不考虑其他因素的前提下，中国每10万人中的男、女肺癌死亡率应当分别增长4.6人和0.6人；而事实上，中国每10万人中的男性肺癌死亡率增加值为3.7人，女性的肺癌死亡率甚至比2002年有所下降，减少了1.2人。这是受到了第三产业发展的影响，女性人口从第二产业进入第三产业，女性劳动力的分布开始较多地集中于专业技术和办事人员领域。[③] 就此而言，PM2.5的浓度对于男性的影响确实更加明显，而且中国空气污染状况的逐步恶化也的确导致了人口肺癌死亡率的大幅增加（见图4-8）。

除了空气污染，吸烟率构成了中国肺癌死亡率的另一大风险因素。据测算，中国有3亿吸烟人群，7.4亿人遭受二手烟的暴露[④]，每年因吸烟而过早死亡的人数（主要为男性）到2010年已达到100万人。如果照目前的趋势持续下去，到2030年这一数字将翻倍，达到每年200

---

① 张乐、黄筱：《我国或成世界第一肺癌大国》，《经济参考报》2014年12月12日第7版。

② 李军：《肺癌高发，都是空气污染惹的祸?》，《中国环境报》2014年2月18日第4版。

③ 李汪洋、谢宇：《中国职业性别隔离的趋势：1982~2010》，《社会》2015年第6期。

④ 魏文：《2020年中国肺癌发病人数将突破80万》，《工人日报》2015年12月13日第3版。

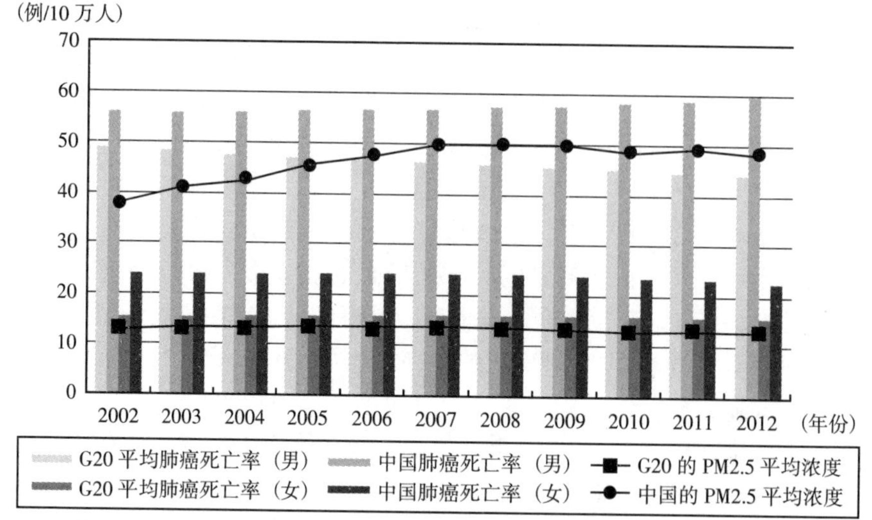

图 4-8 2002~2012 年 G20 国家与中国的 PM2.5 平均浓度及肺癌死亡率

数据来源：EPI 数据库、GBD 数据库。

万人。① 相反，中国女性的吸烟率有大幅度的下降，由烟草所致的过早死亡危害程度也较低，且呈下降趋势，正因为如此，中国女性肺癌死亡率并没有明显的增长。

城镇化率的影响因素在中国尤为突出，快速的城市化进程在改善公众生活水平的同时，也对生态环境造成了严重的影响，尤其是日益凸显的空气污染问题，对城市及其周边区域均造成了严重的影响：1999~2011 年中国城市 PM2.5 污染对周边区域的影响整体上呈显著升高趋势，尤以大城市升高较多；全国近半数的（156 个）地级市 PM2.5 污染对周边区域的影响呈现出显著提高的趋势，主要分布于中国东北至四川和上海至广西两个条状地带中。② 与此同时，城镇化通过对室内污染因素的减弱，却对女性肺癌死亡率的降低发挥了积极作用。对此，Baumgartner 和 Zhang 等针对中国云南农村地区的女性高血压发病率和薪柴燃料所产生的黑炭等污染物之间

① Chen，Z.，Peto，R.，Zhou，M.，Iona，A.，Smith，M.，Yang，L.，Li，L.，et al.，“Contrasting male and female trends in tobacco-attributed mortality in China：Evidence from successive nationwide prospective cohort studies”，*The Lancet*，2015，386（10002）：1447-1456.

② Han，L.，Zhou，W.，Li，W.，“Increasing impact of urban fine particles（PM2.5）on areas surrounding Chinese cities”，*Scientific Reports*，2015（5）：1-6.

关联性做了研究，结果显示，对于农村女性而言，在黑炭中的暴露程度对于女性高血压的负面影响更大，影响程度是PM2.5的两倍之多，并且薪柴燃料的影响要甚于汽车尾气的影响；这些农村女性所接触的黑碳平均浓度为5.2μg/m³，高于北京、墨西哥城、巴西利亚三座城市的日均值(1.9~4.8μg/m³)。[①] 虽然所针对的疾病并不相同，但从某种程度上讲，这样的研究与本书的结果形成呼应，说明传统农村的炊事条件确实对女性的健康产生更为不利的影响。

空气污染所造成的健康危害在一定程度上不可避免，但由于公共卫生医疗条件的改善在提升健康人力资本中发挥的重要作用，健康危害可在总体上得到一定程度缓解，由污染所造成的健康风险差异可能会伴随医疗卫生供给差异而扩大或缩小，配置公共卫生资源可能也是缓解甚至规避环境健康风险的重要手段。2002~2012年，正是中国全面推行医疗改革的阶段，医疗卫生投入有了大幅的增长，中国的肺癌死亡率在此期间并没有伴随PM2.5浓度而同步增长，这得益于卫生条件的显著改善。

综上所述，中国公众健康水平与环境质量的关联性，基本上与G20国家的整体趋势相吻合：空气污染通过增加肺癌的死亡率，进而减缓了公众预期寿命的增长，使得医疗卫生事业发展所应有的成果被弱化，健康水平的提升未能达到预期。但是，通过表4-2和表4-3的对比可以发现，在影响程度上，PM2.5浓度对于中国公众健康状况的影响要远远地甚于对G20国家公众健康的平均水平的影响。

所以，基于人口健康指标的分析可以得出，中国公众对于环境状况的感受能够较为客观、真实地反映环境质量的变化情况，并不存在公众感知偏差的问题。那么，对于中国“数字减排”问题的探究，则势必要转向对另一个层面问题的验证：是否存在环境监管失灵，即环境监管的投入与环境监管的绩效并不匹配的状况，并基于对这一问题的确证以判断和界定中国环境监管中“数字减排”困局的性质。

---

① Baumgartner, J., Zhang, Y., Schauer, J. J., Huang, W., Wang, Y., Ezzati, M., "Highway proximity and black carbon from cookstoves as a risk factor for higher blood pressure in rural China", *Proceedings of the National Academy of Sciences*, 2014, 111 (36): 13229-13234.

第五章　环境监管对环境质量的影响

中国环境监管中的“数字减排”困局是个一体两面的问题：既要检验公众感受能否与真实的环境质量相匹配，又要判断环境监管的投入是否真正实现了环境质量的改善，即对环境监管绩效做出评价。在上一章的内容中，已经对前一个问题做出了分析，并得出结论：以公众的预期寿命和肺癌死亡率衡量公众对于环境质量的感受，则公众的感受能够符合现实环境质量变化的客观趋势。因而，对于“数字减排”问题的验证，有必要考量后一个问题：中国的环境监管投入对于环境质量的改善是否发挥了真正的作用。

对于中国环境监管绩效的评价莫衷一是，既有观点认为中国环境监管是有效的、是成功的，认为环境监管的立法和执法力度的增强，能够显著抑制辖区内的污染物排放，对环境质量起到明显的改善作用；[①] 也有观点认为中国的环境监管并未取得应有的绩效，指出环境的公共品属性导致了环境监管“未能积极引导经济活动实现绿色转型”[②]；同时，还有观点认为环境监管效果是分阶段显现的，呈 U 形变化趋势。[③]

基于此，本章内容旨在论述中国环境监管水平对于实际环境空气质量的影响：

首先，以 2002~2012 年 G20 国家的面板数据为分析样本，考察环境监管的技术水平和制度水平对于 PM2.5 污染物浓度的影响，引入人均 GDP、城镇化率、工业比重和人均能源消费等控制变量进行观测，并充分考虑各种因素的滞后效应，综合分析各种因素对于污染的影响，即技术水平和制

① 包群、邵敏、杨大利：《环境管制抑制了污染排放吗?》，《经济研究》2013 年第 12 期。

② 王书斌、徐盈之：《环境规制与雾霾脱钩效应——基于企业投资偏好的视角》，《中国工业经济》2015 年第 4 期。

③ 傅京燕、李丽莎：《环境规制、要素禀赋与产业国际竞争力的实证研究——基于中国制造业的面板数据》，《管理世界》2010 年第 10 期。

度水平都能够有效削弱污染水平，但需要一定的滞后期才能发挥作用。

其次，将中国环境监管投入及绩效变化趋势从中剥离出来作为个案，与G20国家的整体趋势进行比较，判断出中国环境监管水平提高并未实现环境质量的改善，进而，通过对相关解释变量的分析，可以得出，中国环境监管的失灵现象主要由以下几个方面的原因所导致：①环境监管技术水平的提升，单纯依赖于技术扩散与引进，而未能推动技术创新能力的提升；②环境监管制度水平的提升，与技术水平相比，步伐较为缓慢，二者未能同步发展，进而形成交互效应；③城镇化率、工业比重与人均能源消费等重点污染来源的增长势头依旧十分迅猛，污染的总量没有减少；④环境监管水平的提升具有一定的滞后效应，落后于污染产生的速度。

第一节　环境监管水平

推动环境监管的政策工具主要有两种类型：第一类是环境技术政策，即通过发展环境技术以降低污染排放强度、控制新增排放的增长，既包括环境监测及污染治理的技术，同时也包括较为先进的能源利用技术，以发展清洁能源、提升能源利用效率并实现能源利用结构的升级；第二类则是基于市场机制的经济型政策，侧重于价格控制的环境税和排放权交易都是典型，前者能够针对污染物排放量进行征税，并利用价格信号影响市场主体的行为，从而达到抑制污染排放的目的，而后者则通过为相应污染物的排放量设定上限，使之成为较为稀缺的资源，并在不同的区域或不同的污染源之间进行初始排放权的分配，让不同的区域或者污染源依据自身的减排成本与效率的情况在二级市场上进行排放权的交易，从而通过市场机制形成排污权交易的价格，进而能够对污染排放的总量予以有效的控制，在确保总量控制的目标实现的前提下，以利益驱动机制来激励不同的污染源强化自身的污染减排行为。

一、技术水平：环境技术[①]专利的扩散数量

环境技术创新，一般指从节约资源、避免或减少环境污染的新产品或新工艺的设想产生到市场应用的完整过程。[②]不仅应该从制度层面上对空气污染物排放和污染源管理做出严格的规定和要求，更应将技术创新作为环境污染监管的实施动力，使得污染监管具有可行性和可操作性。环境技术创新不仅能够直接对环境污染予以治理，而且可以作为调整产业结构的重要措施，鼓励企业进行产业转型和设备更新，提高企业的积极性和主动性，降低企业的守法成本以及监管政策的执行难度。作为重要的监管措施，环境技术创新的研发很关键，而推广与使用则更应当置于突出地位。[③]创新传播的过程就是扩散，包括新思想随着时间在社会系统中的交流，[④]一项技术创新，除非得到广泛的应用和推广，否则它将难以以任何物质形式影响经济。“技术扩散”的目的在于引进先进技术加以利用，相对于“技术发明”的指标，其概念更加强调应用层面的意义。技术扩散不仅指对技术的简单获取，而且强调对技术引进方的技术能力的构建。环境技术创新专利的跨国扩散，意味着此类技术已经投入市场，并具有一定的可行性和应用价值，能够获得其他国家的认可。对外贸易的开展也会促进产品生产技术在跨国领域中的传播，如果产品贸易传播进来的是清洁技术，且其效率要高于污染技术，那么进口国厂商会主动采用对环境保护有利的技术，降低产品生产对环境危害的程度，从而环境质量也会得到提高。[⑤]根据演化经济学的相关理论，“创新演化具有随机性、创新行为具有多样性和路径依赖性、知识特质、技术机会及技术吸收能力使得技术创新呈现复杂多变

---

① 根据 OECD 数据库的定义，环境相关技术包括空气污染处理、水污染处理、废弃物处理、土壤修复、环境监测等相关领域的技术。

② Hellström, T., “Dimensions of environmentally sustainable innovation: The structure of ecoinnovation concepts”, *Sustainable Development*, 2007, 15 (3): 148–159.

③ 杨立华、蒙常胜：《国外主要发达国家和地区空气污染治理经验》，《公共行政评论》2015 年第 2 期。

④ ［美］埃弗雷特·M. 罗杰斯：《创新的扩散》，辛欣译，中央编译出版社 2002 年版，第 3 页。

⑤ 祝树金、尹似雪：《污染产品贸易会诱使环境规制“向底线赛跑”——基于跨国面板数据的实证分析》，《产业经济研究》2014 年第 4 期。

的演化路径”[①]，技术创新的扩散与应用具有频率依赖性。[②]环境技术扩散的目的在于环境保护，受政策驱动（环境规制）的影响较强，市场驱动力相对较弱，环境技术扩散的主要驱动力往往是政府，其通过行政管制方式“规定企业必须采用的技术”，侧重于“强制性技术规制”。[③]因此，环境技术既是环境监管的重要政策工具，也是环境监管所导致的结果。环境监管制度对环境创新技术扩散具有正反馈的激励作用。

二、制度水平：环境相关税收[④]占总税收的比重

关于制度水平的衡量，重点选取环境相关税收在总税收中所占的比重作为变量。环境税收入的再分配是实现环境税的重要机制，对环境税收入的正确使用可以最大程度降低环境税征收可能对经济增长等带来的负面影响：可以用来提高其市场竞争力和收入水平，也可以用来对积极采用新节能减排技术并达到环保标准的企业进行奖励，进而促进能源使用效率的提高、节能减排新技术的开发和引进、新能源的开发及利用等。众所周知，环境税是一种重要的公共政策工具，包含多重政策目标：其一，可以“将环境税仅作为政府一种新兴税源的开辟，无论经济效率如何，其目标首先需要满足的是税收规模最大化”；其二，可以“将其视为绿色税收优化税制的一条途径，依据税收收入中性原则，需要在一定程度上，同时降低所得税等税种的收入，使税收总收入相对保持不变”。[⑤]然而，这两个目标之间往往存在着难以调和的矛盾，当环境税发挥其环境监管的功能，实现了能源使用量和污染物排放量的减少，则必然会导致环境税的税基减少，从而无力维持稳定的税收收入。因此，环境税作为环境监管的政策工具，可能会出现的情形是：环境税比重与当期的空气污染水平呈现较强的正相关

① ［瑞士］库尔特·多普菲：《演化经济学：纲领与范围》，贾根良等译，高等教育出版社 2004 年版，第 5-8 页。

② Horbach，J.，“Determinants of environmental innovation-new evidence from German panel data sources”，*Research Policy*，2008，37（1）：163-173.

③ 赵玉民、朱方明、贺立龙：《环境规制的界定、分类与演进研究》，《中国人口·资源与环境》2009 年第 6 期。

④ 根据 OECD 数据库的定义，环境相关税收包括针对能源、交通、臭氧消耗物质、水污染治理、废弃物管理、采矿与冶炼以及其他部门所征收的以消除污染为目的的税收，并非一个严格意义上的系统的税种。

⑤ 刘辉、王晨欣：《环境税制订过程中的目标冲突、协调及保障机制》，《财政研究》2014 年第 3 期。

关系，因为环境税的征收是由当期的能源消费量和污染物排放量等因素所决定的；但是，由于环境税的征收，其能够逐步地发挥经济调节作用，调控企业和个体的环境行为，使之为排污和消费造成的环境污染损害承担相应成本，由此增加企业和个体负担，把环境污染和生态破坏的社会成本内化到生产成本中，从而转嫁到市场价格中，调整个体的消费行为，也可以从直接和间接两个途径削弱企业的市场竞争力，特别是传统行业、高耗能、高污染行业将遭受冲击。其终极政策目标是借此方式，推动企业和个体等市场主体自觉地改善自身行为，最终实现节能减排。

三、技术与制度的交互作用

环境监管是一项社会生态系统工程，环境监管的技术水平和制度水平都是不可或缺的：制度水平对技术的创新和扩散具有较强的驱动、激励作用，技术水平则为制度的设计和执行提供了关键参数和重要依据，[①] 反之，较高的科技水平使得政府和社会对 PM2.5 污染的容忍度较低，从而提升政府对环境问题的重视程度，进而，在宏观政策层面采取较为有效的监管和治理措施。[②]

如何将技术投入正确的政策执行系统，如何通过技术使制度得以落实，都是监管者必须考量的问题，因此，技术和制度之间存在着复杂的相互呼应关系，二者的耦合是取得良好的环境绩效和经济绩效的关键。[③] 以环境税为例，环境税的征收能够为企业提供一种行为选择的诱因，作为污染者的企业不得不在缴纳环境税和投资环境技术之间做出抉择，一旦环境税的额度设定在一个较高的水平上，就能将政府的减排需求转化为企业对环境技术的需求，企业会在利益最大化的动机驱动下，选择引进或开发环境技术，将污染的外部成本予以内部化；进而，环境技术的研发者也会从中获得较大的收益，并在市场机制的驱动下，加速环境技术的创新与扩散。

---

① 王海峰：《协同演化视角下环境技术创新与环境治理制度耦合机制研究》，《系统科学学报》2014 年第 11 期。

② 王琰：《环境社会学视野中的空气质量问题——大气细颗粒物污染（PM2.5）影响因素的跨国数据分析》，《社会学评论》2015 年第 3 期。

③ Rehfeld, K. M., Rennings, K., Ziegler, A., "Integrated product policy and environmental product innovations: An empirical analysis", *Ecological Economics*, 2007, 61 (1): 91-100.

Lawn 也认为，在环境监管中，环境质量和经济产出效应的大小取决于税收等财政政策引起的技术进步程度，积极的财政政策会使得资源环境价格提高，生产成本上升，这会促使环境技术进步。[①]

从这个意义上而言，必须着重考量技术水平与制度水平之间的交互作用，设置二者的交互项，进而观察二者间的相互影响程度。

第二节　模型计量分析

一、模型建构

基于以上内容的分析，将 PM2.5 浓度作为因变量指代当期的空气污染水平，环境技术专利扩散数量和环境相关税收占总税收收入的比重为自变量，分别代表环境监管的技术水平和制度水平，建立计量模型进一步分析环境监管水平对空气污染的影响效应。

$$pm_{it} = \beta_0 + \beta_1 \, lnpatent_{it} + \beta_2 \, tax_{it} + \beta_3 \, lnpatent_{it} \cdot tax_{it} + \beta_4 \, lnpergdp_{it} + \beta_5 \, urbanrate_{it} + \beta_6 \, indval_{it} + \beta_7 \, PerEnCom_{it} + u_{it}$$

实证样本采用 2002~2012 年 G20 国家（由于欧盟并非国家，予以剔除，共 19 个国家）的面板数据，因变量 pm_{it} 代表空气污染水平，具体指代年平均 PM2.5 浓度值；核心自变量 $lnpatent_{it}$ 代表环境监管的技术水平，具体指代环境相关技术的扩散数量，取对数形式，tax_{it} 表示环境监管的制度水平，具体指代环境相关税收在总税收收入所占的比重（由于印度尼西亚、俄罗斯、沙特阿拉伯 3 个国家数据缺失，共 16 个国家），$lnpatent_{it} \cdot tax_{it}$ 表示环境监管的技术水平与制度水平的交互项，$lnpergdp_{it}$ 表示人均 GDP，取对数形式，$urbanrate_{it}$ 表示城镇化率，$indval_{it}$ 表示工业在国民经济中所占的比重，$PerEnCom_{it}$ 表示人均能源消费量，以 Btu 为单位，取对数形式。β_0 表示常数项，β_i（i = 1，…，7）表示各变量的回归系数项，u_{it} 表

① Lawn，P. A.，“On Heyes’ IS-LM-EE proposal to establish an environmental macroeconomics”，*Environment and Development Economics*，2003，8（1）：31-56.

示随机扰动项，与各解释变量都不相关。

根据 Hausman 检验，其结果 P = 0.000，所以适宜采用固定效应模型；对时间固定效应进行检验，模型不存在显著的时间固定效应，因而重点考察其个体固定效应。同时，对该模型的自相关和异方差问题进行检验：Wooldridge test 统计量为 42.393，拒绝自不相关，因此，可以判断该模型存在较为明显的自相关性；Modified Wald test 统计量为 574.66，拒绝方差齐性，从而认为模型存在异方差。由此可见，该模型既存在自相关也存在异方差。所以，为了克服上述问题，拟采用 Driscoll-Kraay 标准差固定效应线性模型，进而对异方差和自相关进行控制，以确保模型结果的可靠性。

许多面板数据的实证研究中都出现了跨截面相关的情况，一般的最小二乘法回归模型通常没有考虑到这样的相关性因素，从而导致标准误差估计不一致的问题，同时，对于跨截面相关性稳健的估计又不可行或者有着较差的有限样本特性。而 Driscoll-Kraay 标准差固定效应模型正是通过对正交性条件做转换，得到了具有空间独立性的一致协方差矩阵估计，用来调整面板数据中存在个体效应和时间效应的系数的标准差，以控制自相关和异方差，是通过修正非参数时间序列协方差估计量，使得模型无论在横截面个体相关还是在纵向时间依从上都能实现稳健预测。[①]

1. G20 全样本数据

为了更精确地识别环境技术水平和制度水平各自的作用程度，以及二者之间的相互关系和影响程度，分别将其纳入模型（1）、模型（2）和模型（3）中进行回归分析；同时，设定技术水平和制度水平的交互项，建立模型（4），用以考量二者的交互效应。而且，鉴于环境监管水平和环境质量之间可能存在着一定的反向因果关系，特别是环境税指标（环境税的税基通常就是根据当年的污染水平而确定的），并且环境监管对于环境质量的影响往往需要一定时间方能发挥作用，因此需要对技术水平和制度水平的滞后效应做出较为全面的考量，为此，需要对所有自变量和控制变量指标作滞后效应处理，即探究第 t 年的环境监管水平对于第 t+n 年的环境质量的影响：模型（5）、模型（6）、模型（7）和模型（8）分别是滞后 1~4 期情境下的回归模型，分别考量环境监管对于其后各年的环境质量的影响程

① Driscoll，J. C.，Kraay，A. C.，"Consistent covariance matrix estimation with spatially dependent panel data"，*Review of Economics and Statistics*，1998，80（4）：549-560.

度，如图 5-1 所示。

表 5-1　环境监管对空气质量的影响（G20 全样本）

解释变量	空气污染							
	(1)	(2)	(3)	(4)	(5) 滞后 1 期	(6) 滞后 2 期	(7) 滞后 3 期	(8) 滞后 4 期
技术水平 (专利扩散数)	−0.0985 (0.0547)		0.163 (0.105)	−0.0177 (0.323)	−0.203 (0.195)	−0.575** (0.247)	−1.270*** (0.103)	−1.346*** (0.261)
制度水平 (环境税比重)		0.291*** (0.0636)	0.306*** (0.0690)	0.201 (0.181)	0.157 (0.131)	0.131 (0.122)	−0.00215 (0.0760)	−0.117* (0.0599)
技术 × 制度 (交互项)				0.0184 (0.0291)	0.0200 (0.0209)	0.0186 (0.0202)	0.0349* (0.0153)	0.0454*** (0.00310)
人均 GDP (ln)	0.0318 (0.0660)	0.0397 (0.0681)	0.0392 (0.0685)	0.0408 (0.0679)	−0.0134 (0.0580)	−0.0387 (0.0468)	−0.000722 (0.0383)	−0.0301 (0.0298)
城镇化率	0.221** (0.0771)	0.303** (0.100)	0.305** (0.0979)	0.312*** (0.0964)	0.189* (0.0938)	0.140 (0.106)	0.0803 (0.0765)	0.000896 (0.0718)
工业比重	0.191*** (0.0539)	0.461*** (0.113)	0.471*** (0.119)	0.493*** (0.122)	0.435*** (0.120)	0.352* (0.159)	0.285** (0.115)	0.224** (0.0800)
人均能源 消费	0.0298** (0.00941)	0.0439*** (0.00862)	0.0434*** (0.00850)	0.0417*** (0.00896)	0.0362*** (0.00973)	0.0296*** (0.00666)	0.0198*** (0.00507)	−0.00374 (0.0106)
常数项	−13.21** (5.239)	−30.90** (10.60)	−32.41** (11.28)	−32.19** (11.98)	−18.56 (11.29)	−8.507 (12.63)	3.867 (9.153)	16.12* (6.852)
固定效应	有	有	有	有	有	有	有	有
观测值	209	176	176	176	160	144	128	112
个案数	19	16	16	16	16	16	16	16

注：括号中为稳健标准误差。*** 表示 $p < 0.01$，** 表示 $p < 0.05$，* 表示 $p < 0.1$。

从表 5-1 可以看出，作为核心自变量，技术水平对于环境质量的改善作用直到滞后两期模型中才开始显现，而制度水平则直到滞后 4 期模型中方能发挥显著的作用，即第 t 年的技术水平要到第 t+2 年可以呈现出显著的积极作用，而制度水平的作用则需要到 t+4 年。伴随着滞后效应，技术水平和制度水平对于空气污染的负向作用系数逐渐增强，同时，显著性也逐步提升。从某种意义上而言，这一结果否定了自变量和因变量之间的反向因果关系，并解决了由其所导致的内生性问题。

进而，比较两个核心自变量在各个模型中的作用：首先，二者都需要一定的时间阶段方能有效，技术水平在滞后两期时就能够发挥显著的作用，发挥作用的时间较快，而制度水平的作用时间则更加的漫长，这一点说明技术往往是直接作用于环境质量，制度则是间接作用，需要更长的作用时间；其次，从二者的影响系数看，在每一个模型中，技术水平的系数都小于制度水平，特别是在模型（8）中，二者都呈现出显著的负向作用时，前者影响系数的绝对者明显大于后者，这一点也很容易理解，技术水平往往能够更加有针对性地解决相应的环境污染问题，因而作用效果更强。

与核心自变量的变化趋势明显不同，控制变量对于因变量的影响则是逐渐地减弱，无论是人均 GDP、城镇化率、工业比重，还是人均能源消费等因素，随着时间的滞后作用，影响系数不断变小。这一结果可以说明，此类因素往往作用时间较短，能够对当期的环境质量产生显著的负面影响，是当年环境污染水平的重要决定因素。

2. 剔除中国的数据

通过对整体样本的描述性统计可以发现不同国家在环境技术水平和空气质量之间的差异，其中，有异于 G20 的整体情况（即环境技术水平与空气质量之间呈现一定程度的负相关关系），中国的个案可以视为一种异常情况，甚至是极端值，环境监管的技术水平很高，但空气质量却很恶劣，俨然是环境监管未能对空气污染形成遏制效应。而当这样一种极值存在于 G20 国家的整体样本中时，势必对相关系数的估值产生一定的影响，导致结果的偏差。

为了更好地识别出中国与 G20 国家平均水平及整体趋势的差异，将中国的个案因素从 G20 总体样本中予以剔除，并对其余 G20 国家的样本数据进行计量分析。为了确保二者之间能有较强的可比性，因此，对于该样本的计量分析，依旧采用 Driscoll-Kraay 标准差固定效应模型进行回归计算，从而，试图有效地识别出中国是否属于 G20 国家的一个极端异常现象，回归结果如表 5-2 所示。

表 5-2　环境监管对空气质量的影响（剔除中国）

解释变量	空气污染								
	（1）	（2）	（3）	（4）	（5）滞后 1 期	（6）滞后 2 期	（7）滞后 3 期	（8）滞后 4 期	（9）滞后 5 期
技术水平（专利扩散数）	−0.430** (0.180)		−0.160* (0.0875)	−0.286* (0.340)	−0.480* (0.245)	−1.053** (0.334)	−1.722*** (0.160)	−1.611*** (0.413)	−1.514*** (0.327)

续表

解释变量	空气污染								
	(1)	(2)	(3)	(4)	(5) 滞后 1 期	(6) 滞后 2 期	(7) 滞后 3 期	(8) 滞后 4 期	(9) 滞后 5 期
制度水平 (环境税比重)		0.248*** (0.0433)	0.225*** (0.0437)	0.150 (0.248)	0.108 (0.185)	0.0802 (0.161)	−0.0461 (0.0852)	−0.125 (0.0818)	−0.160** (0.0435)
技术 × 制度 (交互项)				0.0140 (0.0409)	0.0197 (0.0305)	0.0158 (0.0272)	0.0329* (0.0153)	0.0372*** (0.00988)	0.0400*** (0.00594)
人均 GDP (ln)	0.0590 (0.0435)	0.0341 (0.0543)	0.0366 (0.0519)	0.0364 (0.0530)	−0.000417 (0.0349)	0.0150 (0.0371)	0.0681* (0.0306)	0.0114 (0.0266)	0.00616 (0.0481)
城镇化率	−0.0837** (0.0286)	0.0720 (0.0515)	0.0438 (0.0536)	0.0575 (0.0440)	−0.0209 (0.0347)	−0.0783 (0.0491)	−0.0757 (0.0468)	−0.114** (0.0449)	−0.150*** (0.0196)
工业比重	0.149** (0.0581)	0.338*** (0.0912)	0.323*** (0.0938)	0.342*** (0.0927)	0.283*** (0.0734)	0.137 (0.0801)	0.131 (0.0889)	0.0877 (0.0875)	0.0326 (0.0629)
人均能源消费	0.0256** (0.00881)	0.0368*** (0.00776)	0.0358*** (0.00773)	0.0350*** (0.00866)	0.0329*** (0.00854)	0.0285*** (0.00470)	0.0167** (0.00481)	−0.00809 (0.00976)	−0.0296** (0.0111)
常数项	10.87*** (2.030)	−11.10 (6.596)	−7.227 (6.730)	−7.832 (6.351)	1.710 (3.910)	14.76** (4.852)	20.64** (6.276)	28.78*** (5.925)	35.83*** (4.103)
固定效应	有	有	有	有	有	有	有	有	有
观测值	198	165	165	165	150	135	120	105	90
个案数	18	15	15	15	15	15	15	15	15

注：括号中为稳健标准误差。*** 表示 $p<0.01$，** 表示 $p<0.05$，* 表示 $p<0.1$。

根据回归结果显示，在除中国以外的 18 个 G20 国家中，环境监管的技术水平对空气污染的影响并不存在滞后效应，而始终保持显著的负相关关系。若不考虑环境监管的制度水平（即环境税比重），技术水平对于当期的空气污染的影响系数为-0.430，并在 5%的水平上显著；当依次添加制度水平和交互效应后，技术水平对于当期空气污染的影响系数分别为-0.160、-0.286，而且都在 10%的水平上显著；在滞后的 5 期模型中，当环境监管的技术水平提升 1 个单位，PM2.5 的浓度将分别下降 0.480μg/m^3、1.053μg/m^3、1.722μg/m^3、1.611μg/m^3 和 1.514μg/m^3，每一期的影响系数与 G20 国家全样本模型（含中国）的同期系数相比，都更强、更显著。由此可见，中国的环境监管技术水平的作用的确未能充分发挥，其监管绩效明显地落后于 G20 其他国家，在一定程度上存在环境监管失灵的现象。

而对比表 5-1、表 5-2 中的环境监管制度水平，则没有明显的差异，在除中国以外的 18 个 G20 国家中，制度水平对于空气污染的当期影响也为正向，且在 1%的水平上显著，说明环境税的水平与当期污染水平正相关，环境税的征收正是以排放量为税基来予以确定。该模型中，环境监管制度水平的显著负向效应要在滞后 5 期的阶段才能够显现出来，其影响系数为-0.160，在 5%的水平上显著。在 G20 国家全样本模型（含中国）中，制度水平对空气质量的改善作用是在滞后 4 期时就能够体现，由于影响系数并不大，仅为-0.117，所以，可见制度水平在两个模型中的区别并不大。

反观控制变量，与 G20 国家全样本模型（含中国）相比，在除中国以外的 18 个 G20 国家中，城镇化率、工业比重和人均能源消费等相关变量的影响系数都低于前者，显著性水平也往往更弱，说明此类城镇化水平、工业化水平和能源消费情况等因素对环境污染的贡献率相对较低，换言之，其发展模式对环境质量所造成的负面影响相对较小。特别值得一提的是城镇化率，该变量在后者模型中均呈现出负向显著效应，说明在除中国以外的 18 个 G20 国家中，随着城镇化率的提升，空气污染水平是呈现出下降的趋势，由此可以断言，城镇化水平能够改善环境质量。所以，从这样的对比中，中国不得不对自身的城镇化路径和模式做出深刻反思。

二、稳健性检验

关于计量模型的稳健性检验，有很多种方式，可以对自变量、因变量或控制变量进行重新界定；采用另一个层面的数据，与现有样本的数据进行比对、甄别；可以剔除可能影响计量分析结果的样本；可以选择区别于主回归模型的其他回归方法，采用更为有效的或者更为常用的统计方法。

因而，为了确保本书的计量分析结果尽可能稳健、准确，将采用三种回归方式进行检验，并试图通过稳健性检验发现一些新的问题：①通过替换现有的核心自变量，对主回归模型进行检验；②通过替换现有的控制变量对主回归模型进行检验；③基于稳健性回归中常用的系统 GMM 方法对模型进行检验。

1. 稳健性检验一：替换自变量

对原模型中的三个核心自变量予以替换，用环境技术专利的发明数量替换环境技术专利的扩散数量，用环境税占 GDP 的比重替换环境税占总税收的比重，两者分别用于表征环境监管的技术水平和制度水平，并据此生成技术水平与制度水平的交互项。进而，采用 Driscoll-Kraay 标准差固定效应模型对相关变量进行回归分析，如表 5-3 所示。

表 5-3　稳健性检验一（G20 全样本）

解释变量	空气污染							
	(1)	(2)	(3)	(4)	(5) 滞后 1 期	(6) 滞后 2 期	(7) 滞后 3 期	(8) 滞后 4 期
技术水平 (专利发明数)	-0.0490 (0.0374)		-0.112** (0.0496)	-0.139* (0.0718)	-0.0836 (0.0528)	-0.0268 (0.0720)	-0.00821 (0.0690)	0.0131 (0.0509)
制度水平 (环境税占 GDP 比重)		-0.0496 (0.0508)	-0.100 (0.0639)	-0.176 (0.165)	-0.0785 (0.0968)	0.116 (0.128)	0.193 (0.146)	0.307* (0.148)
技术 × 制度 (交互项)				0.0160 (0.0459)	0.00323 (0.0203)	-0.0219 (0.0250)	-0.0418 (0.0287)	-0.0598* (0.0289)
人均 GDP（ln）	0.0831 (0.0563)	0.00941 (0.0632)	0.120 (0.0687)	0.113 (0.0739)	0.0458 (0.0400)	0.00718 (0.0532)	0.0464 (0.0492)	0.0501 (0.0560)
城镇化率	0.215** (0.0771)	0.210* (0.106)	0.191 (0.115)	0.194 (0.121)	0.135 (0.0842)	0.104 (0.0776)	-0.0483 (0.0643)	-0.133* (0.0573)
工业比重	0.187*** (0.0509)	0.184*** (0.0483)	0.175*** (0.0491)	0.175*** (0.0495)	0.147** (0.0481)	0.110** (0.0476)	0.0531** (0.0206)	0.0513* (0.0235)
人均能源消费	0.0297*** (0.00873)	0.0345*** (0.0106)	0.0358*** (0.00969)	0.0360*** (0.00997)	0.0382*** (0.00757)	0.0264*** (0.00502)	0.0229*** (0.00631)	-0.000103 (0.00444)
常数项	-13.46** (5.304)	-13.63 (7.566)	-12.43 (8.301)	-12.52 (8.391)	-7.160 (6.396)	-1.610 (6.141)	11.57* (5.049)	20.99*** (4.597)
固定效应	有	有	有	有	有	有	有	有
观测值	209	176	176	176	160	144	128	112
个案数	19	19	19	19	19	19	19	19

注：括号中为稳健标准误差。*** 表示 $p<0.01$，** 表示 $p<0.05$，* 表示 $p<0.1$。

根据表 5-3 的稳健性检验可以发现，基于 G20 全样本数据的回归基本稳健，制度水平、交互项以及各相关控制变量的正负向度与显著性程度都与原模型保持一致。而值得一提的是技术水平变量，其正负向度与原模型较为一致，但显著性情况却略有不同，技术水平在当期模型中呈现出较强

的显著性，而在滞后期模型中则无显著性。换言之，可以解释为，环境技术发明数量，即环境技术自主创新能力对于空气质量的改善作用较为明显，能够在当期就发挥显著效应，但是不具有一定的滞后性。这与环境技术的扩散数量形成较为鲜明的对比。

表 5-4　稳健性检验一（剔除中国）

解释变量	空气污染							
	(1)	(2)	(3)	(4)	(5) 滞后1期	(6) 滞后2期	(7) 滞后3期	(8) 滞后4期
技术水平 (专利发明数)	-0.0843** (0.0343)		-0.150*** (0.0401)	-0.115* (0.0592)	-0.0857* (0.0433)	-0.0313 (0.0708)	-0.00371 (0.0775)	0.0166 (0.0551)
制度水平 (环境税占GDP比重)		-0.0467 (0.0569)	-0.112 (0.0666)	-0.00983 (0.113)	0.00293 (0.0859)	0.164 (0.139)	0.234 (0.182)	0.344* (0.176)
技术×制度 (交互项)				-0.0215 (0.0340)	-0.0210 (0.0186)	-0.0331 (0.0247)	-0.0564 (0.0309)	-0.0682* (0.0334)
人均 GDP (ln)	0.141* (0.0682)	0.0406 (0.0523)	0.187** (0.0802)	0.197** (0.0808)	0.124 (0.0746)	0.0842 (0.0783)	0.116 (0.0668)	0.0891 (0.0624)
城镇化率	-0.0577* (0.0261)	-0.0685 (0.0402)	-0.0923* (0.0419)	-0.0965* (0.0473)	-0.122*** (0.0174)	-0.119*** (0.0315)	-0.193*** (0.0394)	-0.219*** (0.0329)
工业比重	0.141** (0.0519)	0.137** (0.0449)	0.122** (0.0455)	0.121** (0.0446)	0.106** (0.0456)	0.0713* (0.0373)	0.0375 (0.0220)	0.0515 (0.0271)
人均能源消费	0.0254*** (0.00738)	0.0297*** (0.00922)	0.0316*** (0.00786)	0.0315*** (0.00784)	0.0329*** (0.00573)	0.0225*** (0.00332)	0.0194** (0.00624)	-0.00309 (0.00458)
常数项	6.314** (2.163)	7.053** (3.139)	8.623** (3.461)	8.724** (3.589)	11.54*** (2.524)	14.00*** (3.074)	20.65*** (3.815)	25.68*** (3.146)
固定效应	有	有	有	有	有	有	有	有
观测值	198	168	168	168	153	137	121	106
个案数	18	18	18	18	18	18	18	18

注：括号中为稳健标准误差。*** 表示 $p<0.01$，** 表示 $p<0.05$，* 表示 $p<0.1$。

根据表 5-4 所得出的结果，当剔除了中国的样本之后，有三个变量发生了改变：第一个是环境监管的技术水平，影响系数的绝对值增加，显著性也提升，并且其对空气质量的改善影响也能持续到滞后 1 期，说明较之于中国，其他 G20 国家的环境技术创新水平对空气质量的改善作用更为明显；第二个是人均 GDP 水平，与当期的空气污染呈现出较为显著的正相关，说明经济发展对环境质量的恶化具有一定的贡献值；第三个是城镇化率，与空气污染具有非常显著的负相关，而且其滞后效应一直能够持续，并且随之增强，说明其城镇化水平能够改善空气质量。而这些变量与表 5-3 中所得出的结果进行较好的呼应。

2. 稳健性检验二：替换控制变量

为了更进一步地检验主回归模型的稳健性，继续尝试对模型的相关控制变量进行替换：第一，用 GDP 年增长率替换人均 GDP；第二，添加城镇化率的平方项，用以考量城镇化发展对于空气污染的影响是否呈现出倒 U 形变化趋势；第三，根据相关文献的研究结果，煤炭在能源消费总量中所占比重对于空气污染有较大的影响，因而，将人均能源消费量的变量替换为煤炭消费比重。并且，保持核心自变量和因变量不变，重新纳入回归模型中进行计量分析，回归结果如表 5-5 所示。

表 5-5 稳健性检验二（G20 全样本）

解释变量	空气污染					
	(1)	(2)	(3) 滞后 1 期	(4) 滞后 2 期	(5) 滞后 3 期	(6) 滞后 4 期
技术水平 (专利扩散数)	-0.264 (0.270)	-0.269 (0.194)	-0.399** (0.173)	-0.962*** (0.284)	-1.580*** (0.180)	-1.537*** (0.394)
制度水平 (环境税比重)	0.0714 (0.143)	0.0550 (0.111)	0.0453 (0.0662)	0.0182 (0.0811)	-0.0830* (0.0431)	-0.155** (0.0634)
技术 × 制度 (交互项)	0.0403 (0.0253)	0.00867 (0.0210)	0.0126 (0.0139)	0.0158 (0.0192)	0.0352** (0.0134)	0.0420*** (0.00393)
GDP 年增长率	0.0211 (0.0274)	0.0318 (0.0432)	-0.0113 (0.0389)	-0.0140 (0.0339)	0.0179 (0.0300)	-0.0212 (0.0188)
城镇化率	0.385*** (0.106)	1.877*** (0.284)	1.507*** (0.297)	1.375*** (0.235)	0.983*** (0.232)	0.683** (0.217)
城镇化率的平方项		-0.0124*** (0.00172)	-0.0103*** (0.00164)	-0.00955*** (0.000995)	-0.00690*** (0.00124)	-0.00550*** (0.00114)
工业比重	0.607*** (0.136)	0.321*** (0.100)	0.323*** (0.0814)	0.245* (0.109)	0.199* (0.0894)	0.0826 (0.0985)
煤炭消费比重	12.83** (4.334)	20.96*** (4.983)	8.898 (6.468)	4.812 (10.05)	-1.658 (7.466)	2.586 (3.210)

续表

解释变量	空气污染					
	(1)	(2)	(3) 滞后 1 期	(4) 滞后 2 期	(5) 滞后 3 期	(6) 滞后 4 期
常数项	−35.69** (12.89)	−67.84*** (14.27)	−48.35*** (14.41)	−35.65** (14.11)	−15.08 (10.99)	1.593 (8.498)
固定效应	有	有	有	有	有	有
观测值	176	176	160	144	128	112
个案数	16	16	16	16	16	16

注：括号中为稳健标准误差。*** 表示 $p<0.01$，** 表示 $p<0.05$，* 表示 $p<0.1$

根据表 5-5 的结果显示，核心自变量的影响系数依旧较为稳健，正负向度并未有明显改变，且显著性也相对稳定：其中，环境监管的技术水平的滞后效应有所提前，在滞后 1 期的模型中就呈现出较强的显著性，制度水平也是如此，在滞后 3 期的模型中呈现出显著性，较之于主回归模型，都提前了一年。更值得一提的是相关控制变量：城镇化率和城镇化率的平方项均呈现出较强的显著性，且滞后效应始终能够持续，但是二者的正负向度截然不同，其平方项一直能够呈现负向的显著性。这足以说明，城镇化水平对于空气污染的影响呈倒 U 形分布态势，即在城镇化发展的初始或前期阶段，其对空气质量的影响是较为负面的，但随着城镇化水平达到一定的阶段，空气质量将随着城镇化水平的提升而提升；而煤炭消费比重则是另一个值得关注的控制变量，其对于空气污染的当期影响系数能够达到 20.96，且在 1%的水平上显著，这足以说明，煤炭消费是导致空气污染的最主要原因，但该变量的显著性却不具有持续的滞后效应。

3. 稳健性检验三：系统 GMM 模型

考虑到模型本身所面临的内生性风险以及因变量存在的滞后反应，引入动态模型滞后项可以较好地控制滞后因素，同时将滞后 1 期内生变量作为其工具变量运用系统 GMM 方法可以较好地缓解内生性问题。选择系统 GMM 方法主要考虑到该方法在消除弱工具变量和小样本偏误上存在着明显的优势。由于本研究中所选择的核心自变量，即环境监管技术水平、环境监管制度水平与因变量空气污染水平之间可能存在双向因果关系以及存在的遗漏变量问题，进一步将滞后 1 期的内生变量——空气污染水平作为其工具变量，以应对难以找到纯外生工具变量的问题。滞后期的内生变量与当期的环境监管水平之间具有较强的相关性，而且只能通过当期的环境监管水平对空气污染产生影响，不会直接对当期空气污染产生影响，符合工具变量的外生性假定，从而能够更好地检验模型的稳健性。

表 5-6 稳健性检验三

解释变量	空气污染（当期）		空气污染（滞后 1 期）	
	（1）全样本	（2）剔除中国	（3）全样本	（4）剔除中国
空气污染滞后项（上年度的空气污染水平）	0.748*** (0.0429)	0.776*** (0.0739)	0.900*** (0.0371)	0.991*** (0.0561)
技术水平（专利扩散数）	0.968** (0.385)	−0.0645 (0.264)	−0.319 (0.228)	−0.636*** (0.239)
制度水平（环境税比重）	−0.0315 (0.0569)	−0.0456 (0.0629)	−0.209*** (0.0666)	−0.182*** (0.0615)
技术 × 制度（交互项）	−0.0119 (0.0104)	0.0176 (0.0182)	0.0341*** (0.0117)	0.0506*** (0.0121)
人均 GDP（ln）	0.0106 (0.0273)	0.0118 (0.00972)	0.0217 (0.0175)	0.0283 (0.0205)
城镇化率	−0.136*** (0.0358)	−0.0440 (0.0502)	−0.0537* (0.0296)	0.0376 (0.0336)
工业比重	0.124*** (0.0393)	0.0491** (0.0207)	0.147*** (0.0244)	0.0650** (0.0319)
人均能源消费	−0.000429 (0.00573)	0.00185 (0.00367)	−0.00211 (0.00536)	−0.00109 (0.00604)
常数项	4.058 (2.876)	4.159 (4.223)	3.233** (1.558)	−1.241 (2.356)
观测值	160	150	144	135
个案数	16	15	16	15

注：括号中为稳健标准误差。*** 表示 $p<0.01$，** 表示 $p<0.05$，* 表示 $p<0.1$。

根据表 5-6 的回归结果，空气污染的滞后项，即上一年度对本年度的空气污染也具有非常显著的影响，无论是 G20 全样本模型，还是剔除中国的样本模型，以及考虑滞后期的模型中，这一变量的影响效应都是非常显著的，这足以说明，当年的空气污染对于之后的空气质量影响十分显著，也说明空气质量的改善需要较长的时间才能真正实现。

第三节　计量结果分析

一、技术水平

根据 Driscoll-Kraay 标准差固定效应模型所得出的结果，从表 5-1 中可以发现，在模型（1）至模型（4）中，无论是否考量制度水平的因素，技术水平对于当年的 PM2.5 浓度都不能起到明显的削弱作用，这种状况一直会持续到下一年。而从滞后 2 期的模型开始，技术水平的正面效应得以发挥，在模型（6）~（8）中，影响系数分别为-0.575、-1.270 和-1.346，并分别在 5%和 1%的水平上显著。特别是，模型（6）和模型（7）之间的影响系数具有十分显著的差异，换言之，环境监管技术水平每提升 1 个单位，两年后的 PM2.5 浓度将削弱 0.575μg/m^3，而三年后的 PM2.5 浓度将削弱 1.270μg/m^3，作用效果非常明显。由此可见，环境监管的技术水平，即环境相关的技术专利扩散数量能够对环境质量发挥改善作用；同时，也说明技术水平的作用发挥具有一定的滞后性，一项技术从应用到实现减排、继而改善环境质量必须经历一个过程，期初的技术积累对污染排放增长的抑制作用需要一定的时间才能显现。

而且，对模型（8）中的相关变量进行调整，可以得知，当剔除“技术 × 制度”交互项变量之后，即分别考量技术与制度的作用，则技术水平对于空气污染的作用系数为-0.741，在 10%的水平上显著；当制度水平、“技术 × 制度”交互项两个变量之后，即单独考量技术的作用，则技术水平对空气污染的作用系数为-0.886，并在 1%的水平上显著。显而易见，在充分考虑技术水平与制度水平的交互作用的前提下，技术水平对空气污染的削弱作用更为明显，这意味着，环境监管的技术水平提升能够产生显著的环境绩效，而随着制度水平的共同进步，将能够带来更好的效果。环境相关技术的发展对于环境质量的改善，主要通过两种机制实现：一是直接作用于环境污染本身，即运用此类技术对污染进行监管和治理，改善环境质量；二是间接作用于环境污染，加快清洁型技术对污染型技术的替代，进而使产业结构的优化升级，减少能源消耗与污染排放。基于以上两种路径，可以实现污染排放的收敛。[①] 特别是后者的作用更加明显：当污染排放强度不变时，污染排放与产量正向线性相关，进行清洁技术投资后，污染排放对产出的弹性随时间逐渐变小，有利于环保的技术进步，进而会对污染排放形成限制，且经济增长会对环境形成正向反馈，由此污染排放呈现收敛。[②]

二、制度水平

制度水平对于空气污染的影响变化呈现出一个有悖于常理的趋势，无论是否将技术水平以及技术与制度的交互作用纳入考虑，制度水平，即环境税在总税收收入中所占比重对于当年的空气污染水平影响均为正向，甚至在 1%的水平上显著。因此，容易得出这样的结论：环境税在总税收收入中所占比重越高，空气污染越严重。然而，这一结论似乎并不可靠，显然，自变量和因变量之间可能存在着反向的因果关系，即空气污染水平越高，污染物排放越增加，而这也扩大了环境税的税基，导致作为监管措施的环境税的绝对值和比重增加。为此，继续关注模型（5）~模型（8），可以发现，伴随着滞后效应，制度水平的影响系数也在逐步降低，直至滞后 3 期时，开始转为负向的影响，并在滞后 4 期模型中，呈现出显著的负向影响，影响系数为-0.117，在 10%的水平上显著。而且，值得关注的是，和技术水平类似，在模型（6）和模型（7）中，制度水平的影响系数出现了较大幅度的变化，尽管并不显著，但却具有一定转折意义，技术水平和制度水平往往会在滞后 3 期以后，才能发挥较为显著的作用。

同理，对模型（8）进行调整，依次剔除“技术 × 制度”交互项、技术水平等变量之后，可以发现，制度水平对于空气污染的作用系数分别为 0.118 和 0.156，皆为显著的正向影响。据此可知，当制度水平不能与技术水平形成交互作用时，其对于空气污染难以发挥显著的抑制作用；只有当制度水平与技术水平共同作用，并产生交互效应时，环境税的正面效果才

① 许广月：《碳排放收敛性：理论假说和中国的经验研究》，《数量经济技术经济研究》2010 年第 9 期。
② Brock, W. A., Taylor, M. S., “The green Solow model”, *Journal of Economic Growth*, 2010, 15 (2): 127-153.

能够提升到较高的水平，特别是当期的技术进步和制度发展对于 4 年后的空气污染水平有非常明显的抑制作用：制度水平，即环境税在总税收收入中的比重每提高 1 个百分点，就可以导致 4 年后的 PM2.5 浓度下降 0.117μg/m³，而且这一结果在 10%的水平上显著。这说明环境税等制度性的政策工具，往往不能单独、直接地使环境绩效产生明显的改善，但是，一旦将其与环境监管的技术创新相结合、相匹配，则必然能够发挥杠杆作用，不仅自身能够使空气污染水平显著降低，而且会提升技术水平的作用效果。因此，环境税也是政策工具箱中必不可少的一件工具。

环境监管政策的设计应更加紧密地依赖于市场机制，环境税正是如此，逐步地将污染的环境成本引入经济分析之中，从而对污染单位施加持续不断的价格压力，从而促使其进一步地节能减排。环境税既“可以通过提高能源价格、刺激节能减排和提高能源效率来直接促进碳减排”，又能够通过环境税收入的再分配，并投资于绿色技术、降低企业所得税、对低收入群体进行补助，“对旧有税制的各种扭曲现象进行调整”，进而间接地实现减排的效果，实现“倍加红利”。在 G20 国家中，环境税已然广泛实施，逐渐地“把环境污染和生态破坏的社会成本，内化到生产成本和市场价格中去，再通过市场机制来分配环境资源”，实质上是基于市场选择机制为“为排放者提供了一种改变其行为方式的经济激励”，取得了较高的生态效益、社会效益和经济效益。①

三、技术与制度的交互作用

在模型（4）~模型（8）中，交互项的值始终为正，意味着技术和制度之间的相互影响始终正向的。根据模型（8）所得出的结果，技术水平和制度水平的交互效应十分显著，影响系数为 0.0454，这说明技术水平和制度水平之间存在着相互增强的作用。根据回归模型。

$$pm_{it} = \beta_0 + \beta_1 \text{lnpatent}_{it} + \beta_2 \text{tax}_{it} + \beta_3 \text{lnpatent}_{it} \cdot \text{tax}_{it} + \beta_4 \text{lnpergdp}_{it} + \beta_5 \text{urbanrate}_{it} + \beta_6 \text{indval}_{it} + \beta_7 \text{PerEnCom}_{it} + u_{it}$$

可以得出，$\Delta pm/\Delta \text{lnpatent} = \beta_1 + \beta_3 \text{tax}$，因为 $\beta_3 > 0$，说明当环境税在总税收中所占的比重越高，每增加一个单位的技术水平所导致的空气污染

① 陈诗一：《边际减排成本与中国环境税改革》，《中国社会科学》2011 年第 3 期。

水平下降得越多。由于 $\beta_1 = -1.346$，$\beta_3 = 0.0454$，则 $\Delta pm/\Delta lnpatent = -1.346 + 0.0454 \cdot tax$，而且 tax 的平均值为 6.38，则 $\Delta pm/\Delta lnpatent = -1.056$，所以，这意味着在制度水平不变的前提下，技术水平每增加一个单位，则空气污染要比平均水平降低-1.056 个标准差，低于-1.346。同理，也可以计算得知，在技术水平不变的前提下，制度水平每增加一个单位，则空气污染要比平均水平降低 0.168 个标准差。所以，与模型（8）的回归结果相对比可以发现，分别设定制度水平和技术水平不变的情境，则另一个核心自变量的影响系数绝对值会低于交互作用情境下的影响系数绝对值，说明交互作用对于技术和制度因素有效发挥作用都具有较强的促进意义，二者之间是相辅相成的。

据此观察，对于环境监管而言，唯有技术水平和制度水平共同作用，方能够取得更好的治理绩效。环境绩效的提升，一方面有赖于技术水平的提高，使污染物的排放得到有效的控制，或者使单位投入的产出增加，而另一方面受到环境税等制度化政策工具的影响，部分地区或一些行业存在环境规制因素的促进作用，使得其能够更加注重环境保护，二者缺一不可。[①] 在环境监管中，制度建设恰恰是技术进步的前提，技术进步反过来影响制度的作用：环境税是促进先进的环保技术发展和应用最为有效的政策机制[②]，环境税制度的健全和完善，可以使得污染地区和企业可以以最经济的方式对市场信号做出反应，在缴纳税款和污染减排之间做出选择，使企业增加对环保技术的需求，[③] 而在减排方面又能够选择安装节能减排设备和开发节能减排新技术等，环境税所诱致出的技术创新又能够为污染者创造出一定的经济效益，使之始终保持动力，不断地提高自身的节能减排能力。

较之于单一的政策工具，通过监管技术水平和制度水平共同提升的组合政策能够产生更高的环境监管绩效，从而促进经济与环境的全面、协调、可持续发展，诸如环境税政策和减排的研发补贴政策可以形成政策组

---

① 宋马林、王舒鸿：《环境规制、技术进步与经济增长》，《经济研究》2013 年第 3 期。

② Milliman, S. R., Prince, R., “Firm incentives to promote technological change in pollution control”, *Journal of Environmental Economics and Management*, 1989, 17 (3): 247-265.

③ Nijkamp, P., Rodenburg, C. A., Verhoef, E. T., “The adoption and diffusion of environmentally friendly technologies among firms”, *International Journal of Technology Management*, 1999, 17 (4): 421-437.

合：其中环境税，“尤其是高污染税能够迫使企业购买新的技术设备，提高能源的利用效率，降低生产成本，而减排研发补贴能够激发研发部门的研发动机”；相对而言，单一的环境税政策只能较大程度地增加企业的生产成本，降低企业的经营利润，弱化企业的发展动机，而单一的减排研发补贴政策，又会使得“企业没有动力购买新的技术设备”，不利于环境污染的治理。[①]

四、控制变量分析

1. 城镇化率

根据相关文献所得出的结论，城镇化率对空气质量的影响是呈现出倒U形趋势分布的：城镇化过程的深入推进，也驱动了经济规模的扩大和人均生活水平的提高，从而增加了能源的需求量[②]；同时，由于产业结构调整、经济结构、产品结构和技术结构得到更合理的调整，资源得以充分利用，又使得能源消耗有所下降[③]。城市化进程的加快，不但带来能源消费总量的改变，也引起能源消费结构的转变。城市化的发展使得发展中国家石油替代煤炭过程加速[④]，电力消费也发生了显著变化[⑤]。但是，随着城镇化的发展达到一定阶段，其对于空气质量将发挥更为明显的改善作用。

通过对8个模型进行分析，可以判断，城镇化水平对于当年空气污染程度的影响均为正向，影响因子分别为0.221、0.303、0.305和0.312，而且均在1%的水平上显著；以模型（4）为例，当充分考量技术水平、制度水平以及二者间的交互效应等因素的作用之后，城镇化率每增加1%，则空气中的PM2.5含量将增加0.312μg/m^3。而城镇化水平却不具有明显的滞后效应，对于后几年的空气污染水平影响均不显著，且影响系数逐年降

① 李冬冬、杨晶玉：《基于增长框架的研发补贴与环境税组合研究》，《科学学研究》2015年第7期。

② Shen, L., S. Cheng, A. Gunson, H. Wan., "Urbanization, sustainability and the utilization of energy and mineral resources in China", *Cities*, 2005, 22 (4): 287-302.

③ Wei, B., H. Yagita, A. Inaba, M. Sagisaka, " Urbanization impact on energy demand and CO_2 emission in China", *Journal of Chongqing University*, 2003, 2: 46-50.

④ Sathaye, J., S. Meyers, "Energy use in cities of the developing countries", *Annual Review of Energy*, 1985, 10 (1): 109-133.

⑤ Burney, N., "Socioeconomic development and electricity consumption: A cross-country analysis using the random coefficient method", *Energy Economics*, 1995, 17 (3): 185-195.

低，下降幅度较大。

众所周知，城镇化的持续深入推进，使环境质量面临着新的挑战，环境监管和治理的难度在不断加大：大气煤烟型污染等传统的环境问题尚未得到有效缓解，基础设施建设和交通发展所带来的 PM2.5、臭氧等新型污染问题则又不期而至；城镇化过程必然伴随着消费升级的过程，而这也使得新型环境问题日益突出；城镇化的发展可能导致不同区域、城市群间由隔离式的“碎片污染”转为“连片污染”等。因而，城镇化的发展对于空气质量的恶化，尤其是 PM2.5 浓度的升高，发挥了非常显著的作用。

值得一提的是，回顾上文对于 PM2.5 的健康效应可以发现，结合 PM2.5 浓度以及城镇化率对于女性健康的影响看，城镇化率的提升改善了生活设施和炊事条件，进而降低了室内空气污染。这也证明城镇化也有其正面效应。因而，城镇化过程对于空气污染的恶化也并非起到单纯的促进作用：诸如城镇化过程所伴生的能源结构调整也会对空气污染产生良性的改善作用，城镇化的发展带来的结果是以电能为代表的规模化供应的二次能源在整体能源结构中比重有所提高，而这也意味着大量原本用于散烧的煤被转化为电煤。相对于散煤燃烧中较低的污染控制水平，电煤的燃烧有着更高的能源利用效率和更严的排放处理措施，能够有效减少对空气质量的负面影响。①

由此可见，城镇化率是一个较为复杂的变量，在 G20 国家全样本分析时，其对于空气质量的影响较为负面，而将中国的样本予以剔除之后，又可以发现，城镇化率对于空气质量所表现出的是积极的改善作用。基于稳健性检验中城镇化率平方项的考量，对这一矛盾现象做出了一定程度的解释，即城镇化率对于空气质量的影响可能呈现出倒 U 形关系。对此，一些学者也将中国与世界之间的差异进行了对比，Guo 等重点考察了北京的城市雾霾形成机理，指出北京的 PM2.5 成核潜力远高于世界其他地区，由此而产生大量的纳米级颗粒物；同时，北京 PM2.5 快速与持续的增长过程，使得成核产生的纳米颗粒物可以快速且持续地增长，成为高浓度的大颗粒物，因此形成灰霾。事实上，在国外发达地区，这两种有效过程很少会同时发生，造成这种现象的根本原因在于北京有大量的气态污染物，其浓度

① 王志轩：《煤电与雾霾的关系有多大?》，《中国环境报》2015 年 4 月 23 日第 12 版。

远高于发达国家城市。[①] 本书的分析结果也在部分程度上验证了这一结论。

2. 工业比重

在前文的所有模型中，工业比重都对 PM2.5 的浓度都有非常显著的正向作用，工业产值在国民经济中所占的比重越高，PM2.5 的浓度就越高。其中，模型（1）~模型（4）中，工业比重对于当年的 PM2.5 浓度影响十分明显，特别是在分析制度水平对于 PM2.5 浓度的影响时，工业比重的影响系数均能超过 0.4，说明二者之间存在某种内在的关联机制；在模型（4）中，当考虑了技术和制度的交互效应时，工业比重的影响系数甚至能够高达 0.493，且在 1%的水平上显著，当工业增加值在GDP 中所占比重每增加 1%时，当年的 PM2.5 浓度则会增加 0.493μg/m^3。和上文中关于城镇化率的分析相似，工业比重对于后期空气污染的影响也逐期递减，但是其滞后影响却也十分显著，在模型（5）~模型（8）中，工业比重对于滞后 1 期至 4 期的空气污染影响系数分别为 0.435、0.352、0.285 和 0.224，影响程度较深，所以，根据这一结果可以得出相应的结论：工业污染是空气污染的重要来源，不仅对于当期空气质量有很强的影响，而且这一影响还会持续相当长的时间，难以完全消除。这样的结果完全符合常识认知，尤其是在 G20 国家中，多数成员均已完成了工业化进程，并逐渐将主导产业向第三产业转移，也随之减少了工业污染物的排放，从而减少了一部分 PM2.5 的污染源；除此之外的国家，包括中国、印度尼西亚、沙特阿拉伯等均是发展中的大国，工业均在国民经济中占据重要的分量，二者之间对比可以显而易见地得出工业比重对空气污染的重要影响。

通过图 5-1 可以观察，在 G20 国家中，除了中国、印度、韩国、印度尼西亚、沙特阿拉伯 5 个亚洲国家，其他成员国均处于同一个区间，即工业比重低于 40%，而 PM2.5 浓度低于 20μg/m^3，并且，其中大多数国家的工业比重已呈现出逐年下降的趋势，进入后工业化阶段，而这些国家的PM2.5 浓度水平也大多维持在一个较低的水平，并呈下降的趋势。毫无疑问，在 G20 国家中，工业比重对于 PM2.5 浓度产生了非常重要的影响。

① Guo, S., Hu, M., Zamora, M. L., Peng, J., Shang, D., Zheng, J., Molina, M. J. et al., "Elucidating severe urban haze formation in China", *Proceedings of the National Academy of Sciences*, 2014, 111 (49): 17373-17378.

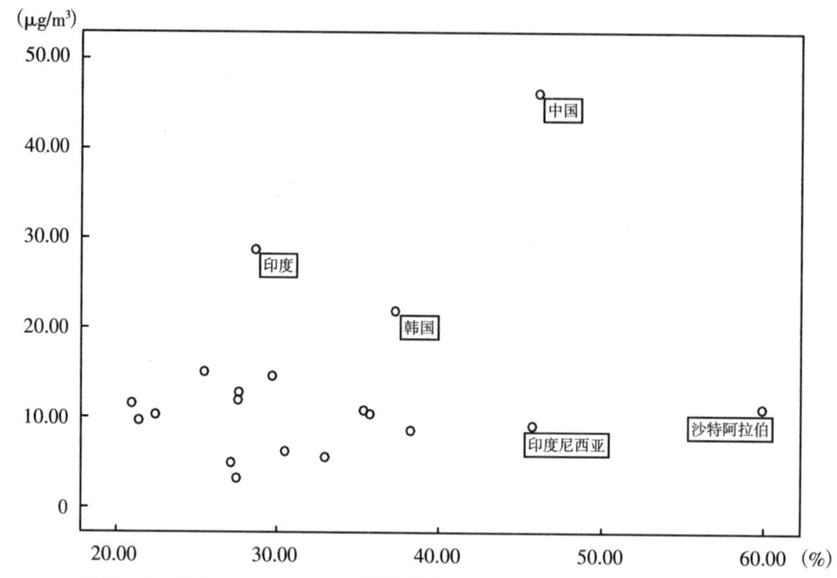

图 5-1　2002~2012 年 G20 国家的年均工业比重和年均 PM2.5 浓度

数据来源：EPI 数据库、世界银行数据库。

事实上，工业废气的排放始终是空气污染的最重要来源之一，既包括经排气管有组织排放，也包括工艺过程中逸散的无组织排放，而对 PM2.5 浓度贡献较大的工业部门主要是冶金、建材、化工，特别是炼焦、钢铁、有色、水泥、砖瓦等行业，这些工业源的 PM2.5 排放量与其工艺技术水平、管理水平密切相关。所以，要实现 PM2.5 浓度的下降，其中一个必不可少的条件是完成产业结构的调整，提升第三产业在国民经济中的比重和贡献率，而且需要改善工业生产的技术工艺和管理水平。

3. 人均能源消费

为了更有效地识别环境监管水平对空气污染的影响效度，应选择对人均能源消费水平进行控制，而回归结果也显示，人均能源消费水平对于当年的 PM2.5 浓度有着非常显著的影响，在表 5-1 的模型（1）~模型（4）中，其影响系数分别为 0.0298、0.0439、0.0434 和 0.0417，而模型（5）~模型（7）的影响系数分别为 0.0362、0.0296 和 0.0198，且均在 1%的水平上显著，而模型（8）中的影响系数则为-0.00374，并不显著，影响系数逐期递减，显著性也逐渐减弱。由此可以得知，人均能源消费水平对于当年的空气污染水平影响最为明显，对后期的影响则逐步减弱。

能源消费对于空气污染的影响分为直接和间接两个途径：首先，能源消耗可以产生大量污染物，可能生成炭粒、烟尘（煤炭燃烧不充分所排放出的颗粒物）、二氧化硫（在大气化学的作用下变成硫酸盐的颗粒物）、氮氧化物（在大气化学的作用下变成硝酸盐的颗粒物），这些都是空气污染的重要影响因素；其次，能源消费导致的温室效应加速也能够对空气污染产生影响，相关研究也证明，随着全球变暖，大气中气溶胶将显著增多，未来可能更多地出现雾霾。① 而且，从时间序列的视角进行分析描述可以发现，空气污染指数往往随着时间而发生变化，春季和冬季的月均空气污染指数最高，夏季最低，存在明显的季节性，除了降雨量、风速、气温、湿度等气象因素之外，还主要与供暖等因素之间具有高度的相关性，而这背后最主要的影响因素就是供暖所导致的能源消费量的大幅上升。②

4. 煤炭消费比重

在模型的稳健性检验中，用“煤炭在总体能源消费量中所占比重”替换了“人均能源消费量”，作为表征能源消费的指标，回归结果显示，煤炭消费比重对于当年的 PM2.5 浓度影响极为强烈，影响系数高达 20.96，而且在 1%的水平上显著，这意味着，当总体能源结构中的煤炭消费量比重每提升 1 个百分点，大气中 PM2.5 的浓度就会增加 20.96μg/m^3，这样的影响足以使空气质量发生本质性的变化。需要强调的是，煤炭消费比重虽然对于当期的空气污染水平影响很大，但相对于城镇化率、工业比重等因素而言，其负面影响持续时间较短，滞后效应并不显著，影响的显著性仅限于当年。

在中国，由于能源禀赋特征的限制以及市场经济条件下煤炭自身具有的低价优势，使得煤炭成为中国能源结构中的主体部分。然而，煤炭对于环境污染问题的贡献也是极为显著的，“雾霾的一大诱因就是巨量的煤炭消费。世界上一半的煤炭在中国消耗，煤炭燃烧产生的二氧化硫、氮氧化物、烟尘排放分别占中国相应排放量的 86%、56%、74%”。③ 特别是在供

① Allen, R. J., Landuyt, W., Rumbold, S. T., “An increase in aerosol burden and radiative effects in a warmer world”, *Nature Climate Change*, doi: 10.1038/nclimate2827, 2015.

② 栾桂杰、殷鹏、周脉耕：《2001~2012 年北京市 API 变化趋势分析》，《环境卫生学杂志》2015 年第 4 期。

③ Xu, P., Chen, Y., Ye, X., “Haze, air pollution, and health in China”, *The Lancet*, 2013, 382 (9910): 2067.

暖季，“城市大气 CO_2 的主要来源以污染较重的煤炭燃料为主”，因而，以煤炭为主的能源消费结构直接影响了城市大气污染状况。[①] 这主要是由于以下几种污染物的影响：第一类是炭粒，尤其是生活能源中的散煤燃烧，燃烧不充分容易释放大量的炭粒；第二类是烟尘，煤炭自身未能经过清洁化处理，必然会包含大量的烟尘，并以颗粒物的形式排出；第三类是 SO_2，煤炭中可燃的硫燃烧后变为了 SO_2，再经过大气化学的作用下变成硫酸盐颗粒，成为 PM2.5 的重要组成部分；第四类是 NO_x，最后也可以转换为硝酸盐颗粒。

综上所述，空气污染的形成受到工业比重、城镇化率以及人均能源消费量、煤炭能源消费比重等因素的影响，且影响十分显著，对于空气污染的贡献度很大；相比于以上因素，用于衡量经济发展水平的人均 GDP 指标却未能对空气污染产生较为显著的影响，这一结果可能与本研究所选取的样本有密切的关系，G20 国家多为经济发达的国家，在这样的前提下，人均 GDP 对于研究结果的影响较为有限，难以发挥决定性作用。与此同时，作为衡量环境监管的技术水平和制度水平的两项指标，即环境技术专利扩散数量，以及环境相关税收在总税收中所占比重，对空气污染的遏制作用也非常明显，能够较大幅度地降低 PM2.5 的浓度，而且效果非常显著。这两项政策工具都具有明显的滞后效应，对于当期的空气污染作用并不显著，却能够对滞后若干期的空气污染水平起到十分明显的改善作用，产生较为深远的影响。

第四节　中国环境监管绩效问题

由上文得出结论：在 G20 国家中，环境监管技术水平和制度水平的提升，能显著降低 PM2.5 浓度，从而改善空气质量的水平。但还原到中国的个案中，似乎并不符合这样的趋势。从数据上看，在中国的环境监管中，无论是技术水平还是制度水平，都处于持续增长的状态，而且技术水平远

① Pang, J., Wen, X., Sun, X., “Mixing ratio and carbon isotopic composition investigation of atmospheric CO_2 in Beijing, China”, *Science of the Total Environment*, 2016 (539): 322-330.

远领先于 G20 国家的平均水平，但是中国空气污染水平也处于持续增长状态且 PM2.5 的浓度值远远高于 G20 国家的平均水平。如图 5-2 所示，2002~2012 年，G20 国家环境技术专利扩散数量的平均值基本上维持在 5000 个以下，而中国技术专利扩散数量则始终高于 G20 国家平均水平，且增长势头十分迅猛，2012 年甚至超过了 40000 个，各年的平均值也仅次于日本，在 G20 国家中位居第二。但是，反观空气污染的变化趋势，G20 国家的 PM2.5 浓度的年平均值能够始终维持在 15μg/m³ 以下，可以说，环境监管水平的提升在一定程度上遏制了空气污染的恶化；而中国 PM2.5 浓度年平均值却始终处于 40μg/m³ 以上的高位水平，而且呈现出逐年上升的趋势，2002~2007 年，空气污染程度和环境监管的技术水平甚至呈现出共同增长的趋势，2007~2012 年，随着环境监管的技术水平进一步提升，空气污染的增长势头有所减缓，却仍然维持在较高的水平，空气质量没有出现真正意义上的改善。

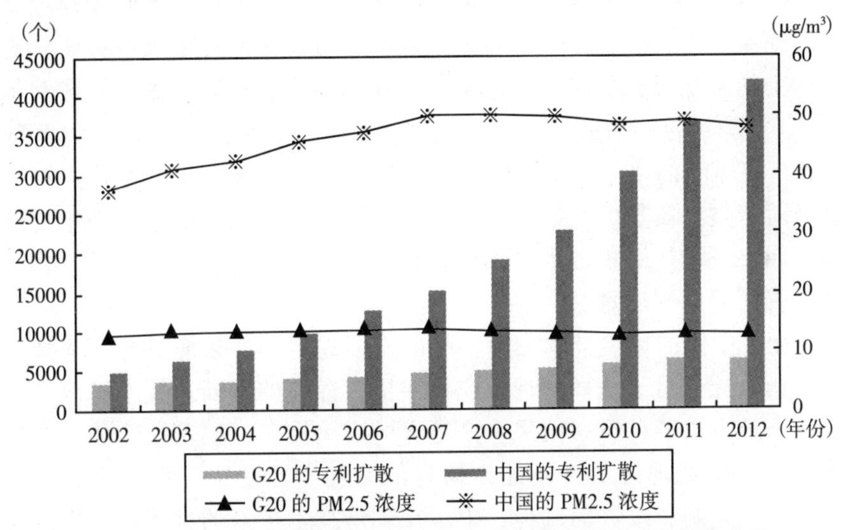

图 5-2　中国与 G20 国家的环境技术专利扩散数量以及空气污染水平

数据来源：EPI 数据库、OECD 数据库。

根据上文计量模型所得出的结果，环境监管的技术水平对于空气污染的影响系数应当始终为负值，并伴随着滞后效应，负向影响逐渐变得强烈，显著性逐年增强，在滞后 4 期的模型中，影响系数甚至能够达到-1.346，由此可见，环境监管的技术水平是控制空气污染的主要因素。然而，中国的环境监管技术水平对于空气质量的影响力却远未达到这种程度，因此可以得出这样的结论：中国的环境监管技术水平未能真正实现控制空气污染、改善环境质量的目标，从某种意义上讲，这样的现象可以视为“环境监管失灵”。

基于上述推论，一个新的问题产生了：为什么中国会出现这种环境监管失灵的现象呢？对于这一问题的考察，需要结合模型中其他相关指标来系统、深入地探讨。

一、环境监管的技术水平

从环境技术专利的扩散数量看，中国环境监管的技术水平确实实现了飞速的提升，2002~2012年，技术水平提升了7倍之多，取得了长足的进步。但是，值得注意的是，在稳健性检验中，运用“环境技术专利发明数量”“环境相关税收占GDP的比重”及其交互项三项指标对原先模型中的核心自变量予以替换，发现了新的现象：环境监管的技术水平虽然始终与空气污染的恶化形成负向相关关系，但在不同阶段的影响显著性却并不相同，不再具有滞后效应，而在当期就产生显著的负向影响，影响系数为-0.139，在10%的水平上显著。这意味着，与环境技术扩散相比，环境技术创新对于空气质量的改善作用更加具有即时性，更能够遏制当年的环境污染，如果环境技术扩散水平和环境技术创新水平能够同步提升，将会更好地改善环境空气质量。

然而，中国的环境技术创新水平的发展趋势却并未能够与环境技术扩散水平相匹配。对于这样的现象应做出更为谨慎的判断：技术扩散是指技术从一个地方以某种形式向另一个地方的应用推广，国家层面的技术扩散是指一个国家或地区的开发能力通过消费和生产使用等方式为另一国使用、吸收、复制和改进的过程；中国在环境技术扩散的过程中，更多扮演后者的角色，即对技术进行引进、吸收和应用。而中国的技术扩散，是在有效的环保监管压力下，作为一种消极的服从行为，污染企业不得不依靠购买先进的环境技术以达到环保要求。[①] 特别是环境相关技术扩散往往是

① 郑萍萍、张静中：《中国环境技术项目引进过程中的再创新问题研究》，《项目管理技术》2014年第6期。

政府主导、相关政策推动所形成的结果[①]，而企业在这个过程中处于一种被动响应的状态：其所引进的技术实用性强、创新水平不高，着眼于污染的末端治理，偏重于解决污染物的浓度问题，而非“通过改变生产技术，解决过程排污问题”，许多技术是“根据具体企业的生产工艺要求而进行的附属性工程项目”。[②] 由此可以发现，中国的环境监管技术水平虽然在“总量”上增长十分迅猛，但是“质量”却未能得到同步的提升，而这也可以从另一角度予以验证：中国环境监管技术的自主创新能力并未因技术扩散的增长而得到相应的提高。

随着中国环境技术扩散数量的迅猛增长，环境技术发明的数量却没能实现同步增长，增长水平远远落后于技术扩散，而且在 2008 年以后，中国环境技术发明的数量大幅下降，甚至低于 2002 年的水平，且落后于 G20 国家的平均水平。与此同时，G20 国家的平均水平却呈现出完全不同的趋势，无论是环境技术发明还是环境技术扩散，都保持了稳定增长的态势（见图 5-3）。可见，从 G20 的整体水平上看，环境技术扩散对于自身的技术发明数量起到了积极作用，有效地刺激了环境技术的创新能力。然

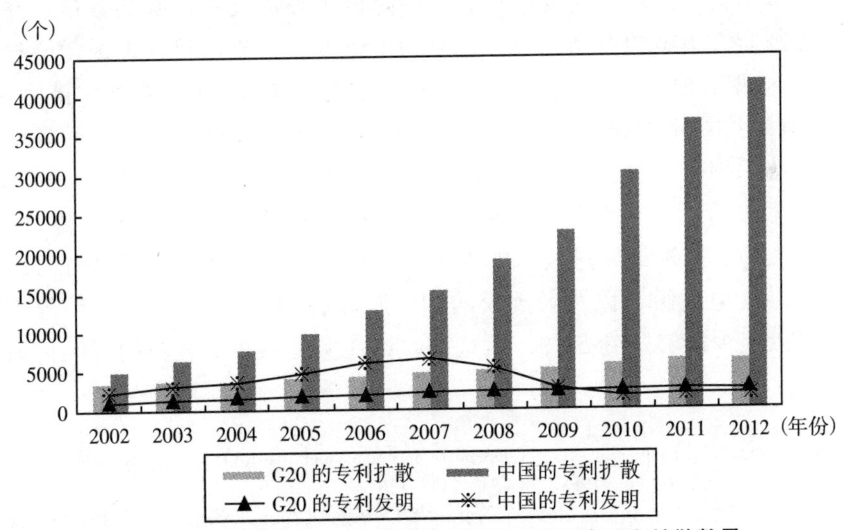

图 5-3　中国与 G20 国家的环境监管技术专利发明和扩散数量

数据来源：OECD 数据库。

① 陈新武、钱晓辉：《企业环保技术扩散现状及对策研究》，《资源节约与环保》2014 年第 11 期。

② 魏江、吴刚、许庆瑞：《环保技术扩散现状与对策研究》，《华东科技管理》1994 年第 11 期。

而，中国环境监管领域的自主创新能力却与技术扩散的增长趋势背道而驰，有明显的“开倒车”迹象。

技术扩散是“技术创新成果的放大效应过程”，能够将研发的成果及其技术、经济效益予以溢出，形成良好的社会效应，[①] 而环境技术扩散往往是在政府的政策约束下，企业被动采纳的一种“选择过程”，但是“绿色技术适用于特定环境，某一生产环境成熟的绿色技术复制到其他操作环境未必适合”，而且“随着技术采纳者的增多，绿色技术创新的成本大于收益”。[②] 已有相关研究对于这一问题做出了解释，处于扩散过程中的技术往往是一些已经投入应用，且比较成熟的技术，而随着时间的推移，这些技术对于污染的边际控制成本越来越高且难以进一步大幅度地提高污染控制和环境保护的效果，满足高水平的环境保护目标；[③] 另外，作为发展中国家，中国的环境技术扩散往往是政府主导的模式，[④] 由环境政策所驱动，企业则是被动响应，而且由于技术锁定效应，这些技术在实践环节和市场领域中仍将发挥主导作用，从而弱化了企业作为研发主体的积极性，企业自主选择的余地较小，不被鼓励开发能够以最低成本达到减排目的的技术，延缓了新型技术的研发进程，从而降低了环境技术发明的数量。在政府的强制监管措施的控制之下，企业为了迅速达到排污目标，通常会选择采取“末端治理”的模式，通过投资、引进末端治理设备减少排污量，“以达到政府规定的排污标准或者技术标准，而没有对生产的中间环节进行绿色技术创新”，最终容易出现“治标不治本”的问题。[⑤] Ma 等也认为，虽然技术改进要求（特别是 2007 年中央政府推进的小火电厂关停计划，新建更大的、采用最先进技术的火电厂，以取代能源使用效率低并且污染严重的小火电机组，以及大规模的烟气脱硫管制），对中国火电厂效率提升的贡献至少能够达到 50%，但这类政策在实施后相对较短的时间内就可

---

① D'Aspremont，C.，Jacquemin，A.，“Cooperative and noncooperative R&D in duopoly with spillovers”，*American Economic Review*，1988，78（5）：1133-1137.

② 陈艳春、韩伯棠、岐洁：《中国绿色技术的创新绩效与扩散动力》，《北京理工大学学报》（社会科学版）2014 年第 4 期。

③ 相里六续、李瑞丽：《技术跨越：环境友好型技术发展中的路径依赖与路径创造》，《科技进步与对策》2009 年第 5 期。

④ 邱兆逸：《国际垂直专业化对中国环境效率的影响》，《财经科学》2012 年第 2 期。

⑤ 李婉红、毕克新、曹霞：《环境规制工具对制造企业绿色技术创新的影响——以造纸及纸制品企业为例》，《系统工程》2013 年第 10 期。

以达成一定的政策目标，因此其政策影响是没有持续性的。[①] 而且，亨特布尔格等认为，现有的环境监管技术只是在治理环境问题的表面现象，而未触及到根本原因，反而，技术本身“被视为巨大的成功出口商品”，正如在香烟上安装了过滤嘴，其实质只是简单地将环境污染从一种媒介（水、空气、土壤）转移到另一种媒介上。[②]

所以，对于中国环境监管技术水平的分析可以发现，在中国，环境技术扩散数量大幅增长的同时，环境技术创新能力却没有得到相应提升，单纯依赖于环境技术扩散指标对技术水平进行衡量的路径并不能全面地评价中国环境监管技术水平的绩效，同时必须考量政府与企业关系等多个维度，进行系统分析。

二、环境监管的制度水平

根据模型分析的结果可以得知，环境监管的制度水平，即环境相关税收在总税收中所占的比重，对于空气污染的影响程度远远小于技术水平。由于环境相关税收的税基由当年的污染物排放量所决定，因而制度水平与当年的空气污染水平呈现高度的正相关关系，直到滞后 3 期模型中，其影响系数才转为负值，在滞后 4 期模型中，其影响系数才开始具有显著性。

环境监管制度水平的变化趋势对于中国环境监管失灵问题能够具有一定的解释力。如图 5-4 所示，在 2002~2008 年，G20 国家的环境相关税收占总税收比重的平均值始终高于中国，并曾一度高达 7%，而中国的环境税比重则相对处于较低的水平，在此期间，中国的空气污染水平呈高速增长状态；2009 年以后，中国的环境税比重大幅增加，并一直维持在 7%以上，而 G20 国家的平均水平则开始落后于中国，呈现出明显的劣势，也正是在这一阶段，中国的空气污染增长趋势得到有效的遏制，并有小幅的下降。这主要是由于，从 2008 年开始，中国的新一轮税制调整步入了实质性操作阶段，改革的触角延伸到了增值税和企业所得税——中国最大的两个税种，同时，在本轮税制调整中，资源税、个人所得税、消费税、物业

---

① Ma, C., Zhao, X., “China's electricity market restructuring and technology mandates: Plant-level evidence for changing operational efficiency”, *Energy Economics*, 2015 (47): 227-237.

② ［德］弗里德希·亨特布尔格、弗雷德·路克斯、马尔库斯·史蒂文：《生态经济政策：在生态专制和环境灾难之间》，葛竞天、丛明才、姚力、梁媛译，东北财经大学出版社 2005 年版，第 30 页。

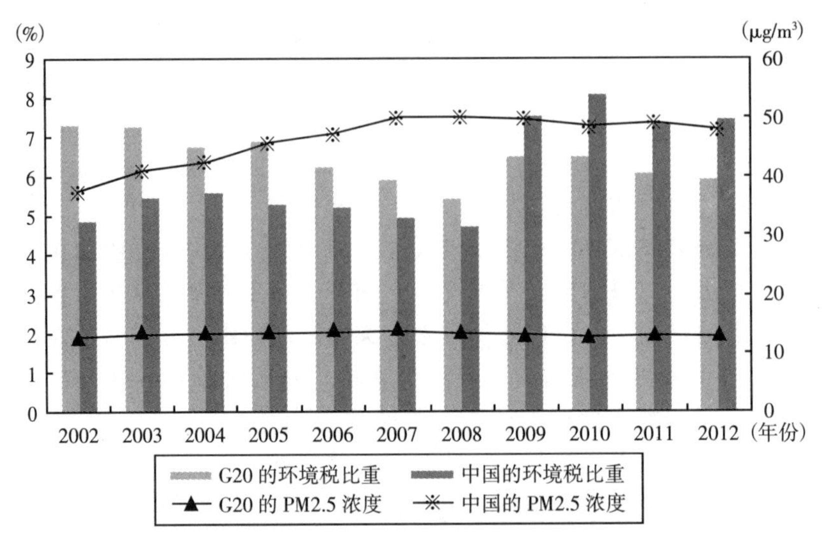

图 5-4 中国与 G20 国家的环境税比重以及空气污染水平

数据来源：EPI 数据库、OECD 数据库。

税等税种也涉及在内。尤其是对中国第一大税种——增值税的调整，着力将增值税由生产型转向消费型①；同时，在一定程度上推进了资源税由“从量计征”转为“从价计征”，借助市场调节机制引导矿业生产主体合理开发节约资源。

这样的结果不难解释，鉴于环境监管的技术水平与制度水平之间具有正向的交互作用，二者之间的有机结合方能更好地改善环境质量：2008年以前，制度水平位于较低的水平，单纯的技术水平提升似乎难以有效降低空气污染水平；2009 年之后，制度水平的迅速提升，与技术水平之间形成正向的交互效应，污染水平的增长趋势变缓。

因此，制度水平对于空气污染的削减作用是非常重要的，尽管如此，也必须认识到，即便制度水平大幅提升之后，对于空气污染所产生的作用也仅仅是遏制，而非真正意义上的“降低”，相对于中国空气污染的现状而言，制度水平，特别是环境税制度还没有达到应有的水平，尚有继续提

① 生产型增值税，即在征收增值税时，不允许扣除外购固定资产所含增值税进项税金。改革后的消费型增值税，允许企业将外购固定资产所含增值税进项税金一次性全部扣除。这一改革实际上是给企业减负，鼓励企业设备更新和技术升级，有利于提高企业整体竞争力。

升的空间。截至目前，中国的环境监管依旧是以排污费征收为主要手段，而环境税只能居于次要地位，而且为数不多的环境税还零散地分布在资源税、消费税、增值税和车船税等税种中，并不是真正意义上的环境税。而我国的排污费政策在制度设计上有一些弊端，导致政策结果与其初衷之间出现了一定程度的偏离：①排污费的收费标准较低，低于边际污染成本，对于企业的行为选择激励出现了偏差，企业往往会选择缴纳排污费而不愿出资引进、开发环保技术治理污染，“尤其在对国营企业收费时，其收费是计入生产成本的，收费额基本上从企业向上级缴纳的税利中等量核减，企业并不在利润中承担”；②排污费政策采用“单因子收费”的方式，对于“同一排污口有两种以上有害物质的按收费最高的一种计算”，不利于污染的综合防治，而且，仅仅针对污染物排放的超标部分征收费用，则导致污染者会通过相应手段将污染排放量控制在标准以内而规避罚款；③排污费政策的执行不力，地方政府为了地方利益，可以干预环保部门的执法，随意变更收费标准，而且所收取的费用未能真正用于污染的治理。[①]

所以，可以这样认为，中国环境监管失灵的困境在于环境税制度建设的滞后，制度水平未能与技术水平同步增长，从而制约了技术水平有效发挥其正面效应。

三、经济社会发展方式

1. 城镇化率

在造成空气污染的重要来源中，城镇化率是一项不可忽略的因素。城镇化率对于当年的空气污染影响非常显著，城镇化率每增加 1 个百分点，空气污染就会增加 0.312μg/m³。在中国，城镇化率的发展速度十分快，仅 2002~2012 年，城镇化率就增长了 13.464%，并且每年都以一定的速率持续、稳步增长。与此同时，中国 2012 年的 PM2.5 浓度也比 2002 年的浓度值增长了 10.21μg/m³（见图 5-5）。

高速的城镇化进程所导致的基础设施建设速度的加快、机动车数量的增加、住宅商品房建设所形成的高密度建筑群，不仅会产生大量的污染物排放，而且会使空气流动的速度减缓，不利于大气污染物的扩散，从而使

① 赵冬初：《排污费改税与环保技术创新》，《社会科学家》2006 年第 2 期。

一定空间内的 PM2.5 浓度上升，加剧空气污染，形成雾霾。而且基础设施建设和机动车增加是呈相互增强的关系：随着城镇化发展，道路等公共基础设施日益完善，城市人口增加并且收入水平提升，也会导致机动车数量增加，拥堵问题随之而来。为了解决这一问题，城市道路建设会加速。道路资源增加后，不仅不会缓解拥堵，相反会刺激需求，造成更大的拥堵，从而超出环境的容量。而且，中国城市的空气污染空间分布呈现出一定的规律：受到气象因素的影响，沿海城市的空气质量明显优于内陆城市；而北方城市的空气污染问题也比南方城市更加严重、更加突出，PM2.5 浓度最高的 10 个城市全部位于北方，主要集中于河北、山东与河南。[①]

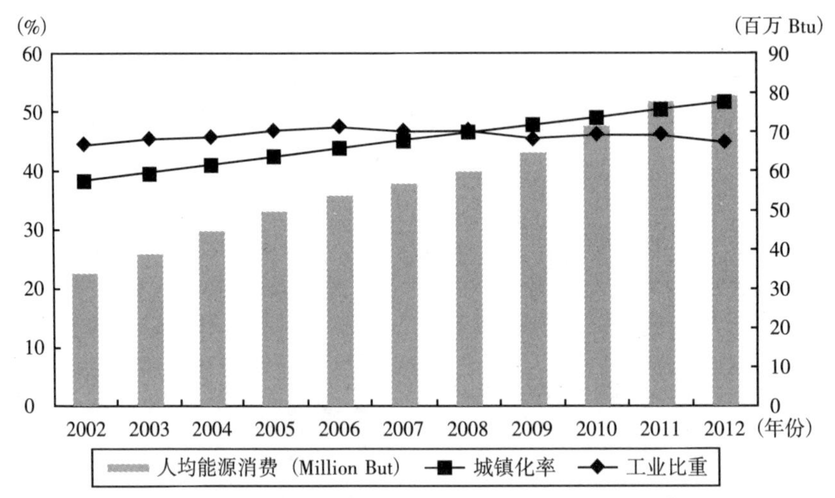

图 5-5　中国的城镇化率、工业比重与人均能源消费

数据来源：世界银行数据库、EIA 数据库。

2. 工业比重

工业污染向来是空气污染的最主要来源之一，工业在国民经济中所占比重的大小往往决定了空气污染的严重程度。从图 5-5 中 G20 国家的面板数据看，相对于城镇化率和人均能源消费量的影响而言，工业比重对空气污染的贡献率无疑是最高的，无论是单独分析环境监管的技术水平或制度水平，还是综合考量二者之间的交互作用，抑或是滞后各期的效应，工

① Zhang，Y. L.，Cao，F.，“Fine particulate matter（PM2.5）in China at a city level”，*Scientific Reports*，2015（5）：1-12.

业比重的影响都是极为显著的。工业比重对于当期空气污染的影响系数为0.493，在1%的水平上显著，这就意味着，工业产值在国民经济中的比重每提高1个百分点，当期的PM2.5浓度水平就会提升0.493μg/m^3，而且其滞后效应也非常突出。在此后的四年中，各年的PM2.5浓度将分别增长0.435μg/m^3、0.352μg/m^3、0.285μg/m^{3}和0.224μg/m^3。这也说明，工业比重对于空气污染具有持久性影响，影响十分深远。

根据国际经验，工业的能耗与污染强度高于服务业，因而，在产业结构中，第一、第二、第三产业的比例关系直接影响着社会整体的污染水平。[①] 而中国的工业比重，从整体而言，一直处于一个高位态势，维持在40%~50%；而G20中的大多数国家的工业比重则低于40%。所以，中国的工业比重较高对于空气污染的恶化起到了非常关键的作用，而且，由于工业比重的滞后效应十分显著，从而导致中国的空气污染水平长期居高不下，负面效应不断累积，使环境问题严重恶化。

3. 人均能源消费与煤炭消费比重

人均能源消费对于空气污染的影响也是不容小觑的，人均能源消费每增长1百万Btu，当期的PM2.5浓度就会提升0.0417μg/m^3，而且这样的影响将在此后的三年内持续存在。中国的人均能源消费量的增长趋势十分迅猛，2002~2012年，人均能源消费量持续增长，提高了近1倍，这样的增长趋势难免会带来空气污染的显著增长。同时，根据上文中回归模型的计量分析结果，当总体能源结构中的煤炭消费量比重每提升1个百分点，大气中PM2.5的浓度就会增加20.96μg/m^3，这一结果对于中国的空气污染问题非常有解释力。如图5-6所示，2002~2012年，G20国家的煤炭消费占总体能源消费的比重基本维持在23%上下，而中国的煤炭消费比重则始终处于65%~70%，其比重将是G20平均水平的3倍。因此，中国的空气污染水平很大程度是由于自身的能源消费结构的不合理所导致，特别是煤炭消费比重过高是PM2.5浓度居高不下的重要原因。

2009年起，中国已成为全世界最大的能源消费国。2012年，中国总能源消费相当于24.3亿吨石油，每单位GDP的能源消耗高出世界平均水平的1.4倍。在中国，煤炭依旧是主要能源，占到总体能源消费的67%；

① 张红凤、周峰、杨慧、郭庆：《环境保护与经济发展双赢的规制绩效实证分析》，《经济研究》2009年第3期。

2012年，煤炭消费相当于16.3亿吨石油，占到全世界煤炭消费量的50%。[1] 以华北地区为例，除北京、天津外，华北地区煤炭在能源消费结构中占比近90%，远超全国平均水平，而这一区域的空气污染问题也是最为突出的。由此可见，对于中国而言，空气污染不仅是由于人均能源消费量的增加，同时还有更深层次的原因，即能源结构的不合理：煤炭消费在能源消费中所占的比重过高，而煤炭对于空气污染的影响也是非常明显的。

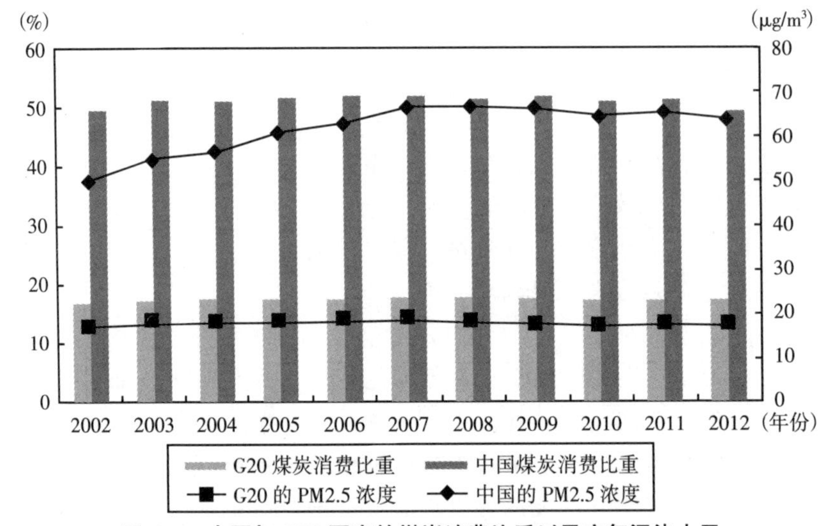

图5-6 中国与G20国家的煤炭消费比重以及空气污染水平

数据来源：EIA数据库、EPI数据库。

综上所述，将中国的具体情形与G20国家的整体趋势进行对比分析，对于中国环境监管失灵的困境，可以从以下几个方面来判断：

（1）环境监管的技术水平。中国环境监管的技术水平投入力度很大，并且增长态势十分迅猛，但却更多地停留在“总量增长”的层面，更加侧重于环境技术扩散数量的提升，而真正的“质量发展”水平却有待进一步考量，环境技术发明的总体变化却呈显著的下降趋势，可见，环境技术的自主创新能力并未随着技术扩散的增长趋势而同步增长，从而会在一定程度上削弱环境监管的绩效。

---

① Chen, Z., Wang, J. N., Ma, G. X., Zhang, Y. S., “China tackles the health effects of air pollution”, *The Lancet*, 2013, 382 (9909): 1959-1960.

（2）环境监管的制度水平。相对于中国环境监管的技术水平而言，制度水平的提升会对环境质量的改善起到一定的促进作用，自 2008 年税制调整之后，环境相关税收的比重得到了较大幅度的提升，达到 G20 国家的平均水平，空气污染的增长势头也得到了较好的遏制。但是，制度水平的增长趋势相对和缓，与空气污染的排放水平相比，环境税比重相对较低，难以发挥更大的作用；而且，制度水平的发展步伐滞后于技术水平，从而在一定程度上制约了技术水平充分、有效地发挥其正面作用，难以使二者的交互效应得以彰显。所以，环境监管失灵的一个重要原因在于制度水平发展的滞后且水平较低，特别是环境税制度有待健全完善。

（3）污染源。城镇化率、工业比重以及人均能源消费量、能源结构等都加剧了空气污染是重要的污染来源，而中国处于高速发展进程中，三者的增长速度都十分迅猛而且长期处于较高的水平，无疑使得空气污染的总量居高不下。因此，单纯地将目光聚焦于技术水平和制度水平对于污染的削弱作用，而没有考虑污染源的控制，将难以真正降低污染。据此可知，中国的环境监管水平的确是有了长足的进步，但是有“单兵突进”的趋势，城镇化、工业化以及能源结构等问题没有系统地纳入考量，将难以真正地改善环境质量。

（4）滞后效应：从面板数据的分析看，无论是环境监管的技术水平还是制度水平，其对于环境质量的改善作用都具有一定的滞后性，需要在若干年后方能够显现出其作用效果，制度水平的滞后效应甚至要在第四年之后才具有显著性，而城镇化率、工业比重以及人均能源消费量等导致空气污染恶化的主要因素却能够在当年就发挥显著性。从这一点来看，环境监管水平的作用往往跟不上污染本身的步伐，也是中国环境监管失灵所不可忽视的一个重要原因。

四、小结

本章通过对 G20 国家大样本的计量分析，并辅之以中国的异常个案深度描述，观察到中国的环境监管水平与实际环境质量之间的确存在着一些不匹配。换言之，中国环境监管中的“数字减排”困局其本质应是环境监管失灵问题。同时，识别出环境监管失灵的具体成因主要在于环境技术创新能力不足、环境税收规模相对较低、经济发展方式不合理以及环境监管政策工具自身所具有的滞后效应等问题。

然而，研究工作不应止步于此，还应当提出进一步的追问：环境技术、环境税收以及发展方式这些因素之间是否具有某种意义上的关联性？是否与现行的制度背景相关？是否有更为深层次的影响机制？这些问题都是值得深入探讨的，将在之后的部分逐一呈现，并给予回应，以期对“数字减排”问题的深层次逻辑机理加以探究。

第六章　环境监管的技术水平：中国环境技术创新的瓶颈

第一节　悖论：环境技术扩散与环境技术创新

赫莫斯拉、冈萨雷斯和康诺拉等认为，“评价环境政策最重要的标准，也许就是看它们能在多大程度上激发有利于环保的新技术”。[①] 因为环境监管政策只有通过作用于环境技术的创新，才有可能实现国家或地区产业结构的调整和优化，进而达到真正的节能减排，并最终实现环境质量的改善。

从这个角度审视和评价中国的环境监管政策，似乎难以作出非常具有确定性的判断：从上一章的计量模型分析结果中可以得知，环境监管的技术水平发展对于空气污染的遏制效果非常显著，发挥了积极的作用，而中国的环境监管技术水平在2002~2012年取得了突飞猛进的发展，这一点主要体现在环境相关技术专利的扩散水平上。然而，环境技术的扩散却没有带来环境技术发明数量的同步增长，自2007年开始，随着中国“十一五”规划对于环境监管力度的加强，环境技术发明数量却出现了逐年大幅下滑的趋势，与环境技术扩散数量显著增长的局面完全背道而驰。并且，2009年之后，开始落后于G20国家的平均水平，甚至从总体趋势看，中国2012年的环境技术发明比2002年的水平有所下降。在一定程度上，这样的结果意味着，尽管中国的环境监管技术水平有很明显的提升，但环境技

① ［西］贾维尔·卡里略—赫莫斯拉、巴勃罗·戴尔里奥·冈萨雷斯、托蒂·康诺拉：《生态创新——社会可持续发展和企业竞争力提高的双赢》，闻朝君译，上海世纪出版集团2014年版，第55页。

术的自主创新能力却显示出相当的“颓势”，开始走“下坡路”。由此导致了中国环境污染监管的纯技术效率整体趋于下降。①

然而，许多经验研究的结论表明，来自国外的专利申请对本国技术进步具有重要的促进作用，说明流入的国外专利数量越多将越有利于本国的技术进步。② Acemoglu 等引入了“前沿差距”（Distance to Frontier）的框架，认为对远离科技前沿水平的国家而言，通过引进现有技术、鼓励技术模仿的制度安排有利于实现自身的技术进步。③ 跨国专利申请将引起专利技术信息的国际流动，对技术落后国家而言，国外专利申请的进入将有利于了解国外新发明和前沿技术进展动态，对于提升自身技术知识存量，增加技术学习机会并促进技术创新和加快技术进步都有深远的意义。④ Cleff 和 Rennings 利用曼海姆创新数据库（MIP）中的 3000 余家企业的电话访谈数据，明确指出技术扩散、产品集成创新以及绿色产品创新都有显著影响。⑤ Hanlon 认为，引进国外成熟技术是一国技术创新的主要内容，应根据市场需求或市场产品输入改善设备的适应性从而引发创新。⑥ 在中国工业化的现阶段，“承接发达国家的转移产业和吸收发达国家的扩散技术是我国产业技术进步的基本途径”，可以说，技术进步主要依靠对其他国家已有技术的模仿和学习。⑦

也有相关研究侧重于知识产权制度的影响，认为弱的知识产权保护有利于国内企业模仿国外技术，但不利于国内企业的创新，而强的知识产权保护有利于促进国内企业的研发活动但会增加模仿成本。⑧ 因为发达国家与发展中国家对技术的需求不一致，如果发展中国家知识产权保护水平较

① 杨俊、陆宇嘉：《基于三阶段 DEA 的中国环境治理投入效率》，《系统工程学报》2012 年第 5 期。

② Eaton，J.，Kortum，S.，“Trade in ideas patenting and productivity in the OECD”，*Journal of International Economics*，1996，40（3）：251-278.

③ Acemoglu，D.，Zilibotti，F.，Aghion，P.，“Vertical Integration and Distance to Frontier”，*Journal of the European Economic Association*，2003：630-638.

④ 邓海滨、廖进中：《制度因素与国际专利流入：一个跨国的经验研究》，《科学学研究》2010 年第 6 期。

⑤ Cleff，T.，Rennings，K.，“Determinants of environmental product and process innovation”，*European Environment*，1999，9（5）：191-201.

⑥ Hanlon，W. W.，“Necessity is the mother of invention：Input supplies and directed technical change”，*Econometrica*，2015，83（1）：67-100.

⑦ 金碚：《高技术在中国产业发展中的地位和作用》，《中国工业经济》2004 年第 5 期。

⑧ Chen，Y.，Puttitanun，T.，“Intellectual property rights and innovation in developing countries”，*Journal of Development Economics*，2005，78（2）：474-493.

弱，会阻碍发达国家发展适用于发展中国家的技术；[①] 发达国家的企业会对发展中国家弱的知识产权保护状况进行策略性反应，如投资一些很难模仿的技术，这种做法可能会影响研发的效率；[②] 即使提高知识产权保护水平没有直接使发展中国家受益，但全球很多国家都能从促使发展中国家知识产权保护水平提高的国际合作中受益。[③]

虽然，也有少数研究认为现行的环境技术创新研发与扩散之间缺乏有机的联系[④]，但却难以解释这一现象与其背后所蕴含的政策影响之间的联系，因此，深入挖掘政策作用的机理及其效应的产生，尤其是在“十一五”环境监管力度日益严格的政策背景下，环境技术扩散大幅增长的同时，却伴随着环境技术创新的显著减少这一现象的形成原因；并进一步考量这一现象对环境所产生的影响。

第二节 中国环境技术创新与扩散状况

单纯观察中国环境技术扩散与创新趋势，并不足以说明问题。而将中国的个案置于 G20 国家的整体情境中进行比较，更加能够发现这样的问题，G20 国家的环境创新能力，整体而言表现出逐年增长的良好发展态势。仅从 G20 国家 2002~2012 年的环境相关技术专利发明与扩散数量的年均值就可以做出判断，19 个国家分别处于四个象限：美国和日本属于“发明多、扩散多”的类型，德国和韩国属于“发明多、扩散少”的类型、中国属于“发明少、扩散多”的类型，其余 14 个国家属于“发明少、扩散少”的类型（见图 6-1）。从 G20 国家总体情况的对比分析中不难看出，中国的环境技术创新能力与其技术扩散水平相比，确实不能成正比。

技术扩散机制主要包括三条途径，分别是：外国直接投资（Foreign

① Diwan, I., Rodrik, D., “Patents, appropriate technology, and North-South trade”, *Journal of International Economics*, 1991, 30 (1): 27-47.

② Taylor, M. S., “TRIPs, trade, and growth”, *International Economic Review*, 1994: 361-381.

③ Yang, G., Maskus, K. E., “Intellectual property rights, licensing, and innovation in an endogenous product-cycle model”, *Journal of International Economics*, 2001, 53 (1): 169-187.

④ 王丽萍：《中国环境技术创新政策体系研究》，《理论月刊》2013 年第 12 期。

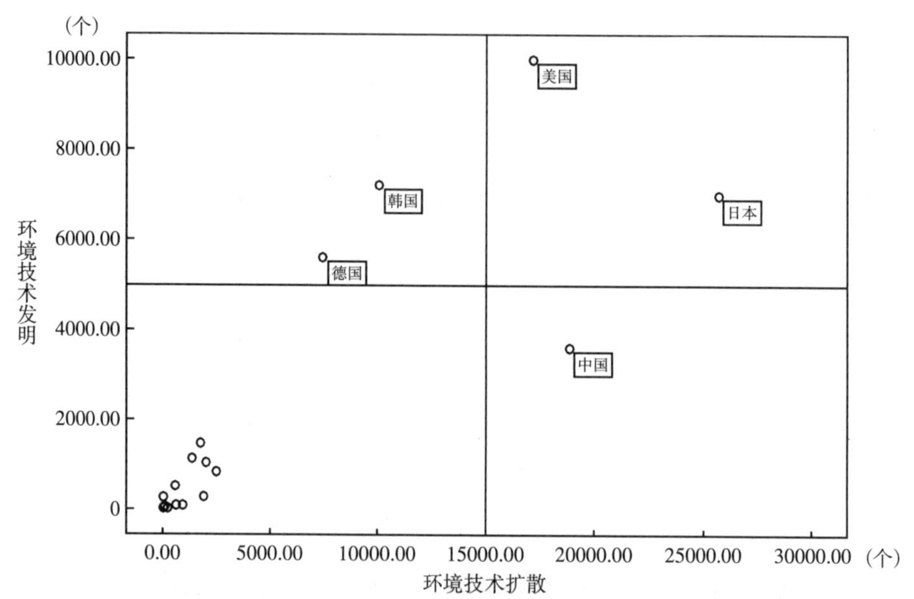

图 6-1　2002~2012 年 G20 国家的环境相关技术专利发明和扩散数量年均值

数据来源：OECD 数据库。

Direct Investment，FDI）、国际贸易、专利购买和转让。其中，“FDI 是指外资企业和合资企业等在境内的直接投资；国际贸易是指国家间的商品进出口贸易；专利购买和转让是指国家间通过专利购买和转让来引进技术。”[①] 改革开放以来，FDI 成为推动技术扩散的最主要途径，然而，FDI 对于技术创新的作用却并不充分。[②] 根据 OECD 的划分标准，环境相关技术共分为三类：环境管理类技术（Environmental Management）、水资源相关适应类技术（Water-related Adaptation Technologies）、气候变化减缓类技术（Climate Change Mitigation）。由图 6-2 可知，自 2002 年起，中国的环境技术专利扩散数量急剧增长，不论是总量，还是具体的类别增速都十分显著：2006 年以前，环境管理类技术专利的数量在三类技术中所占据的比例最高，气候变化减缓类技术次之，水资源相关适应类技术最少；从 2007 年开始，气候变化减缓类技术所占的比重逐渐增加，并成为扩散数

① 殷砚、廖翠萍、赵黛青：《对中国新型低碳技术扩散的实证研究与分析》，《科技进步与对策》2010 年第 23 期。

② 王青、冯宗宪、侯晓辉：《自主创新与技术引进对我国技术创新影响的比较研究》，《科学学与科学技术管理》2010 年第 6 期。

量最多的技术，环境管理类技术紧随其后，水资源相关适应类技术依旧仅占有最小的份额。气候变化减缓类技术之所以增长势头超过环境管理类技术，其主要原因在于“十一五”规划实施以后，特别是哥本哈根会议等一系列有关全球气候变化的重大政策议题的驱动下，新能源、节能减排等众多与气候变化相关的产业蓬勃发展，从而助推了气候变化减缓类技术的研究与发展的进程。中国此类产业发展的需求，必将转化为对相关领域先进技术的需求，这也必然会导致该类技术的扩散速率加快。

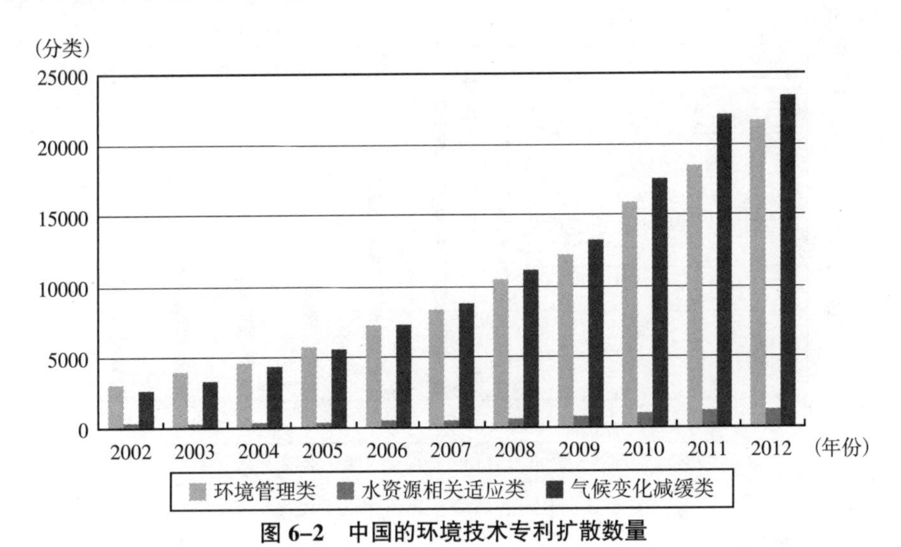

图 6–2　中国的环境技术专利扩散数量

数据来源：OECD 数据库。

中国在环境技术发展方面充分利用了自身的后发优势，选择了一条“引进消化吸收再创新的路子”，对中国的环境监管实践发挥了一定的支撑作用。目前，在大型城市污水处理、垃圾焚烧发电、除尘脱硫等技术领域，中国已经“具备自行设计、制造关键设备及成套化的能力”，并在“工业一般废水治理、烟气净化、工业废渣综合利用等技术”上达到了国际水平。特别是自从“十一五”规划将 SO_2 和 COD 两类主要的污染物作为约束性削减指标纳入官员政绩考核体系之后，直接加速了治污设施建设和相关技术进步。[①]

然而，中国环境相关技术专利发明的数量却呈现出截然不同的变化趋

① 王亚华、齐晔：《中国环境治理的挑战与应对》，《社会治理》2015 年第 2 期。

势：发明数量不仅在总量上大大落后于扩散数量，而且也未能保持持续增长的态势。事实上，早在20世纪90年代，环境技术领域就已经成为国外企业和科研机构申请专利的热点。[①]国内外企业在环境技术专利的申请上也存在着一定的区别，相对于国外企业而言，中国企业对于污染控制技术的创新投入不足，对于短期内成本增高的污染物控制技术创新较少，而节约资源技术相对较多一些（见图6-3）。[②]

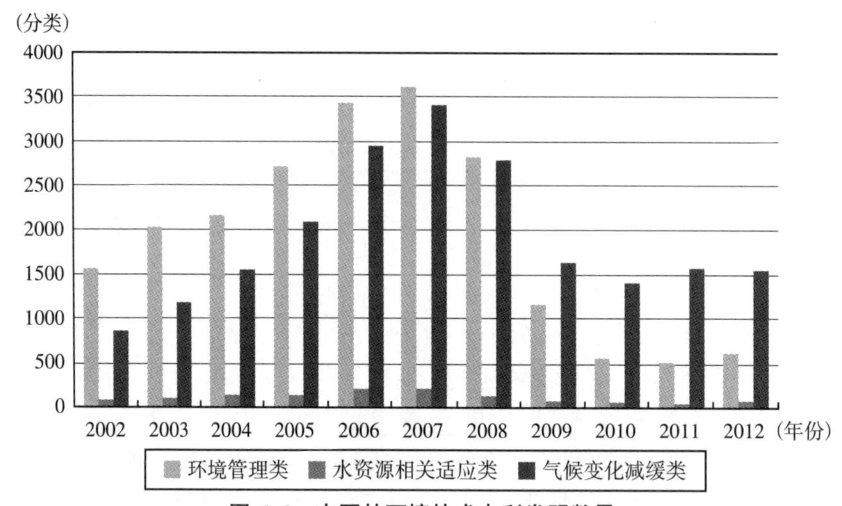

图6-3 中国的环境技术专利发明数量

数据来源：OECD数据库。

然而，从上一章的计量回归结果中可以得知，当以环境技术专利扩散数量作为主要变量对环境监管的技术水平进行衡量时，技术水平对于空气质量的改善效应在滞后2期模型中方能具有显著性，即技术水平对于空气污染的削弱作用需要在两年之后才能发挥出来；而将环境技术专利发明数量作为衡量环境监管的技术水平的核心变量，则可以发现明显的不同，技术水平能够使当期的空气污染浓度显著降低，并且在滞后1期模型中也是如此。基于这样的结果，显而易见，与环境技术扩散水平相比，环境技术创新水平对于空气污染的改善作用见效更快、更明显，但其滞后效应并不

① 吕永龙：《R&D全球化的基本态势及其影响》，《科学新闻》2000年第47期。

② 孙亚梅、吕永龙、王铁宇、马骅、贺桂珍：《基于专利的企业环境技术创新水平研究》，《环境工程学报》2008年第3期。

显著，而环境技术扩散水平则具有显著的滞后效应，对于后期的空气污染状况具有更加显著、更加深远的影响。从时间上看，二者之间呈现出明显的互补性。因此，对于空气污染的监管而言，只有将环境技术创新和环境技术扩散有机结合起来，使二者能够共同发展，才能对空气质量发挥更好的改善作用。

所以，对于中国而言，环境技术创新和扩散二者之间的不匹配，在一定程度上弱化了环境监管技术水平本身的作用。但究竟为什么 2006 年之后二者出现背道而驰的发展趋势，却是一个值得深入探究的问题。

而且，在中国，技术扩散的速度与程度往往受到政府的影响，甚至是决定性的影响，技术扩散有时“缺乏一种正常的技术选择、技术竞争机制”，技术竞争的动态演化也可能会偏离健康的轨道。[①] 因此，环境技术的创新与扩散，往往难免会受到政府的相关环境政策的影响，2006~2010 年正是中国“十一五”规划的实施阶段，而在“十一五”规划中，对环境保护做出了明确的要求：“各地区要切实承担对所辖地区环境质量的责任，实行严格的环保绩效考核、环境执法责任制和责任追究制”，并且将 SO_2 和 COD 两项污染物的减排量作为约束性指标，用以考核地方政府官员的绩效，从而对环境监管政策的实施与执行产生了非常明显的影响。借由这一角度，围绕“十一五”相关环境监管政策的执行展开分析，可以对环境技术创新与扩散的迥异发展趋势做出一定的解释。

第三节　基于“十一五”环境监管政策执行过程的原因分析

现有的研究中侧重于关注环境监管对于企业技术创新的负面效应，主要体现在增加企业运营成本、增加风险性、加大惯性阻力方面。而事实上，环境监管有自身的特殊性，对于环境监管方式本身的分析，才是深入理解监管作用效果的基本路径。

① 刘青海：《演化经济学框架下环保技术扩散研究——以熔炼压缩炼铁技术的扩散为例》，《科技进步与对策》2011 年第 11 期。

一、政策执行中的目标替代现象

由于中国的环境技术发展与政策的主导是分不开的，特别是“十一五”规划中关于约束性指标的设置，对于环境技术的扩散起到了非常显著的推动作用。同样，也正是由于这种政策运行机制，使得中国环境技术在快速扩散的同时，也出现了创新能力“疲弱”的问题。

1.“政策结果”（Policy Outcome）的定位

《国务院关于印发国家环境保护“十一五”规划的通知》（以下简称《规划》）中对于环境保护作了非常明确的要求：“要紧紧围绕实现《规划》确定的主要污染物排放总量控制目标，把防治污染作为重中之重，加快结构调整，加大污染治理力度，确保到 2010 年二氧化硫、化学需氧量比 2005 年削减 10%。同时，要加快淮河、海河、辽河、太湖、巢湖、滇池、松花江等重点流域污染治理，加快城市污水和垃圾处理，保障群众饮用水水源安全”；并且将化学需氧量排放总量（万吨）、二氧化硫排放总量（万吨）、地表水国控断面劣Ⅴ类水质的比例（%）、七大水系国控断面好于Ⅲ类的比例（%）、重点城市空气质量好于Ⅱ级标准的天数超过 292 天的比例（%）5 项具体的目标作为考核的重点，其中，化学需氧量和二氧化硫的减排量被列为约束性指标。从中可以看出，中央对于“十一五”规划期间环境保护工作的定位非常明确，就是实现污染总量的减少、环境质量的改善。

同时，为了保障这一目标的实现，《规划》中对于相关技术条件以及实施路径等作了细致、具体的规定。以重点领域和主要任务中的“削减二氧化硫排放量，防治大气污染”为例，明确指出“以火电厂建设脱硫设施为重点，确保完成二氧化硫排放量减少 10%的目标”，在这其中，已然将“火电厂建设脱硫设施”作为政策执行的一项重要的衡量标准。然而，这并不意味着本身就是政策目标，真正的政策目标是二氧化硫排放量的减少，脱硫设施的建设只作为实现这一目标的关键条件（见表 6-1）。

2.“政策产出”（Policy Output）

为了保证环保目标的完成，《规划》中要求“地方各级人民政府要把环境保护目标、任务、措施和重点工程项目纳入本地区经济和社会发展规划”，将“措施和重点工程项目”等技术性保障性指标同“环境保护目标、

表 6-1　国家环境保护“十一五”规划中关于“削减二氧化硫排放量，防治大气污染”的要求

具体任务	技术要求
确保实现二氧化硫减排目标	燃煤电厂必须安装烟气脱硫设施；新（扩）建燃煤电厂必须同步建设脱硫设施并预留脱硝场地
综合改善城市空气环境质量	因地制宜地发展以热定电的热电联产和集中供热；建立光化学烟雾污染预警系统
加强工业废气污染防治	工业炉窑要使用清洁燃烧技术；推广使用高效的布袋除尘设施；推进煤炭洗选工程建设；加快氮氧化物控制技术开发与示范
强化机动车污染防治	开发和使用节能型和清洁燃料汽车
加强噪声污染控制	无
控制温室气体排放	大力发展可再生能源，积极推进核电建设，加快煤层气开发利用；加强农村沼气建设和城市垃圾填埋气回收利用

数据来源：《国务院关于印发国家环境保护“十一五”规划的通知》。

任务”一起作为考核的项目。虽然，二者之间存在着非常明确的主次关系，但在具体的执行过程中，二者之间的主次关系却被理解为并列关系，甚至由于相关技术性的要求更加易于操作，指标更加易于分解和定量考核，导致了执行者的选择偏好，将执法的重心更加偏向于此类指标，在与国家层面政策进行对接时，会积极制定省级环境技术的具体实施办法，从程序和方法上加以细化和落实，使这项制度更具有操作性，反而使得本应作为核心任务的环境改善目标退居了次要地位。

由于中央政府对于污染排放监测的工具较为粗糙，难以进行直接的衡量，因而，污染排放量的统计通常是通过产业的生产准则将企业的生产活动转化为污染排放；而区域督查中心等机构的执法检查则更多地关注于环保设备的安装情况等。从环境保护部公布的环境违法行为限期改正通知书和行政处罚决定书来看，据不完全统计，2006~2010 年“十一五”期间，国家共对 45 个项目的环境违法行为做出了相应处理，其中，涉及到最多的类型是“未向环保部门依法申报环境影响评价文件，即擅自开工建设”，共有 27 项，其次就是“配套建设的环境保护设施未建设或通过验收”，共有 15 项，除此之外，还有 3 项分别是由于擅自变更建设规划、环境安全事故和污染物排放超标。据此可以得知，“十一五”期间，环保部门在具体的政策执行过程中，对于污染企业环境违法行为的督察、处罚重点在于环境影响评价的报批情况，以及配套环保设施的建设和验收情况，真正对于污染排放情况的处理却似乎并未成为其工作的重心。

无论是环境影响评价文件，还是配套环保设施，实质上都是保障环保减排目标实施的具体指标，是一种必要条件，却并不是充分条件，换言之，即便当这些条件都满足的时候，也并不意味着环境污染排放量的减少。因此，环境影响评价文件和配套环保设施并不是环境监管中的政策结果，而是一种政策产出。

环境监管处罚的重点从政策结果偏移到了政策产出，就出现了组织的“目标替代”现象：公共监管部门执法存在“产出取向”，特别是在对其进行绩效评价时往往不是根据其“政策结果”，是基于其“政策产出”衡量。相对于实际贡献出的政策结果（如环境空气质量的改善）而言，机构的政策产出（如罚款缴纳情况、技术引进情况、设备上马情况、环境影响评价书申报情况）更加具有显性化特征、更加容易通过定量化的方法予以衡量。这样的政策考核机制会使执行机构产生一种内在动机去使之产出最大化，而不管这种“产出最大化”的策略能否实现满意的政策效果，换言之，这就成为了一种“目标替代”的现象。[①] 为了确保绩效的完成，政策执行者往往会选择那些比较容易操作的指标作为自己的目标，予以执行。[②] 尤其是基层环保机构往往受软硬件条件所限，加之环境质量的衡量涉及到多方面的复杂因素，从而不能十分准确地测量和计算环境质量的真实改善情况，因而在其执法过程中，会更加着重地考量此类显性的政策产出指标，例如检查企业是已经申报环评材料，是否已经安装配套环保设施。

3. 监管对象的行为异化

监管部门的目标替代，必然导致作为监管对象的企业的行为异化。由于环保部门对于企业环保情况的评价主要通过衡量环评报告和环保设施的完成情况来判断，便会自上而下为企业提供一种诱因，即尽快将环评报告予以申报，并将环保设施安装到位，就能够有效地应对环保部门的检查。而这样的内在动机一旦形成，企业就会更加重视环保设备等本应视为辅助因素的指标，确保此类指标完成，而提升自己的环境技术创新能力以更好

① Bohte, J., Meier, K. J., “Goal displacement: Assessing the motivation for organizational cheating”, *Public Administration Review*, 2000, 60 (2): 173-182.

② Stone, Deborah, *Policy Paradox and Political Reason. New York*: *Harper Collins*. 1988: 141.

地改善环境质量，则不再被作为主要的行为动因。

可以说，环境监管主体的目标替代行为，也会沿着政策执行过程，自然而然地传导到监管对象身上，使之形成了目标替代行为，从追求“问题的解决”转化为谋求“任务的完成”：弱化了自身的技术创新动机，不再将提升自己的环境技术创新能力作为改善环境的必由之路，而是着力引进更加符合环境监管部门要求的设备与技术，并且，企业财报中所开列出的环保开支也会远远超出实际的环保开支[①]，从而可以有效地应对其执法过程中所提出的要求。甚至在一些地区具体执法过程中，有一些企业与环保部门形成了“共谋”，企业既通过了环评报告也安装了环保设施，但这些则恰恰成为了企业遮掩污染行为的“保护伞”，抵挡举报检查的“挡箭牌”。[②] 根据《节能减排“十二五”规划》中所提供的数据，在“十一五”期间，全国燃煤电厂投产运行脱硫机组容量达 5.78 亿千瓦，占全部火电机组容量的 82.6%，但是，其中“已安装脱硫设施但不能稳定达标”的燃煤机组高达 4267 万千瓦，这一数字占已投产运行脱硫机组容量的比例超过 7%对这些机组实施脱硫改造的任务，被列入“十二五”规划的节能减排重点工程之中。

二、技术标准触发企业的风险规避行为

在“十一五”的制定过程中，为了更好地保障环境保护目标的实现，政策制定者同时会确立相应的技术标准，为具体的政策执行过程提供参考和判断标准。无论是国家层面，还是地方层面，都在“加大对环境技术指导文件的编制力度，不断发布污染防治的技术政策、最佳可行技术指导以及工程技术规范，指导文件体系逐步完善配套”，并且逐步建立了“对成熟环境技术定期发布《示范名录》、《鼓励目录》和《行业环境技术发展报告》等有效机制”，而且“从环保专项资金中安排一定比例用于先进成熟技术、创新技术、引进技术和必需的共性技术进行示范”。[③]

---

① Patten, D. M., "The accuracy of financial report projections of future environmental capital expenditures: A research note", *Accounting, Organizations and Society*, 2005, 30 (5): 457-468.

② 王圣志、郭远明、孙彬：《保环境还是保政绩，地方环保部门两头为难》，《经济参考报》2006 年 9 月 29 日。

③ 李国军：《环境技术管理如何创新与发展?》，《中国环境报》2015 年 3 月 19 日第 3 版。

技术标准主要是环境监管部门为了达到一定的环境保护目标而设定的技术所要达到的水平，它是根据治理环境污染所需要完成的减污量而制定的能够实现减污目标的特定技术标准。这样的技术标准在执行中，实质上存在着一定的强制性规范功能，企业需要根据技术标准进行技术模仿与升级，如果被规制企业违反了政府规定的技术标准，则会受到相应的惩罚。但需要强调的是，“标准的强制性来自法律，而非标准本身”。伴随着相关环保法律法规以及规范性文件一起生效的技术标准，本质上是“实施法律的配套技术工具，其强制性源自上位法的规定”。[①]

技术标准之所以能够成为政策执行的依据，主要因为其通常是基于现有技术知识制定的，[②] 而且由于其作为制度性文件具有一定的稳定性，面临速度较快的技术发展，往往会存在一定的滞后性，难以反映最前沿的技术水平。若忽略技术发展的趋势且制定过于严格的环境规制，将会阻碍企业进行绿色创新。[③] 在标准的制定和修订过程中，“设置污染物排放限值时，既要严格约束排污行为，但又缺乏可靠的支持技术，只好通过借鉴国外技术法规暂时化解矛盾”；由于标准缺乏“可靠的、经过本国工程实践检验的支持技术”，“往往在标准发布后才仓促地实施标准的技术准备，而从标准发布到实施的时间又非常短促，相关企业只好购买国外技术”；而且，“我国目前实行的环保技术工作机制，对象是现行排放标准的达标技术，主要措施是现有技术的遴选、示范和推广”，所以其有利于推进技术扩散的进程而不利于激发创新性技术的响应。[④]

正是由于技术标准的这一特性，在执行中会导致作为监管对象的企业的风险规避行为。当环境监管部门发布了与具体环境技术相关的技术标准，对于企业就提供了一种模板，限制了企业对治污技术的选择空间，难以激发明显的绿色创新效应，因为与自主研发新型的环境技术相比，采用标准中所提供的示范技术作为自己的污染减排选项，无疑更加能够有效地规避未来有可能出现的风险。因而，企业对技术标准表现出趋从的态度，

---

① 李月英：《环境标准实施有效性如何保障》，《中国环境报》2014 年 5 月 5 日第 2 版。

② 吕永龙、梁丹：《环境政策对环境技术创新的影响》，《环境污染治理技术与设备》2003 年第 7 期。

③ Corral, C. M. “Sustainable production and consumption systems-cooperation for change: Assessing and simulating the willingness of the firm to adopt/develop cleaner technologies”. The case of the in-bond industry in northern mexico. *Journal of Cleaner Production*, 2003, 11 (4): 411-426.

④ 司建楠：《治污先导研发储备制度亟待建立，我国大部分环境技术落后》，《中国工业报》2014 年 11 月 17 日第 A2 版。

“今天控制某项污染物，企业就要上马一批设备；明天又规定控制某项污染物，企业又要新上马一批设备”①。“即使企业能够自由选择任何技术使其符合在标准中提到的控制排放量”，但它们仍旧更加倾向于选择环保部门在标准中所提供的特定技术设备选项。对其而言，这样的选择无疑是一个确保其在法律上免除责任的“保护伞”，如果出现环境污染问题，“万一被告上法庭，它们能够很简单地辩解说它们完全是按照环境保护部门在设定标准时所要求的那样去做”。② 由于技术标准包含了高度专业性的内容，行政机关比法院有着更好的事实认定能力，因此，“技术标准实际上发挥着作为判定事实认定的构成要件基准作用”，企业若能够遵守技术标准，则可以不承担行政责任。③

这样的动机一旦形成，也必然会使企业倾向于引进更加符合技术标准要求的环境技术，而非自己进行环境技术创新。我国所应用的烟气脱硫技术主要有石灰石—石膏湿法、烟气循环流化床、海水脱硫法等十余种，其中，在“十一五”期间，石灰石—石膏湿法在已经签订合同、在建和投运的火电厂烟气脱硫项目中所占比重达 90%以上。④ 而这在很大程度上是由于环保部门的相关技术标准对于此项目已成熟的技术的认可，认定其“对二氧化硫的脱除率可以达到 95%以上”；而且，与之形成鲜明对照的是，环保部在 2011 年发布的《“十二五”主要污染物总量减排核算细则》中对烟气循环流化床、炉内喷钙炉外活化增湿、喷雾干燥等（半）干法等脱硫技术的评价却不甚理想，认为其“在安装脱硫剂自动投加和计量系统、DCS 能反映出脱硫系统运行实际情况时，根据在线监测烟气出口与入口二氧化硫平均浓度确定综合脱硫效率，综合脱硫效率原则上不超过 80%”。这样的对比结果，俨然为污染企业的技术选择提供了一种明确的诱导，开始大力引进湿法脱硫技术，使之成为最主流的脱硫技术。事实上，一些企业在生产实践中发现：由于严格参照国外技术的规范，早期的湿法脱硫装置会安装脱硫烟气再热装置（GGH），“由于电力企业对脱硫前电除尘器的

① 梁嘉琳：《污染事件高发，专家称重金属落后产能成毒源》，《经济参考报》2012 年 8 月 1 日第 3 版。

② ［美］汤姆·泰坦博格：《污染控制经济学》，高岚、李怡、谢忆译，人民邮电出版社 2012 年版，第 183–187 页。

③ 宋华琳：《论行政规则对司法的规范效应——以技术标准为中心的初步观察》，《中国法学》2006 年第 6 期。

④ 冯学泽、施新荣：《脱硫脱硝　节能减排进入新发展阶段》，《人民日报海外版》2009 年 7 月 29 日第 8 版。

维护不够重视，加之电除尘器选型偏紧，甚至偏小，遇到煤种变化或建设、运行维护不当，电除尘器效率大幅下降，造成 GGH 装置堵塞、结垢严重，导致脱硫装置运转率大幅度下降”，但是，将 GGH 拆除后，堵塞的细微颗粒将会直接排入大气；并且，湿法脱硫虽然对二氧化硫的脱除率高达 95%以上，但对三氧化硫的脱除率仅在 20%左右，特别是“增加 SCR 脱硝设施后，脱硝催化剂的作用使得二氧化硫向三氧化硫的转化率进一步提高”。为了解决上述问题，降低细颗粒物和三氧化硫的排放浓度，一些企业会加装湿式电除尘器，然而，这必然会导致用电量的大幅提升，进而需要消耗更多的燃煤，“如果多烧 1%的煤，脱硫效率提高 1%，就相当于什么都没干”，实质上并未能够真正解决环境问题。而由于环保部门对于循环流化床的脱硫效率认定并不理想，因此，让背负减排压力的电力企业对此项技术充满顾虑，而一些企业则尝试对流化床技术进行工艺改造与创新，使之提升了自身的脱硫效率，并且有效地避免了湿法脱硫所可能产生的问题。[①]

由此可见，基于现实情境中环境污染特征而进行的环境技术创新能够更有效、更有针对性地解决环境问题。但由于政府监管部门在政策制定过程中制定了相应的技术标准，对相关技术的可行性与效率进行了官方的认定，这样的监管方式实质上并未能有效地解决问题：在以指标分配为特征的压力性监管体制下，企业自身对于环境污染的治理并没有较强的主动性，其动力主要来源于政府的任务分配，因而，作为“代理人”，企业也无意承担减排行为的失败责任及其潜在风险。出于风险规避的理性人动机考量，其最优的选择是服从政府的要求或是建议，引进符合技术标准规定的技术或设备，而不是自行开展技术创新。而且，环境污染的产生是一个包含了生态、社会、技术等全方位的系统性问题，单纯考量特定的技术问题，并试图“在原有技术系统内进行的单一技术的渐进性改进或对原技术系统进行优化的方式”[②] 以达到污染控制目标，并非明智之举。

---

① 刘秀凤：《燃煤电厂还能更低排放?》，《中国环境报》2014 年 12 月 11 日第 9 版。

② Geels, F. W., “Processes and patterns in transitions and system innovations: Refining the co-evolutionary multi-level perspective”, *Technological Forecasting and Social Change*, 2005, 72 (6): 681-696.

三、运动式治理的非预期性反应

“十五”期间环境指标未能完成，无疑给了政府一个教训：在“十一五”规划中，运动式的政策执行策略替换了原来无法奏效的常规性政策执行手段。不同于常规性政策执行的循规蹈矩和面临的资源制约，运动式治理依赖于充沛的资源和较大的权限，政府出台一系列相关政策要求企业在规定时间内完成节能减排集中整改。伴随着日益强化的环保监督和奖惩措施，污染企业有更大的动力去执行政策、完成相关指标。但是，由于国家的相关环境政策采用指标化的管理模式，对于环境质量改善的任务做出了限时、定量的要求，恰恰使得作为监管对象的企业失去了自主行为选择的能力。在《国务院关于印发国家环境保护“十一五”规划的通知》中规定：“要建立评估考核机制，每半年公布一次各地区主要污染物排放情况、重点工程项目进展情况、重点流域与重点城市的环境质量变化情况。在2008年底和2010年底，国家分别对《规划》执行情况进行中期评估和终期考核，评估和考核结果要作为考核地方各级人民政府政绩的重要内容。”这样的监管模式带来了“稀缺的制度供给”（Scarce Institutional Resources）和“极端的任务需求”（Extreme Task Demands）并存的格局。在严格的环境监管政策的诱导下，企业所面临的外部环境发生了变化，其所“执行新技术的决策不再是扩大市场份额的一种市场行为，而在硬约束限制下满足在市场上生存的基本标准”，即在规定的时间内，环保技术必须采用，环保设备必须上马。[①] 由于考核周期较短、考核次数频繁，企业作为监管对象，势必会在短时间内释放出对于环保减排相关技术方面的需求，而当时的环境技术市场却并不完善，因而短时间内利润空间的膨胀，使得环保技术服务类企业可以坐享政策红利，而无须通过技术创新获取相应的市场份额，弱化了其技术创新的动机。

以脱硫任务为例，在“十一五”规划中做出了明确的要求，“‘十一五’期间，加快现役火电机组脱硫设施的建设，使现役火电机组投入运行的脱硫装机容量达到2.13亿千瓦”，并且，在2006年，由当时的国家环保总局代表国务院，相继与相关省级政府、五大发电集团签订了“脱硫责

① 李瑾：《环境政策诱导下的技术扩散效应研究》，《当代财经》2008年第7期。

任书”，省级政府则继续与下一级政府签订类似责任状，指标依次分解，压力依次传递。2007 年，国务院通过了《节能减排综合性工作方案》，并成立以时任总理温家宝为组长的“国家应对气候变化及节能减排工作领导小组”；发改委与环保部门联合出台政策，要求火电厂安装脱硫设备，形成了一场“由政府引领的自上而下的脱硫风暴”。①

政策的引导，给脱硫市场注入了极大活力，根据国家发改委《关于加快火电厂烟气脱硫产业化发展的若干意见》中的测算，根据“十一五”期间的国家脱硫设施需求，脱硫产业的市场规模将达到 400 亿元。然而，“国内的专业脱硫公司本来就为数不多，脱硫项目的招投标骤然增加，现在市场需求猛增”，连进入市场不久的脱硫公司“一年之内也拿到了将近 10 亿元的合同”，一些能够获得高额利润的企业自然失去了继续创新的动力，一味地向国外引进技术和设备。但是，这样的盈利模式也导致了脱硫市场的盲目竞争，对国外技术和设备的过度依赖大大降低了国内脱硫建设企业的进货议价能力，产品的同质性亦加剧了行业内的价格竞争，相互压价又使得企业的利润空间被严重压缩，从而大幅削减研发支出，更是极大地弱化了自身的创新能力。② 而正是由于环境技术含金量不高、自主创新能力较弱，制约了中国环保产业的发展，截至 2012 年，中国大气污染治理行业总体产业规模为 975.1 亿元，其中，脱硫产业规模总体上趋于平稳，整体产业规模才刚刚超过 132 亿元；脱硝行业产业规模约为 544.5 亿元，总计新增脱硝机组容量 1.53 亿千瓦；除尘行业的市场规模则接近 300 亿元。③ “中国未来环境污染治理有巨大的市场需求，但目前全国的环保企业 2 万多家，产值却只有几千亿元的规模，中国的环保产业要想有长远的发展，还需不断挖掘潜力”。④

在此期间，一些国内大型脱硫服务公司为了快速获得利润并长期占据市场份额，很少将精力投入到自主设计研发上，而是重复引进技术和设备，截至 2006 年末，“国内已建成的脱硫装置中有近 60%的设备从国外进

① Liu, N. N., Lo, C. W. H., Zhan, X., Wang, W. “Campaign-style enforcement and regulatory compliance”, *Public Administration Review*, 2015, 75 (1): 85-95.

② 张泽:《脱硫市场前景喜中带忧》,《环境》2006 年第 10 期。

③ 贺春禄:《大气治理之虞:“低价陷阱”》,《中国科学报》2013 年 12 月 11 日第 5 期。

④ 孙仁斌:《“环保十条”带动万亿市场，中国环保产业为何一声叹息》,《国际先驱导报》2015 年 5 月 15 日第 12 版。

口，国内公司只负责土建和安装”，仅仅承担一些低端的工作，难以将核心技术消化吸收。国内脱硫企业与外方合作的方式主要有三种：①将项目中的核心技术设计部分转包给外方企业；②就单项技术与外方企业进行技术合作；③一次性买断若干年技术使用权。而且，由于环境技术具有很强的易复制性，国外企业在技术合作时，担心技术专利被窃取，通常不会将最新的技术产品进行转让。[①] 由于国外技术在脱硫市场中占据了绝对的统治地位，因而，作为需求方的发电企业，对于自主研发的脱硫技术并不信任，往往“要求该项技术已稳定运行三年或五年以上”，更倾向于选用国外技术，因此，“自主产权的脱硫技术多应用于中小型燃煤锅炉，少有机会在大机组上应用实践”。从而最终导致了自主创新技术失去了发展的空间。[②]

从某种程度上讲，中国环境技术创新水平的退步与政府的环境监管方式密切相关。严格的、指令式的指标分配，的确能够将国家的环保减排需求有效地转化为污染企业的技术需求，但政策本身过于注重强制性，过于追求时效性，从而对污染企业形成了一种前所未有的压力。在这种压力之下，企业的技术需求必须在短时间内得到满足，从而催生了环境技术和设备的市场急剧膨胀。进而，由于环保产业和市场本身尚未发育成熟，各类市场主体的规模和能力尚不健全，作为“委托方”的污染企业和作为“代理方”的环保技术服务企业之间的平衡被打破，逐渐进入一个由环保服务企业为主导的“卖方市场”。巨大的市场份额使得环保技术服务企业的技术创新动机逐渐弱化，更加依赖于国外技术，继而，由于国外环保技术的重复引进则进一步致使企业之间的竞争加剧，恶性竞争格局的形成，必然会压缩企业的利润空间，从而更加无力保障技术研发支出份额，创新能力更加弱化。

综上所述，“十一五”规划的环境政策虽然将环境监管力度提升至前所未有的高度，但在其具体的执行过程中却未能有效地推动环境技术创新能力的提高，仅仅实现了环境技术扩散水平的高速发展。之所以会产生这样的现象，其实质是由于环境监管政策在作用过程中存在着一定的问题：①在环境政策的执行过程中，由于主客观条件的限制，发生了目标替代，

① 史春杨：《政府信誉引来国外环保先进技术》，《无锡日报》2014 年 3 月 10 日第 A02 版。
② 张泽：《中国脱硫核心技术何时走出迷途》，《环境》2006 年第 10 期。

工作重心由“政策结果”偏移到了“政策产出”，将环保技术和设施的采用情况作为主要目标，而使得环境质量的改善这一核心目标退居次要地位；②作为环境政策的辅助要件，技术标准对于环境技术的规定，触发了企业的风险规避行为，使之更加倾向于采用标准所规定的技术而非自主的技术创新，从而有效地回避了环境治理失败所蕴含的潜在风险；③环境政策的运动式治理方式，对减排所做出的定时、限量的要求，打破了现有条件下环境技术市场的供需结构平衡，使得环境技术服务企业的利润空间迅速膨胀，弱化了其自身的技术创新动力。

之所以会出现这样的现象，实质上是在环境监管中，企业的主体地位并不健全，市场机制也未能充分发挥作用。

第四节　深层原因：现行监管方式弱化了企业主体地位

在力度日益加大的环境监管压力之下，环境技术创新和技术扩散呈现出截然不同的发展趋势，之所以会出现这样的格局，深层次原因在于现有的监管方式使企业的主体地位弱化，其并不是以一个健全的市场主体的身份承担自身对于环境污染的责任，而是以从属政府监管主体的方式分担政府对于环境监管的责任，企业的行动动力基本上来源于外生的制度压力[①]，则不得不以象征性行动[②]回应。

对于这一问题的解释应回归到政府环境监管的具体语境中看待，当政府对于环境污染采取压力式、运动式的监管方式时，不仅是在政府科层体制内部实现了主体间关系的重构和权力的重新分配，事实上也重构了政府与企业，甚至是政府与市场的关系。当环境监管部门在实施具体的环境监管执法工作时，由于对政策意涵的解读出现偏差、自身意愿的缺失、执法条件的限制等诸多方面的主客观原因，往往会出现政策目标替代的现象，

① 肖红军、张俊生、李伟阳：《企业伪社会责任行为研究》，《中国工业经济》2013年第6期。

② 缑倩雯、蔡宁：《制度复杂性与企业环境战略选择：基于制度逻辑视角的解读》，《经济社会体制比较》2015年第1期。

将原本仅发挥辅助作用的“政策产出”作为监管的主要目标，而本应致力于完成的“政策结果”却悄然退居次席，甚至被忽略不计。而正是由于“政策产出”可以通过标准化的方式予以量化，易于衡量，并且相对于“政策结果”而言，更容易显现成果，符合科层体制之内的政绩考核要求，所以，其在具体的执法实践中得到广泛应用。然而，“政策产出”原本只应具有参考意义，一旦作为终极目标，便会使“路径”与“目标”的关系本末倒置，而当“政策产出”被作为目标而加载到作为监管对象的企业身上时，则难以将其行为引导至预想的“政策结果”，难以使之对自身的污染行为承担责任。企业与生俱来的“利益最大化”动机，若要使之以市场主体的身份承担环境保护的责任，势必要通过兼容性激励机制[①]的设计，将其利益诉求和环境保护的公共需求实现有机地统一，为其利益诉求提供一个较为合理的出口和通道，使其原本基于环境污染而实现的利益诉求能够通过另外的渠道得以满足，这样方能调动其对于环境保护的积极性和主动性。然而，现有的监管方式无疑是沿着科层序列，将监管压力逐级传导下来，并跨越科层体制的组织边界，将这种压力延伸至企业，使得企业在环境监管过程中成为了从属于政府科层体制的角色，不得不为政府的监管目标服务。如此一来，由于监管部门将注意力更多地集中于对“政策产出”的考量，难免会对企业行为产生一种诱导，在利益最大化和监管严厉的双重诱因驱使之下，企业也会以最小的代价完成政府的“政策产出”任务，而并不关心环境问题的解决。企业这种“为了完成任务”的动机，也就意味着企业与政府之间存在着利益上的一致性，能够在监管中实现更多的默契，甚至是“共谋”，更进一步地将环境监管的“政策结果”虚饰了，只需按照要求安装治污设施便能够应付监管执法，而真正的治污绩效则相对次要。

在监管执法中，监管部门的目标替代行为使得企业通过技术创新实现环境质量改善的意愿被弱化，而技术标准的确立与执行，则进一步使得企业的环境技术创新的能力被弱化。事实上，美国的《清洁空气法》关于排放限制的相关规定也具有“技术强制”（Technology-forcing）的功能，但其重点在于“联邦各州实施计划把为达到国家空气质量标准而需要的排放限

① 陈建国：《以兼容性激励机制促进环境与经济协调发展——以山西省为例》，《公共管理学报》2012年第3期。

制规定在采用一定先进控制技术才能达到的水平上，至于为实现这种排放限制而采用什么技术，由污染者自己选择或发明。因此技术强制就是为改善环境空气质量强迫污染者采用先进的污染控制技术”[①]。“技术强制”是通过设置一个较高的环境质量标准，利用法律的强制力迫使污染者寻找或发明新技术从而为自己找到出路，并基于市场竞争机制为先发明实用、有效的污染控制技术的企业或个人提供占领市场和获利的机会，以一种外在的驱动、间接的方式推动污染者进行技术革新、改善生产经营状况，切实履行其对环境的责任，而并不是对当事人权益产生直接影响的行政行为。[②]环境政策的激励作用主要取决于两个方面的因素：环境政策的类型，以及政策作用的对象所接收到的信号特征。技术标准是一种特殊的制度规范，一般情况下，侧重于强化末端治理技术的应用[③]，无论其是否具有强制性意义，都会向监管对象传递监管主体的意愿和倾向。由于在政府所主导的环境监管模式中，企业只具有有限的主体地位，并从属于政府部门的环境监管实践，致力于完成政府所下达的任务和指标，因此，其必然会较为主动地捕捉政府所表达出的意愿和倾向，并极力地以此为行为标准和规范。正因为如此，企业才能从行为上获得足够的合法性，从而在其生存与发展过程中与政府保持更加密切的互动。企业趋从与技术标准的要求，引进并采用符合规范的技术，这样的选择必然会产生一定的机会成本，企业出于利益最大化的考量，难免会摒弃另外的选项，如技术创新。但是，企业的“核心竞争力在于核心生产技术的内源性定制能力”，环境技术的引进则依赖于组织之外的专业组织的技术“外源定制”[④]，“外源定制”的技术更加侧重于污染的末端治理，而环境技术创新能力的意义在于企业通过自主创新将环境保护融入到企业生产过程中，不是单纯地依赖于引进末端治理设备。这样的问题所导致结果必然是企业的环境技术创新能力的弱化，无法充分利用环境监管的契机完成自身产业结构的系统优化，以获得长久的竞争优势，并且最终传导到环境质量，使之难以实现根本性的改善。

---

① 王曦：《美国环境法概论》，武汉大学出版社 1992 年版，第 255 页。

② 方堃：《环境技术强制法律制度研究》，《华东政法学院学报》2014 年第 1 期。

③ Heaton G. *Environment polices and innovation*: *An initial scoping study*. Report prepared for the OECD Environment Directorate and Directorate for Science, *Technology and Industry*, 1997.

④ 邱泽奇：《技术与组织的互构——以信息技术在制造企业的应用为例》，《社会学研究》2005 年第 2 期。

“我国的环境政策大多局限于控制政策本身和实施政策所需的措施，并假设这些措施均能完全执行”，基于这样的假定，难免忽视了企业作为一个由利害关系基本一致的成员组成的群体所形成的坚强“利益刚性”，以及其对政府监管所采取的各种规避、应对措施。[①] 在这样的政策运行机制之下，环境技术创新主体被分割为两个相对独立运行的部分，分别是技术供给方和技术需求方，作为技术需求方的污染企业，往往会选择“成本最小的技术治理污染减小排放，使其仅仅小于标准”[②]。由于污染企业的目标仅仅在于完成政府的任务，在这种目标的驱使下，作为技术供给方的环境技术服务企业自然也不会将改善环境作为目标，而是致力于满足客户的诉求，仅仅立足于帮助污染企业更好地合规，即利用自身的环境技术优势，协助企业“完成任务”。因而，很多环境技术服务企业只是针对政府所管控的特定污染物，而非根据企业自身特点设计相应的减排方案，长期依赖于引进、利用成熟的环保工艺从事设施设计和设备安装的工作，且报着“头痛医头、脚痛医脚”的态度应对实际中碰到的技术问题。但是，本土企业的技术引进“需要先通过商业谈判来获得技术转让或取得许可，而商业谈判的复杂性可能会使得技术转让或许可的实现经历较为漫长的等待”，这在一定程度上减缓了环境技术推广和应用的速度，[③] 因而其通过技术转让方式所引进的技术往往“不是最先进的核心技术，而同时这些引进海外技术的企业很多创新动力不足，研发能力薄弱，只是利用国内廉价的劳动力和土地资源，以及较低的环保要求，对引进的技术简单地加以应用，进行生产和制造，并通过牺牲产品质量和可靠性来降低价格，以此形成自身的市场竞争力”[④]。

事实上，政府的干预削弱了企业环境技术创新能力的现象并不是中国所独有，Amore 和 Bennedsen 发现，在 20 世纪 80 年代末美国政府出台的第二代反收购法案显著削弱了市场对于公司管理的影响力，进而降低了企业环境技术创新的动力，主要是通过两个方面的作用机制：一方面，内部管理不善的企业在环保创新上显著落后，这受到决策者偏好和资金基础两

① 邓峰：《基于不完全执行污染排放管制的企业与政府博弈分析》，《预测》2008 年第 1 期。
② 魏澄荣：《环保技术创新的市场制度障碍及其优化》，《福建论坛·经济社会版》2003 年第 12 期。
③ 徐升权：《适应和应对气候变化相关的知识产权制度问题研究》，《知识产权》2010 年第 5 期。
④ 罗来军、朱善利、邹宗宪：《我国新能源战略的重大技术挑战及化解对策》，《数量经济技术经济研究》2015 年第 2 期。

方面的影响；另一方面，反收购法的出台作为整体外部危机降低的代表，导致全国环保专利数量的明显减少。除此之外，对于机构投资者持股比例较低、非能源依赖行业或轻污染行业的公司，这种消极的影响表现得更为显著。进一步地，整个社会的环保创新投入和发展可能也会因此受到不利影响。[①] Chintrakarn 也利用美国制造业企业的数据进行了实证分析，结果表明污染物排放量的控制降低了企业的专利数量，环境监管抑制了企业绿色技术创新能力。[②] 因此，对于政府而言，即便是基于环境改善的目标，也要尽可能地减少对企业经营活动的微观干预。

小结

环境监管政策的价值体现在其通过对技术进步路径的拓宽，进而实现对于生产力的促进和环境质量的改善。而环境技术进步体现在技术模仿、引进和创新等多种不同的维度上，而其核心在于技术创新能力的提升。

因此，作为发展中国家，中国政府应在方便国内企业模仿发达国家先进技术和激励国内企业进行创新之间取得平衡，制定并执行一个最优水平的环境监管政策强度。因为，这对于中国而言，既能够激励本土企业进行创新投入，也同样是建立一个功能性的市场的一部分，通过健全和完善企业作为市场主体的地位和功能，激发市场在环境监管、甚至在国家治理中的活力与积极性。[③]

① Amore, M. D., Bennedsen, M. “Corporate governance and green innovation”, *Journal of Environmental Economics and Management*, 2016, 75: 54-72.

② Chintrakarn, P. “Environmental regulation and US states’ technical inefficiency”, *Economics Letters*, 2008, 100 (3): 363-365.

③ Chen, Y., Puttitanun, T. “Intellectual property rights and innovation in developing countries”, *Journal of Development Economics*, 2005, 78 (2): 474-493.

第七章　环境监管的制度水平：中国环境税政策的局限性

第一节　问题：环境税政策为何功效不彰

环境税政策兴起于20世纪90年代西方国家所开展的“绿色税收”改革，其与之前所实施的排污收费制度有所区别，排污收费制度依据“污染者付费”的原则，向污染者筹集环境治理的资金，使之承担环境破坏的成本；环境税的目的则不再仅仅局限于此，而尝试蜕变为一项更为全面的政策工具，以环境税的征收实现污染者的行为改变，促进生产模式和消费模式的变化，进而实现资源节约和环境保护的目标。据此可以发现，环境税与排污费有着本质的区别，排污费是一种直接履行环境监管功能的政策工具，而环境税则侧重于将其自身的功能定位于调节监管对象的生产和消费行为，依据其行为特征和基本行为模式而促使其减少自身的环境破坏行为。

基于税收这一政策手段，主要通过增加排污者的排污成本，使污染的外部成本内部化，对于政策对象（企业或个人等）的行为进行激励，从而促使厂商减少环境污染和资源浪费，以实现资源节约、环境保护的目标，同时也会使社会资源由高污染行业转向绿色产业和高效能产业。目前，环境税已成为世界上较为通行的做法，尤其是在OECD国家中，截至2012年底，共有19个国家对废气排放征税，25个国家对废水排放征税，23个国家对固体废弃物征税，11个国家对噪声征税，5个国家对二氧化碳排放征税。其中，OECD中的大多数国家的环境税总收入占GDP的比重在2%~3%，平均为2.3%左右；占税收总收入的比重在5%~8%，平均为7%；从人均环境税收入统计看，OECD 国家的平均值在 800 美元左右。[①]

事实上，就中国而言，政府并未设立相应的独立的环境税税种，而根据 OECD 的定义，任何被政府强制地、无偿地征收，税基与环境相关，并蕴含环境保护功能的税收，即可称为环境税。因此，在中国的税收体制中能够发挥环境污染调节作用的税种，诸如资源税、消费税、增值税和车船税等税种中具有环境保护功能的部分，无论该税种的起始目的是什么，只要该税种的税基，即征税的对象具有实际和潜在的环保影响，都可以被视为环境税。以能源类的税收为例，尽管开始时纯粹是出于财政目的而引进，但其有可能带来有利的环境影响，所以被认为是环境税。

根据第五章中的计量模型分析结果可以看出，作为衡量环境监管中制度水平的一个重要指标，环境税对于空气质量的改善具有十分积极的意义，尽管环境税的相关政策作用机制时间较长，需要 4 年的滞后期方能真正显现出效果，但却能够在之后的时间里对于空气污染发挥十分显著的遏制作用。聚焦于中国的环境税，其中，环境税占总税收的比重在 2008 年之前往往都落后于 G20 国家的平均水平 1 个百分点以上，但在 2008 年之后迅速超过了 G20 国家的平均水平；然而，与此同时，环境税占 GDP 的比重却呈现出不同的下降趋势，其增长的幅度却显然比前者更缓慢，并且在 2002~2012 年这一阶段，始终落后于 G20 国家的平均水平。从环境税对环境污染所应当发挥的功效而言，中国的环境税水平的提升似乎并未能够像计量模型所预期的那样，实现遏制空气污染水平的结果。

所以，本章旨在深入探究环境税自身的意义，及其通过何种途径对环境质量的改善产生正面影响；中国的环境税发展趋势具有何种特征，环境税总额、人均环境税、环境税结构分别呈现何种趋势；环境税在总税收中所占比重与环境税在 GDP 中所占比重为何呈现出不同的增长趋势；中国的环境税水平与 G20 国家的平均水平之间有何差距；“十一五”规划以来，中国的环境税政策在哪些领域做出了调整；中国环境税制度存在什么样的问题；导致这一问题的主要深层次根源又是什么？

① 李旭红：《雾霾天催生“环境税”》，《第一财经日报》2016 年 1 月 8 日第 12 版。

第二节　环境税政策的意义

一、提升环境监管的制度化水平

环境税，可以视为一种系统的经济政策工具，体现为政府对经济间接的宏观调控：通过确定和改变市场游戏规则影响污染者的经济利益，调动污染者治污的积极性，让污染者也承担改善环境的责任；依据“污染者付费”原则，充分利用税收手段引导企业将污染成本内部化，从而在事前达到自愿减少污染的目的；将环境政策有机地融入到能源、交通、工业、农业部门的政策中，将经济手段与行政监管更有效地结合起来；可以使监管方式从“末端治理”逐步向“全程监控”转变。

1. 改变排污费的随意性

自从2003年7月《排污费征收使用管理条例》在全国范围内全面实施以来，虽然对排污企业做出了规定，要求其应依照相关规定缴纳相应的排污费，并且规定排污费必须纳入财政预算，并列入环境保护专项资金进行管理，主要用于重点污染源防治、区域性污染防治等，但在实际执行过程中，一直存在排污费征收面窄、征收标准过低、征收力度不足、征收效率低、缺乏必要的强制手段等问题。而且，因为排污费收入主要划归于地方财政，中央财政并不参与对排污费的分配，这样就削弱了中央对排污费的调控能力。

相对于以排污费为代表的命令管控方式而言，环境税显然会更加有效：首先，从环境质量改善的政策成本讲，环境税会低于命令管控的方式，因为后者所规定的是污染的“量”，以相对无差别的管理方式对每一个企业提出“一刀切”的要求，迫使其等量地减少污染，而“一刀切”的管理思路并不能真正反映出企业在各自减少污染方式上的成本差异，并不能实现总体成本最低，环境税则不同于此，其优势在于“规定了污染权的价格，它把污染权分配给减少污染成本最高的工厂，能以最低的总成本达到污染控制目标”；其次，排污费只能针对具体的污染物排放行为进行收费，而环境税则不同，对可以监控和计量的污染物排放可直接开征环境税，适时推进排污费改税，并提高征收强度，实现寓禁于征，对不易计量和监控的环境损害型商品及服务，可以将环境税的计征对象定位为产品和服务本身，提高商品税和所得税税负。

而且，排污费仅具有负向激励效应，只能对企业的环境污染行为进行一定程度的遏制，但难以真正对环境保护行为进行有效的鼓励。环境税作为一项政策工具，其环境监管功能可以从两个方面发挥：一是对资源环境破坏行为发挥抑制作用（如对污染或危害环境的企业、商品和行为课征更多的税费，且污染越大、环境危害度越强税负越高，寓禁于征，如消费税、资源税）；二是对环境保护、清洁生产和资源使用效率的提升发挥刺激作用（如对节能减排、资源节约的企业、商品和行为，给予税收优惠待遇，如增值税、消费税、企业所得税等税收制度中的低税率、减免税等有关措施）。只有将负向激励效应和正向激励效应有机地结合，才能够真正有效地发挥政策的行为引导功能。

2. 克服扭曲性税种的弊端

环境税的征收通常伴随着其他扭曲性税种的税率下降，特别是在当前中国企业宏观税负相对较高的背景下，通过环境税制度的确立可以促进环境保护和节能减排工作的推进，但这并不意味着仅仅以简单的环境税之名对企业进行征税，而应在稳定企业宏观税负基础上，降低企业其他税负（企业所得税、增值税等）。从而可以实现企业宏观税负的整体稳定甚至降低，并通过优化环境相关税种设计，通过相关税种具体设计中的激励性与限制性措施，引导和促进企业改变生产内容特性和生产方式。

不同于其他会“引起超额负担（或无谓损失）、扭曲市场决策”的税种，环境税可以“使资源配置向社会最适水平移动”，甚至使经济效率得到显著改进。众所周知，环境税能够形成所谓的“双重红利”，即环境质量的改善，以及环境税征收所导致的其他“产生扭曲效果的税收额”（如对劳动所得的征税）相应减少，进而减少社会的超额税收负担，提升社会福利。[①]

正因为如此，环境税不仅能够对企业的行为产生引导作用，更能够实

① 孙玉霞、刘燕红：《环境税与污染许可证的比较及污染减排的政策选择》，《财政研究》，2015年第4期。

现对政府行为的规范作用：由于其他扭曲性税种的税率下降，环境税征收将成为财政收入中一个不可或缺的组成部分，对于政府自身的有序运转的维持将变得更为重要。而环境税的征收建立在对污染排放量的掌握和有效的污染监管的基础上，如果政府希望确保其税基不被侵害，那么其不得不加强自身对于污染的监测和监管能力。这样，可以倒逼政府完善环境监测能力，严格环境监管和环境税征收体制。

二、促进环境监管技术水平的提高

根据上文中计量模型所分析的结果可以得知，环境税与环境技术水平之间存在着正向交互效应，二者能够分别对对方的水平提升发挥促进作用。环境税对于环境技术的发展既存在直接作用，也存在间接作用。直接作用在于：政府能够通过税收减免或税收返还的手段向企业释放出积极的信号，表达对其开展环境技术创新和应用的鼓励与支持，也可以通过差别税率的手段表达政府对不同技术水平的企业的不同态度，并以此触发企业的积极性和主动性，以提升自身的环境技术创新能力或环境技术引进力度，推动企业环境技术水平的快速提升；政府能够从环境税税收中按照一定比例提取相应的金额作为环境技术的创新研发基金，通过政府自身的科研力量或借助于公共资源推动环境技术的创新，尤其是相关基础学科的研发，运用其所获得科研成果助力于企业的环境技术水平提升。与此相呼应的是环境税的间接作用：环境税的征收和缴纳，直接导致企业生产运营的成本上升，为了充分消化成本上升的负担，企业不得不面临两种选择，分别是将成本上升的负担转嫁到消费者身上，抑或是采用自身变革的方式消化这一负担。毫无疑问，前一项选择又会面临来自于消费者的压力，可能无助于问题的解决，而后一项选择则通过加强技术创新能力、改善管理模式等措施，企业可以主动地提高资源开发和利用的效率，从而减少污染物的排放，[①] 与技术标准管控等方式相比，在命令管控政策下，一旦企业达到环境监管机构要求的技术水平，就没有激励再开展技术创新以减少污染排放，而环境税激励企业开发更环保的技术可以减少支付的环境税成本。

① 臧传琴、赵海修、王静、刘立奎：《环境税的技术创新效应——来自 1995~2010 年中国经验数据的实证分析》，《税务研究》2012 年第 8 期。

从社会—技术系统的视角看，技术系统自身嵌入在其他的社会系统中，受到系统所处的外部环境的影响，技术系统的变迁"取决于技术系统的'适应能力'和所面临的'选择环境'之间的共同演化"[①]。宽松的环境会助长企业的惰性，危急的形势会调动创新潜能。从客观上看，企业创新或不创新是其应对外部环境的一种选择，因此有什么样的发展环境，绝大多数企业就会选择什么样的发展模式，通过立法开征专门的环境税不失为一个有力且有效的举措，由此可以使企业环境污染成本内部化，让越来越高的环境成本逼迫企业要么创新工艺降低污染，要么改进技术减少治理成本，要么退出高污染行业。[②] 现有研究关于环境税对环境技术水平进步的具体影响机制做了较为深入的研究。Requate 等分别研究了不同的环境政策工具对企业环境技术研发的激励作用，结果显示环境税政策比自由许可、拍卖许可在激励企业方面更有效力。[③] 政府实施高污染税税率，可以迫使企业通过购买新的设备和技术降低使用石化能源所导致的污染排放，从而有效地激发了研发部门的环境技术研发的动机。[④] 有学者指出，一旦环境税被作为环境监管的重要措施，环境税的税率与企业的初始污染排放量之间呈负相关关系，而与企业对环境的边际损害程度之间呈正相关关系，这样，当单个企业开展环境技术创新的时候，可以通过提升环境污染治理的绩效从而扩大自身的市场份额，同时，未开展环境技术创新的企业市场份额则会相应地减少，而政府加大环境税征收的力度可以降低未开展环境技术创新的企业的市场份额，但对于开展技术创新的企业的影响则需"依赖于企业污染治理量和初始排污量的比较"[⑤]。高强度的环境税是促进企业环境技术创新效果最明显的政策工具之一，而手段过激的行政命令性政策工具则极有可能对环境技术创新产生阻碍[⑥]。也有学者侧重于关注环境税对环境技术扩散的影响，指出在发达国家向发展中国家开展环境技术

① 李宏伟、屈锡华、杨梅锦：《环境技术政策研究的系统和演化转向——"碳锁定"与技术体制转型》，《天府新论》2013 年第 1 期。

② 黄栀梓：《开征环境税将倒逼企业转型升级》，《中国商报》2015 年 11 月 24 日第 2 版。

③ Requate，T.，Unold，W.，"Environmental policy incentives to adopt advanced abatement technology: Will the true ranking please stand up"? *European Economic Review*，2003，47（1）：125–146.

④ 李冬冬、杨晶玉：《基于增长框架的研发补贴与环境税组合研究》，《科学学研究》2015 年第 7 期。

⑤ 生延超：《环保创新补贴和环境税约束下的企业自主创新行为》，《科技进步与对策》2013 年第 15 期。

⑥ 曹霞、张路蓬：《企业绿色技术创新扩散的演化博弈分析》，《中国人口·资源与环境》2015 年第 7 期。

转移的过程中，当东道国执行较为宽松的环境税政策时，有利于环境技术的转让，“只有在东道国执行宽松的环境政策或者对拥有低碳技术的外资企业进行补贴的情况下，低碳技术的转让行为才能满足两国政府和企业的激励相容条件”。[①] 这样的观点正好可以从一个侧面为上文的结论提供一些佐证，相对于发达国家而言，中国的环境税税率并不算高，直到 2008 年后才勉强达到 G20 国家的平均水平，而这也对环境技术扩散数量的迅速增长发挥十分积极的作用。

第三节　中国环境税政策的发展趋势

一、“十一五”期间的环境税政策

2007 年 6 月，国务院颁布的《节能减排综合性工作方案》中提出要“研究开征环境税”，这是中国政府首次明确开征环境税。2007 年 10 月，中共十七大报告提出，要“实行有利于科学发展的财税制度，建立健全资源有偿使用制度和生态环境补偿机制”，将资源与环境问题提升到更高的层面。

事实上，为了加大环境监管和治理的力度，在“十一五”期间，中国政府也出台了大量的环境税政策，主要包括车辆购置税、消费税、出口退税、企业所得税、增值税等与环保有关税收的税式支出政策等，政策出台的时段主要集中在 2008~2010 年，其中，环境税政策正是在 2008 年出台的数量最多。[②] 国家层面的环境税政策，除了国务院所颁布的 2 项外，主要集中在发改委、财政部、商务部、农业部和国税总局，仅财政部就出台了 35 项（见图 7-1）。政府主要是采取了“税种绿化”的方式，逐步取消或降低了“两高一资”产品出口退税，也逐步对部分钢材、焦炭等产品加

① 乔晓楠、张欣：《东道国的环境税与低碳技术跨国转让》，《经济学》（季刊）2012 年第 4 期。
② 董战峰、葛察忠、王金南、高树婷、李晓亮：《“十一五”环境经济政策进展评估——基于政策文件统计分析视角》，《环境经济》2012 年第 10 期。

征了出口关税；截至 2008 年，财政部、国家税务总局先后提高了陕西等 20 个省份的煤炭资源税税额，并在全国范围内提高原油、天然气的资源税税额标准，取消了资源税部分税收优惠；2008 年开始实施的新企业所得税法规定，从事符合条件的环境保护项目的所得，可以免征、减征企业所得税，企业购置用于环境保护专用设备的投资额，可以按一定比例实行税额抵免。

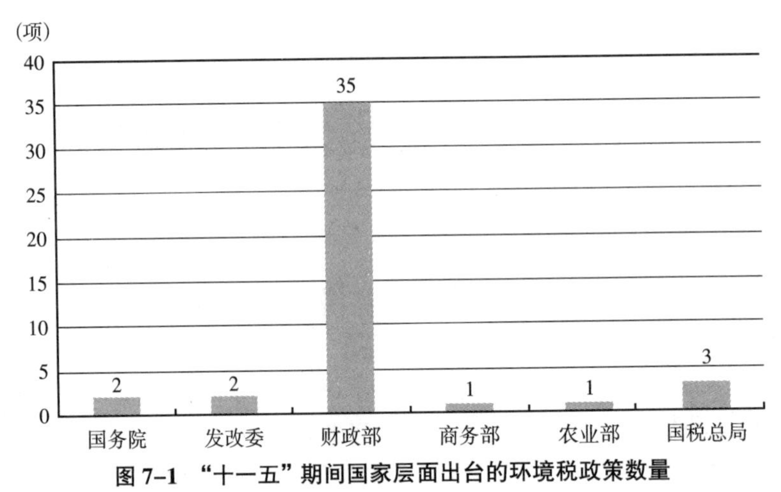

图 7-1 “十一五”期间国家层面出台的环境税政策数量

数据来源：董战峰等：《“十一五”环境经济政策进展评估——基于政策文件统计分析视角》，《环境经济》，2012 年第 10 期。

而具体到地方层面，各个省级政府所出台的环境税政策数量更多，其中有 25 个省份都颁布了自己本地区的环境税政策，而且，“十一五”期间的环境税政策与其他环境经济政策有所区别，其他政策往往更集中于经济相对发达的地区，因为发达地区对于环境经济政策需求较大，通常会积极探索利用市场力量治理环境污染的新途径，从而促进实现环境治理的效果和效率两维目标。但是，环境税政策却与此不同，发达地区并未呈现明显的优势，环境税政策出台最多的省份恰恰是处于西部欠发达地区的甘肃，共出台 12 项环境税政策，甘肃之所以会在“十一五”时期出台大量的环境税政策，正是因为其在努力争取国家环境税征收试点的机会，“考虑到经济欠发达的特殊性和经济结构方面的特点，对其展开研究，分析环境总量，排放与经济之间的关系等，为以后我国欠发达地区启动税基提供

数据”①。江西和湖北等位于中部地区的省份也在极力争取试点，并自行出台了较多的环境税政策。而与之形成鲜明对比的是，发达地区的北京、广东、山东、上海等省市所出台的环境税政策都不超过3项，福建省更是没有出台任何的环境税政策，见图7-2。

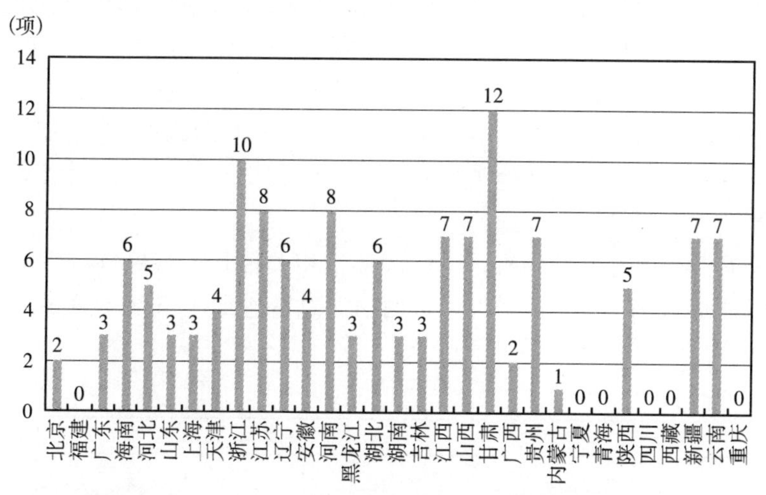

图7-2　“十一五”期间地方层面出台的环境税政策数量

数据来源：董战峰等：《“十一五”环境经济政策进展评估——基于政策文件统计分析视角》，《环境经济》，2012年第10期。

但是，总体而言，无论是国家层面还是地方层面，2008年之后集中出台相应的环境税政策，对于中国的环境监管力度都是极大的促进，这能从一定程度上解释中国环境税为什么会在2008年之后实现迅猛增长。

二、中国的环境税增长情况

按照OECD数据库的分类标准，环境相关税收主要由以下几类组成，分别是：①能源类税收，即针对能源产品（化石能源和电力）所征收的税种，值得一提的是，这其中包含了交通燃料（汽油、柴油）的税收，该税种就囊括了所有与二氧化碳排放相关的税种；②机动车和交通类税收，即交通设备的一次性进口（One-off Import）税和营业税，机动车保有、登记

① 徐静雯：《我省有望试点开征环境税》，《甘肃商报》2010年8月6日第A12版。

和使用的经常性（Recurrent）税收，以及与交通相关的其他税收，但是该税种不包含交通燃料的相关税收；③臭氧消耗物质类税收，即针对氟氯化碳（CFCs）、四氯化碳（Carbon Tetrachloride）、氟氯烃（HCFCs）和其他臭氧消耗物质所征收的税种；④水与废水处理类税收，即水质净化与提纯、管道供水、废水排放，以及其他与水资源利用、水污染治理相关的税收，但是不包含供水相关的费用；⑤废弃物处理类税收，即固体废物的终端处理、包装物（如塑料袋）以及其他与废弃物相关的税收；⑥采矿采石类税收，即矿区使用（Mining Royalties），以及矿物、砂和碎石等挖掘（Excavation）相关的税收；⑦其他类税收，包括渔猎税、硫氧化物和氮氧化物排放税等。

根据 OECD 的数据分析，中国的环境相关税收一直保持较高的增长速度，特别是 2008~2012 年增长了近两倍，总量达到近 2000 亿美元。

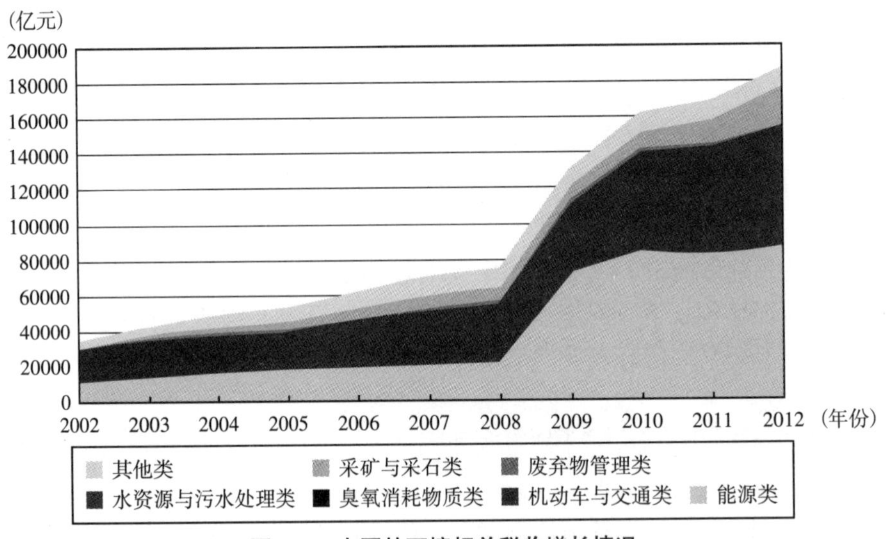

图 7-3　中国的环境相关税收增长情况

数据来源：OECD 数据库。

如图 7-3 所示，中国的环境相关税收总体上呈现出逐年增长的趋势，其中，2008 年以前，增长趋势较为平稳，环境税从 2002 年的 341 亿美元增长到 2008 年的 745 亿美元，税收收入增长了近 1.2 倍；而从 2008 年开始，总体增长趋势开始变得非常迅猛，到 2012 年，税收总额为 1867 亿美元，又在 2008 年的基础上增长了 1.5 倍。而环境税总额的增长主要得益于能源和交通两个部门的税源增长，这两项税收收入始终占据环境税总额的 70%以上比重：2008 年以前，机动车和交通类的税收是最大的税源；而 2008~2009 年，能源类的税收突然从 221.6 亿美元增长到 720 亿美元，一举跃居为环境税收中占比最大的一项税源，也带动了环境税收总额的增长；从 2009 年开始，机动车和交通类的税收增长速度加快，到 2012 年，增长到 653.5 亿美元。事实上，2008 年以来，中国的环境税不仅在税收额度上有了明显的增长，而且其在税收总额和 GDP 中所占的比重也有十分显著的提升。上文的模型计量分析结果已经得出，环境税收因素与当年的空气污染水平呈现非常显著的正相关性，主要是由于当年的环境税收以重污染行业的收入为税基，往往取决于当年的污染排放量。

由此可见，2008 年之后的环境税收入大幅增长可能基于三个方面的原因：①自 2008 年开始，中国的税制进行了一系列重要的改革，比如内外资企业所得税合并、增值税由生产型改为消费型、消费税扩大征收范围等，在这其中就有诸多税种涉及到环境领域，因此，税制发生重大改变，也带来了税收的变化；②“十一五”规划之后，环境监管力度的加强，特别是对相关重点污染排放行业税率的提升；③2008 年之后，中国的经济刺激计划对于能源行业发展起到了促进作用，同时，机动车数量的快速增长带来了交通行业的快速发展，扩展了环境税的税基。

从 2002~2012 年的总体趋势看，中国的环境税占总税收比重处于增长的态势，特别是在 2008 年以后，中国的环境税占总税收的比重迅速提升，超过了 G20 国家（共 16 国，俄罗斯、印度尼西亚和沙特阿拉伯的数据缺失）的平均水平，这既得益于中国环境税收入的增长，特别是能源类税收额度的提升。2008 年开始，中国政府对税种进行了一系列力度较大的改革，对于能源类、机动车和交通类税收中的一些具有环境调节功能的税种进行了强化，税基和税率都做了一定的调节，使得此类税收收入有了明显程度的增长。而与此同时，这一调整必然会导致其他相关的“扭曲性税收”收入有所下降，这样会在总体税负增长幅度不大的前提下，实现环境类税收的较大涨幅，进而使得环境税收入在总税收中的比重在较短时间内出现跨越式增长。根据 G20 国家的整体情况，环境税在总税收中的占比达到 7%以上是比较合理的，只有达到这一水平才能真正实现其政策初衷：不但能够实现其对于企业治理污染的约束，达到保护环境的目的，而且能够通过对污染、破坏环境的企业征收环境税，并将税款用于治理污染和保护环境，从而能够使这些企业所产生的外部成本内在化，利润水平合理化，同时会减轻那些合乎环境保护要求的企业的税收负担，从而可以更好地体现“公平”原则，有利于各类企业之间进行平等竞争。同时，这一现象也在一定程度上反映了2008年之后中国总税收增长幅度略显缓慢，由于2008年的全球性金融危机波及中国，对中国的整体经济发展形势，尤其是实体经济发展造成较为不利的影响，从某种程度上对中国的总体税收增长产生了一定影响，多方面原因的叠加导致环境税收入在总税收收入中的占比得到显著提高。

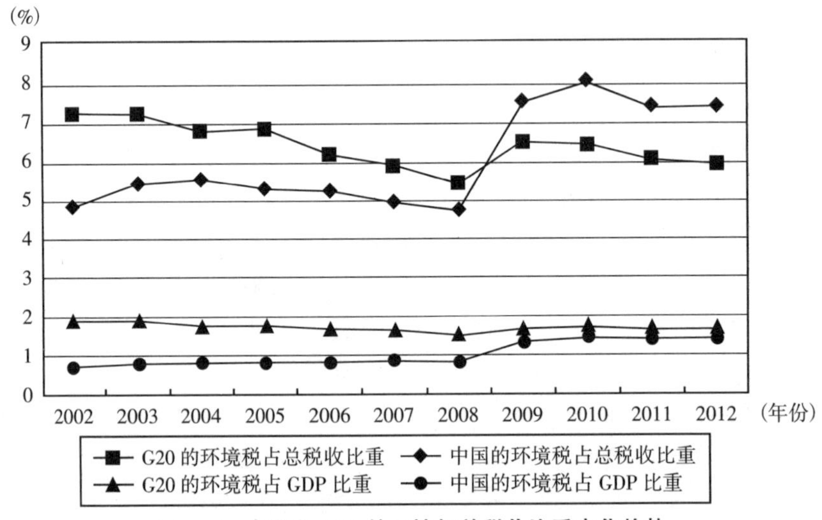

图7-4 中国和G20的环境相关税收比重变化趋势

数据来源：OECD数据库。

如图7-4所示，在环境税占总税收比重得到显著提升的同时，环境税占GDP的比重却未能有如此大幅度的增长：2008年以前，中国的环境税占GDP的比重始终处于1%以下，而G20国家的平均水平却维持在1.5%~2%，有着十分明显的差距；2008年之后，随着中国环境税总额的提升，其在GDP中所占的比重也得到了较快的增长，并成功地突破了1%的“天花板”，但是，仍然与G20国家的平均水平保持了一定的距离，处于落后的状态。这说明中国环境税增长虽然很快，但由于底子薄、起点低，其税收额度还始终未能达到G20国家的平均水平，尤其此阶段正是中国经济高速发展的时期，GDP 的增长遥遥领先于其他国家，进而，必然会导致环境税占 GDP 的比重处于一个较低的水平。

综上所述，可以看出，中国的环境税增长趋势虽然非常迅速，但这一趋势却远不及 GDP 的增长水平，而 GDP 的增长本身对于工业化、城镇化和能源消费的需求，又往往带来污染源和污染量的增加。因而，环境税占 GDP 比重较低，环境税的增长幅度不能与 GDP 增长的水平相协调，也可以解读为中国环境税的增长并未能够对污染总量形成有效的遏制作用。

三、中国的环境税结构

尽管中国的环境税在总税收中所占的比重增长十分迅速，并且在 2008 年之后始终维持在 7%以上，并超过了 G20 国家的平均水平，但是仔细对比中国和 G20 国家的人均环境税收收入的绝对值，却仍然有十分明显的差距。自 2008 年起，中国的环境税有显著增长，并且，在 2009 年，人均环境税开始超过了 100 美元（见图 7-5），但是，这一数值远远落后于 G20 国家的平均水平，诸如英国和意大利始终维持在人均 800 美元以上，基于税收对环境污染进行调控的力度远超过中国。值得注意的是，在 G20 国家

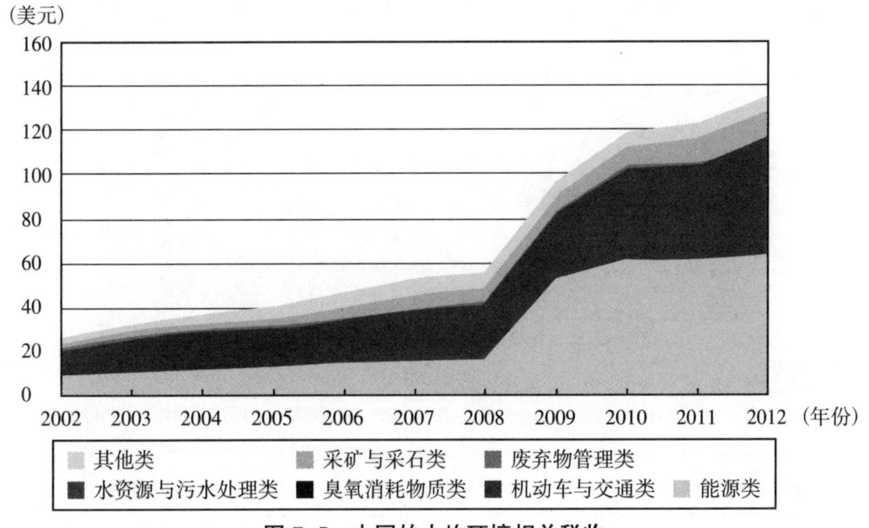

图 7-5　中国的人均环境相关税收

数据来源：OECD 数据库。

中，墨西哥能源税比例为负数，以2008年为例，由于机动车燃料的消费价格波动有所缓解，2008年的世界市场价格偏高，燃料消费税转为补贴，相当于该国内生产总值的1.8%。

纵观G20国家的环境税平均水平，2002~2012年，G20的人均环境税水平的变化态势较为平稳，基本上维持在400~450美元；除了2008年略低，其余年份的人均环境税额度都能够保持在400美元以上（见图7-6）。而能源类税收以及机动车和交通类税收则占据90%以上的比重，其中，能源类税收则是处于绝对的主导地位，仅其一项税收就能够达到300美元，达到了环境税收收入的70%以上，而且其增减的状况直接决定了总体税收的变化趋势，而机动车和交通类税收在这一阶段并没有明显的变化和波动，始终十分稳定。这一点与中国的人均环境税状况形成鲜明的对比。中国的环境税虽然总增长趋势非常迅猛，但实际征收的税收额度并不能与G20国家的平均水平相提并论，2012年中国的人均环境税总额达到了135.59美元，而G20国家的平均值则约是中国的3.2倍，而在2002年，G20国家的平均值则约是中国的16.2倍。而且，从具体的税收结构上看，本应扮演最重要角色的能源类税收更远远地落后于G20国家的平均水平，G20国家2012年的人均能源类税收收入约为300.58美元，而中国仅为

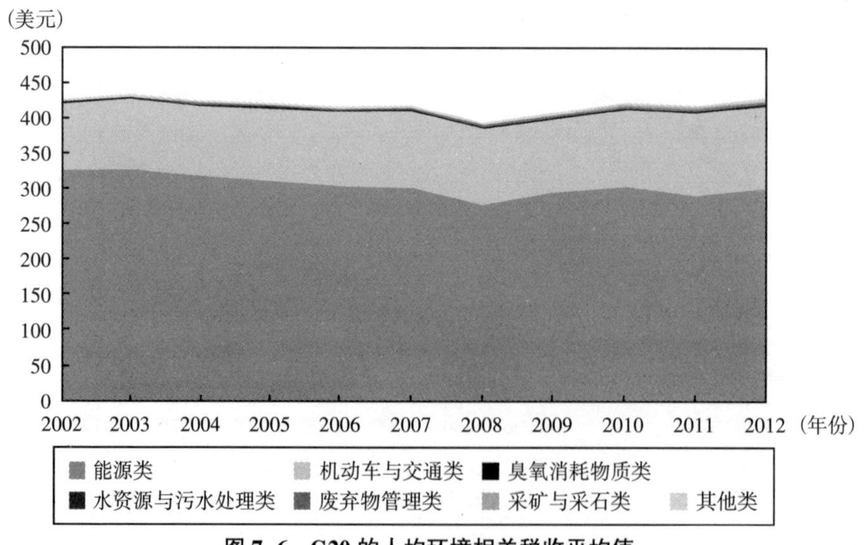

图7-6 G20的人均环境相关税收平均值

数据来源：OECD数据库。

64.49 美元，二者之间的差距近 5 倍，而 2002 年的差距约为 35 倍。由此可见，中国的环境税税收额度始终处于非常低的水平，而在环境监管中发挥主要作用的能源类以及机动车和交通类税收更远远落后于 G20 国家的平均水平，因此严重限制了中国的监管水平及其影响效力。

聚焦现实中的中国税制结构可以发现，中国的环境税体系是由多种“能够影响单位个体环境污染行为的税种”所组成，包括增值税、消费税、资源税、车船税、耕地占用税与城镇土地使用税等，在这其中以间接税为主，直接税所占比重相对较小（见表 7-1）。实质上，真正“能够直接作用于企业污染环境行为的税收为直接税，间接税只是以税收优惠的方式发挥作用”，资源税、车船税、耕地占用税和城镇土地使用税等直接税虽然可以对个体和企业的环境破坏行为施加一定的影响，但由于其本身所占的比重较小，难以发挥较大的作用。而在税收结构占比较大的间接税中，消费税虽然具有抑制损耗能源消费行为的功能，但其自身与生俱来的“可转嫁税负”的特点又使其环境保护功能的发挥予以弱化；增值税虽然能鼓励单位个体节能减排行为，但其激励作用主要通过税收减免和税收返还的方式予以实现，同样存在着可转嫁税负的问题，而且“在提供税收优惠的同时，还会造成增值税抵扣链条的混乱”。而且，因为在当前的环境税体系内部，“各项影响单位个体污染环境行为的税种只是受制于其本身的税收法律法规，而并不受制于体系内部”，所以，单一税种本身能够具备限制企业环境破坏行为的功能，但整个体系却难以真正发挥政策的导向性作用。①

表 7-1　中国现行环境税结构

税种	环境相关规定说明
增值税	① 鼓励废旧物资回收再利用的减免税 ② 鼓励资源综合利用的减免优惠 ③ 鼓励发展环保节能项目的减免税 ④ 鼓励使用清洁能源及生产环保产品的优惠规定（具体参见财税［2001］97 号、财税［2001］198 号、财税［2008］38 号、财税［2008］156 号、财税［2008］157 号、财关税［2010］50 号、财税［2010］110 号、财税［2011］115 号等相关文件规定）
消费税	① 对生产和消费具有显著环境污染性的特定商品征收消费税，如烟、鞭炮及焰火、摩托车和小汽车、涂料和电池、成品油、木制一次性筷子和实木地板等 ② 摩托车和小汽车的消费税根据排气量从小到大，适用从低到高的税率 ③ 自 2004 年 7 月 1 日起，对企业生产销售达到相当于欧洲Ⅲ级排放标准的小汽车减征 30%的消费税

① 董正：《OECD 国家环境税体系的发展及其对我国的启示》，《国际税收》2014 年第 4 期。

续表

税种	环境相关规定说明
企业所得税	① 对从事符合条件的环境保护、节能节水项目的所得税实施“三免三减半”优惠，且购置使用这些项目的专用设备，其投资额的10%可以抵免应纳税额（财税［2010］110号、财税［2008］48号） ② 对企业综合利用资源，生产符合国家产业政策规定产品取得的收入，减按90%计入收入总额（国税函［2009］185号） ③ 国家对重点扶持的高新技术企业，按15%的税率减征企业所得税（《企业所得税法》）；企业研发费用可以实行50%的加计扣除（国税发［2008］116号） ④对符合条件的节能服务公司实施能源管理项目，实施“三免三减半”政策（财税［2010］110
资源税	对开采应税矿产品和生产盐，实行差别税率的资源税；促进资源合理开采利用
其他税	耕地占用税、车船税、车辆购置税等，也具有一定的环保功能

数据来源：李建军、刘元生：《中国有关环境税费的污染减排效应实证研究》，《中国人口·资源与环境》2015年第8期。

而且，因为中国没有专门的环境税税种，现有的环境相关税收中的税种，如增值税、资源税、消费税、企业所得税等，虽然具有促进环境保护的政策功能，其设立初衷大多并不是为了环境保护，其税制设计的核心价值是以经济增长为目标，旨在收入补充和调节、资源节约和综合利用等。以消费税为例，是在增值税普遍课征基础上，选择部分科目再次征税，起到了收入补充和特殊调节作用。消费税的征税科目包括烟、酒、化妆品、护肤护发品、首饰珠宝玉石、鞭炮、焰火、汽油、柴油、汽车轮胎、摩托车、小汽车、电池、涂料等不同类型。其中，与环保税相关的是鞭炮、焰火、汽油、柴油、汽车轮胎、摩托车、小汽车、电池、涂料等，但值得一提的是，真正作为能源消费主体和大气污染主要来源的煤炭、焦炭和火电等产品却没有被纳入其中，因此能源类税收所占比重始终不高，其也难以真正对大气污染产生遏制作用。同时，含磷洗涤剂、汞镉电池、臭氧损耗物质、一次性餐饮容器、塑料袋等污染产品也未能列入其中，低标号汽油和含铅汽油的消费税税率相对较低，环保效果并没有实现最优。资源税也是如此，雾霾等环境问题的成因之一是“机制性的资源粗放低效耗用”所导致，而现有的针对煤炭等初级能源产品的资源税往往是实行“从量计征”的方式，并不能够体现能源产品的稀缺性，“每吨只有两三元钱，其对煤炭企业的调控作用低得几乎无关痛痒”，但如果采用“从价计征”的方式，就能够在能源生产和消费领域推动资源要素的相对价格上调，进而也能够在一定程度上促进生产和消费主体的行为改变，调整自身的消费模式以适应价格的波动，“刺激各种主体千方百计地开发节能减耗的工艺、产品和技术”。①

第四节　中国环境税政策效果不彰的原因

对比中国环境税和G20国家的平均环境税水平，可以很容易发现，尽管中国的环境税占总税收的比重已经增长到较高的水平，但具体到中国的环境税收入绝对值，及其在GDP中所占的比重而言，在G20国家中，中国都处于明显的相对低位水平，限制了环境税这一政策工具的效用发挥。从税收结构上看，这一问题主要是具有两个原因：

一是排污税制度尚未建立，缺乏以污染物排放为税基的税种。根据测算，对于同样的污染控制目标的实现，对污染物征税相对于依据热值对能源消费征税对控制污染更加有效，因为“对污染物征税更能反映这种污染成本的内部化，进而能更有效地减少扭曲，使得其对于GDP的损失要小于针对能源消费征税”②。因此，由于排污税的缺乏，对于中国环境税政策的效用发挥将是较为明显的削弱。

二是能源类、机动车和交通类这两个最主要的税种收入过低，在环境税体系中所占比重也较低，拉低了环境税总量的水平。在G20国家中，有关环境税收中的90%以上都来自于能源类、机动车和交通类税收水平的变化，能够调节相应时段的单位GDP的汽油使用量等能源消费水平，从而对污染物的排放状况形成一定的改善。但是，由于中国的相关税收水平过低，难以真正实现其对环境质量的改善功能。

---

① 李军：《绿化税种，驱散雾霾——全国政协委员贾康谈资源税改革》，《中国环境报》2014年3月5日第3版。

② 何建武、李善同：《节能减排的环境税收政策影响分析》，《数量经济技术经济研究》2009年第1期。

一、排污税制度尚未建立

截至目前，中国尚且没有设立排污税，即以污染物排放为税基的环境税税种，对于污染物的排放，中国主要采取的监管手段是征收排污费。中国的排污费制度建立于 1982 年，以排放对环境造成污染的单位和个人作为收费对象，主要包括超标排污费和排污费两大类，收费的依据是根据排放物种类和污染程度的不同，目的是筹集环境治理所必需的资金。排污费制度旨在将企业排污的负外部性成本予以内部化，一方面能够筹措治理污染所必需的资金，另一方面也可以增加排污者的排污成本，减少污染。

但是，排污费制度在设计上有其自身的先天性缺陷：无论是针对排污量，还是超标排污量而言，该项制度都会设定较为硬性的标准，但实质上，环境标准并无一个准确数值，其“对高于标准值的环境行为统一禁止，而低于标准值的环境行为则又全面放任，无法顾及环境污染程度的多样差别”。除此之外，未能与市场机制进行有机地结合，并协同发挥影响，因而，作为市场主体的企业往往“当努力将环境污染刚好控制在标准值以上后，它再无动力进一步改善环境”，即便是技术和设备上有条件，也难以真正形成继续治污的内在动机。[①] 此外，排污费的制定呈现出明显的地区差异，以北京为例，其排污费标准“相当于全国十多倍，那些高污染企业就开始琢磨，觉得排污费成本高就搬走了”[②]，但是，这样的政策实质上只能起到加速污染转移的作用，而难以真正实现污染水平的降低和环境质量的改善。

而且，这项制度在现实的执行过程中也存在诸多问题：主要污染物排污费征收标准偏低，截至 2014 年，全社会环保方面的投入规模约为 6000~8000 亿元/年，但每年全国对企业收取的排污费才 200 多亿元，约为投入的 1/30，两方面严重不对称，[③] 而且不能弥补污染治理成本，不利于污染物的治理和减排，造成企业违法成本低于守法成本，难以真正促进企业治污积极性；法律强制性不够，环保部门的执法权限不足导致其在实际

---

① 张海星：《开征环境税的经济分析与制度选择》，《税务研究》2014 年第 6 期。
② 孔令钰：《环境税持续加速》，《财新周刊》2015 年第 10 期。
③ 蒋梦惟：《我国排污收费仅为环境治理投入 1/30》，《北京商报》2014 年 4 月 8 日第 2 版。

执行中往往会受到地方保护主义的干涉，最终可能致使排污费不能够足额征收。正是因为排污费本身征收标准较低，而且排污费征收过程中，开单金额和入库金额之间巨大差额的存在，使得政策不能将企业的“负外部性”实现内部化，进而实现污染减排和防治的目的，从而出现了政策目标与政策结果之间的巨大偏差。

若要解决这一问题，最基本的一个思路是进行“费改税”，确立排污税制度。因为相对于排污费而言，排污税具有更强的法律刚性和强制性，能够更好地刺激企业污染治理，促使企业环境外部成本内部化，充分发挥税收制度的政策效果。况且，作为环境税中的一个具体税种，排污税通常可以依据环境污染量计收，污染多则多征税，污染少则少征税。排污税可以将税率作为其发挥调节作用的决定性因素，不同的税率水平、行业差别税率以及税率定期调整机制都会使纳税人做出改进生产工艺、进行末端治理或缴纳排污税等的不同选择，真正地实现负外部性社会成本的内置，从而给市场主体注入了激励机制，将环保行为作为其自主的理性选择。

据测算，即便是简单的排污费平移成环保税，预计每年的环保税规模能够达到500亿元左右，而2014年全国征收的排污费也仅有194亿元。[①] 并且，现行排污费制度难以同其他税种之间形成协同效应，若能够实现“费改税”，确立排污税制度，这一局面就会实现明显的改善，一直进行的结构性减税也为开征环境税腾出空间，环境税可作为结构性增税与营改增的政策搭配出台，对冲财政减收压力，强化税收调控效果。[②]

二、能源类和交通类税种的税率较低

众所周知，能源和交通是环境污染的最重要来源，尤其是能源的生产与使用。中国的能源消费结构很不合理，70%以上依赖于煤炭，而这也正是中国污染物和温室气体排放的主要来源，全国二氧化硫排放量的90%、烟尘排放量的70%、二氧化碳排放量的70%来自于燃煤。高能耗型的增长方式以及高碳的能源结构，导致中国单位GDP的碳排放强度不断增加。其实，交通领域的环境问题，在本质上也是能源消费的问题。随着城镇化

① 王金南：《科学设计环境保护税，引领创新生态文明制度》，《环境保护》2015年第16期。
② 陶涛：《环境税该怎么征》，《中国青年报》2013年10月14日第10版。

的发展，交通基础设施的建设速度不断加快，人均机动车的保有量迅猛增长，这样的发展趋势给中国的环境造成了巨大的压力。然而，与G20国家的整体情况进行对比可知，中国的环境税收入偏低的一个重要原因在于能源类税收、机动车和交通类税收这两项最主要的税种的税收额度偏低，在整个环境税体系中所占的比重也相对较低。

事实上，无论是能源类税收还是交通类税收，在税种设计开征之时，其目的都不是针对环境保护，而是出于增加财政收入，并促进能源工业的发展和出口的意图，尽管有一定的环境保护功能，但其税率在设计之初并没有考虑因消费而产生的环境外部成本，便难以发挥显著的作用。对于能源税的征收，OECD国家普遍采用的是增值税（只有澳大利亚和美国不开征增值税）和消费税（所有OECD国家都对车船燃油课征消费税）的形式，这两项税种重点是针对机动车燃料所征收。此外，对于机动车燃料之外的其他能源，还征收能源环境税等，明确以能源对环境的影响来划定能源税体系。在中国的税制结构中，涉及到能源的税收基本都是零星分散在其他税收政策之中，从开采、生产、消费各环节的现有税种看，仅有生产排放环节还缺乏税收调控手段，资源税对矿藏品的开采进行调节，消费税对消费行为进行调控。比较典型的是消费税中对汽油、柴油以及石脑油、溶剂油、润滑油等根据“从量计征”的原则按照一定比例征收税款。在能源领域，中国还制定了一些有利于环境的税收优惠政策，如煤炭、煤气、居民用煤炭制品、石油液化气、天然气、沼气、暖气、热水和冷气，可以按照13%的低税率征收增值税；原油、天然气进口关税的最惠国税率为0，炼焦炭进口关税的最惠国税率为3%；航空燃油暂不征收消费税；汽油、柴油进口关税的最惠国税率分别为5%和6%。与机动车和交通相关的税收，则主要分布在增值税和消费税中，对于机动车，按照排量征收不同幅度的消费税，此外还有车船使用税、车辆购置税等。

但是，由于能源类和交通类的税种都散落在其他各大类的税种之中，而不同税种本身所蕴含的目的和功能也有诸多不同。因此，对于环境监管而言，这样的税制结构无疑缺乏整体设计，各自独立、互不衔接，散乱的格局难以形成合力调控环境问题。能源消费量的迅猛增长，与始终维持较低水平的能源类和交通类税收之间形成十分鲜明的对比，导致这样的税收额度难以真正对能源消费行为形成一定的调节作用。

而进一步探究，能源类和交通类税种的税率始终难以增长到较为合理

的幅度，这样的局面之所以形成，在很大程度上由于其对经济活动所造成的明显负面影响。在对能源消费行为进行征税时，无论是采用“从量计征”的方式，还是依照能源热值、能源含硫量（或者含碳量）等方式进行计征，都不可避免地会对经济增长造成一定的严重后果，“尽管环境税收入通过减少企业所得税的形式返还给企业，但是投资仍然有所下降”，其所导致的GDP损失较大①。

无论是排污税在环境税体系中的缺失，还是能源类、交通类税收在环境税制结构中的比重过低，都在一定程度上导致了中国的环境税总体收入水平的增长瓶颈。正因为如此，“十一五”以来，虽然以环境税为代表的环境经济政策手段日益受到重视，国家和地方出台或试点各种环境经济政策，如生态补偿、排污交易、电价补贴、提高排污费标准、绿色金融等，但总体上仍未形成完整的环境经济政策体系，环境经济政策手段的优势在我国环境保护工作中尚未能够充分发挥。因此，环境税制结构的不合理，导致其对环境污染调节力度的局限性。

第五节 深层原因：央地间的利益及认知差异

中国环境税发展的两个主要问题分别是：第一，能源类税种和交通类税种的税率较低，税收额度较为有限，导致环境税总体收入始终处于低位水平；第二，环境污染排放的监管主要还是依赖于排污费，在具体的执行过程中，有较大的政策变通空间，“费改税”的工作亟待得到有效推进。这两个部分的缺陷，构成了中国环境税体制发展的瓶颈，限制了环境税作为环境监管中的主体性政策工具本应发挥的作用，但是，这两个问题产生却不仅仅是局限于环境税政策本身，而应追溯到整个体制结构中寻求答案。

纵观中国的环境问题，很多浪费资源、破坏环境的行为恰恰是由于政府“反市场的政策”所诱发出来的，例如人为压低煤炭价格的政策，制约了煤炭利用的技术创新，造成了煤炭利用的大量浪费和环境问题②。环境

① 何建武、李善同：《节能减排的环境税收政策影响分析》，《数量经济技术经济研究》2009年第1期。

② 肖巍、钱箭星：《环境治理中的政府行为》，《复旦大学学报》（社会科学版）2003年第3期。

税的开征，正是为了有效地解决这一问题，基于激励机制的设计，诱导企业、个人等监管对象顺应政策影响，妥善地做出相应的行为选择，尽可能地趋利避害，自觉地改善自身的环境破坏行为。

围绕环境税的征收，央地政府之间所产生的矛盾，也可以视为政策制定者和政策执行者之间的分歧，其分歧的焦点恰恰是关于环境税功能认知上的偏差。作为政策制定者，中央政府侧重于环境税的行为调节功能，即通过环境税的征收实现其对于环境保护的功能，其中的关键在于其制度设计中体现的对环境保护、节能减排的激励措施和对污染环境、能源和资源消耗的约束，是否以及多大程度上能够改变作为市场主体的企业或个人的行为选择，使其生产经营活动更为绿色化。中央政府的环境税政策试图根据国家标准制定税率，倒逼企业做出选择：一是纳税不治理，用缴税的方式购买治理污染的服务，此举不仅支持税收收入的增长，也将带动环保产业的发展壮大；二是治理不纳税，为了减少税负的负担，企业将寻求技术革新，转变落后生产方式和方向，自动退出高污染高排放行业，完成产业结构调整，此举也将为碳排放权交易等绿色金融打开一条新的通道。

而作为政策执行者，地方政府的动机则截然不同，其注意力聚焦于环境税的另外一项功能，即通过征税满足政府财政经费的需要，这也是税收的最基本、最核心的功能。中国的环境监管结构有一个很重要的特征，地方的环境保护部门受到同级地方政府的管辖，而地方政府却拥有自身对于GDP和税收的追求激励，相对而言，环境保护目标处于较为次要的地位。在现行的官员晋升机制驱动下，地方政府的官员承担着促进区域经济发展和提供公共服务的双重使命，因此其必须依赖于当地企业的发展，这样方能够实现区域内GDP和自身财政收入的增长，进而，地方政府也必然从这一角度考量环境税的功效。环境税看似增开了税种，拓展了税源，但事实上，环境税收入的增加未必能够实现总税收收入的同步增长，其对于地方短期内的经济发展和财政收入往往起到负面作用，因为环境税必然会增加企业的成本负担，导致企业短期内的竞争力有所下降，从而影响地方经济和总税收。尽管从长期看，环境税可以实现技术进步、产业结构优化、环境质量改善等多重良性影响，但其短期内给企业和地方政府所带来的是负担和压力的增加，如果税率定得较高，则势必会伤害企业生产积极性，甚至有可能导致企业破产或寻找其他的地方开展生产经营，即使环境税收上来，其他税收却会跟着降下来。当前的官员晋升和选拔的体制中有一个

非常关键的激励机制设计，即考核地方官员在一个相对较短的任期内对于地方经济增长水平的促进程度，这样的诱因势必会对地方官员的行为产生一定的影响，集中精力地争取在自己的任期内实现区域经济的发展，而环境税的征收与税率提升无疑会增加企业负担，再加上一些作为地方利税大户的大型企业运用自身能力与政府进行博弈，讨价还价，要求补贴或者优惠，进而阻碍这一目标的实现。

更何况，开征环境税或进行税种的“绿化”，则势必会伴随着其他税种税负的调整，实行结构性减税，选择增值税和企业所得税等一些特定税种削减其税负水平，并“由地方政府承担更多的环境治理以及监督企业减少污染排放的职责”。[①] 以能源类税收为例，一旦其税率和在税制结构中的比重上升，而能源类税收中很重要的一个类别是归属于增值税，偏向于环境调节功能的部分比例上升，则必然带来增值税中其他部分的减少。但是，增值税本身是由中央政府和地方政府分成，发展重化工业等产业可以增加地方增值税的收入，地方政府又缺少其他主体税种，这加剧了它们吸引重化工业、加工工业投资的冲动，一旦税制进行调整，将使得地方政府这方面财源大大受损，[②] 所以能源税的改革推进较为困难。并且，排污费收入通常是专款专用，主要用于污染防治的用途，是作为政府环保投资的一个组成部分；而按照传统的税收理论和通行的税收惯例，税收支出不与收入来源挂钩，环保税作为税收的一个具体类型，应纳入到一般财政预算，进行整体性的统筹使用，即环境税征收后不应指定用于环境保护。这样一来，势必会造成这样一种后果：税务部门征收环境税，并将税金纳入国库一般财政预算，而原本可以直接用于地方环境治理的排污费已经取消，则地方环保部门只能依赖上级的环保拨款，导致了地方的“事权”与“财权”不匹配，特别是无法负担地方环境执法中的行政性开支，不仅加重了地方政府的财政压力，而且加剧了地方对中央的财政依赖性。这样的利益考量使得地方政府缺乏足够的内在动机推动环境税政策，甚至会在具体的执行过程中千方百计地抵制或是延缓环境税的开征。

---

① 贾康：《结构性减税是开征环境税的前提》，《新京报》2015 年 3 月 7 日第 A05 期。

② 王尔德、高晓慧：《专访中国国际经济交流中心特邀研究员范必：环保规划要有大格局》，《21 世纪经济报道》2015 年 10 月 14 日第 2 版。

第八章 不合理发展模式对空气质量的负面影响

环境问题的实质在于发展方式的问题，环境保护与经济发展之间的动态平衡关系是环境监管所应达到的目标。随着发展阶段的深入推进，二者间的主要矛盾已经从过去的“环境怎么办”转变为了“发展怎么办”，即如何实现经济结构调整、转型升级。所以，环境监管政策的制定与实施，应当纳入到宏观经济发展的总体框架中进行考量。①

在推动污染物排放量下降、改善环境质量的过程中，主要是通过两种路径予以实现，分别是环境治理技术和以环境税为代表的制度。通过计量分析可以得知，环境技术专利的扩散水平和环境税占总税收的比重对于空气污染的改善作用都具有一定的滞后效应，前者在滞后 2 期之后才能发挥显著的作用，其影响系数分别为-0.575、-1.270 和-1.346，后者需要到滞后 4 期方能够产生显著的影响，影响系数分别-0.117。根据上文的分析，中国在环境监管的技术水平和制度水平上，即环境相关技术专利的扩散数量和环境相关税收占总税收的比重方面，都有明显的增长，尤其是在“十一五”规划实施以来，中国的环境监管投入有了极为迅猛的发展。但是，城镇化率、工业比重和人均能源消费等因素对于空气污染的恶化作用则都是在当期就能够产生显著的影响，其中，城镇化率对于空气污染的当期影响是 0.312，并且具有 1 期的滞后效应，影响系数为 0.189；工业比重对于空气污染的当期影响是 0.493，而且其滞后效应一直持续到滞后 4 期，从滞后 1 期到 4 期的影响系数分别为 0.435、0.352、0.285 和 0.224；人均能源消费对于空气污染的当期影响是 0.0417，并具有 3 期的滞后效应，影响系数分别为 0.0362、0.0296 和 0.0198。除此之外，通过对计量模型的稳健

① Heyes, A. “A proposal for the greening of textbook macro: ‘IS-LM-EE’”, *Ecological Economics*, 2000, 32 (1): 1-7.

性检验分析发现，煤炭消费在能源结构中的比重具有更加强烈的影响，其对于当期空气污染的影响系数甚至高达 12.83。

由此可见，环境监管水平，无论是技术水平还是制度水平的提升，对于空气污染的遏制作用的发挥都具有一定的滞后性，而且，其影响系数也远远小于城镇化、工业水平以及能源消费等促进污染加剧的因素。换言之，如果单纯地提升环境监管水平，而不能同步地对城镇化率、工业比重、人均能源消费量和能源消费结构等因素进行调整，监管水平提升所产生的正面效应将很容易被其他因素所产生的负面效应所抵消，从而无法真正实现对空气污染的改善。

第一节　城镇化发展的负面影响

随着城镇人口在总人口中所占比重的递增，对于环境空气质量的影响表现为两个不同的向度：首先，由于工业、生活能源消费量的增加，特别是大规模电力供应和采暖需求所诱致的排放量增加，以及机动车保有量逐年攀升所带来的燃油消耗量的大幅增加，此外，还有城镇基础设施建设过程中所产生的扬尘和道路扬尘加重，从而使得空气污染的恶化趋势难以逆转；其次，由于城镇化发展所伴随的技术进步对于能源利用效率的提升和对新能源的开发利用，产业规模化和集约化发展所形成的投资及产业结构调整，以及政府环境监管能力和法律制度的健全和完善，公众素质的提升、环保意识的增强，又必然会对环境产生一定的正面效应，使得空气质量表现出进一步好转的趋势。[①]

根据上文的计量模型分析，可以发现这两种截然不同的趋势：在 G20 国家的全样本模型中，城镇化水平对于历年的空气污染水平表现出非常显著的正相关影响，意味着城镇化率越高，空气污染程度越加严重，并且具有较强程度的累积效应；然而，再将中国的个案从中剔除，仅对其余 18 个国家进行计量分析，则结果有明显的差异，城镇化对于当期的空气污染

---

① 李小飞、张明军、王圣杰、赵爱芳、马潜：《中国空气污染指数变化特征及影响因素分析》，《环境科学》2012 年第 6 期。

则不再具有显著的影响，而到了一定的滞后期，城镇化率对空气污染的影响则呈现出显著的负相关，说明在这 18 个国家的样本中，城镇化水平对空气质量所起到的作用更多地呈现出正面效应，即城镇化可能通过产业结构、经济结构、产品结构和技术结构等有效的调整，引致能源消费结构的有效转变，从而减少污染物的产生，相关研究也表明，城市化的发展使得发展中国家石油替代煤炭过程加速①，电力消费也发生了显著变化②。换言之，基于两组样本之间的显著差异可以判断，中国数据直接影响了G20 国家的整体水平。由此可见，和其余 18 个 G20 国家相比，中国城镇化的路径和模式似乎对空气质量有着十分消极的影响。

城镇化率所反映的不仅是城乡人口结构的变化，其背后更蕴含着这一结构变化所引发的居民生产与消费行为变化，Imai 通过对多个国家 1980~1993 年的城镇化及能源消费数据进行了分析，认为城镇化与人均能源消费显著正相关③，中国学者的研究也认为能源消费与城镇化之间存在着长期均衡的协整关系④，随着经济的迅速发展，城镇化进程的加快，中国城乡居民消费支出的增加会间接导致能耗量的上升⑤。“能源的生产性消费以工业和城镇为主，同时，与人口城镇化进程相伴的居民消费水平的提高和生活方式的改变使得对生活性能源消耗的直接与间接需求增长”，而且，“人口城镇化的推进使得城镇基础设施及居民住宅建设的需求量相应增大，拉动了水泥行业的生产与消费”，此外，“人口城镇化进程往往伴之以耕地、林地的占用”，这些都对污染物排放产生直接或间接的影响，如化石能源燃烧的污染物排放、水泥制造过程中化学物质分解产生的污染物排放，以及由于土地利用变化造成植被减少而引致的污染物排放相对值增加。⑥

① Sathaye，J.，S. Meyers. “Energy use in cities of the developing countries”，*Annual Review of Energy*，1985，10 (1)：109–133.

② Burney，N. “Socioeconomic development and electricity consumption：A cross–country analysis using the random coefficient method”，*Energy Economics*，1995，17 (3)：185–195.

③ Imai，H. “The effect of urbanization on energy consumption”，*Journal of Population Problems*，1997，53 (2)：43–49.

④ 刘耀彬：《中国城市化与能源消费关系的动态计量分析》，《财经研究》2007 年第 11 期。

⑤ 李艳梅、张雷：《中国居民间接生活能源消费的结构分解分析》，《资源科学》2008 年第 6 期。

⑥ 彭希哲、朱勤：《我国人口态势与消费模式对碳排放的影响分析》，《人口研究》2010 年第 1 期。

一、由城镇化的特定发展阶段所决定

该现象可以归因于中国城镇化的发展阶段，在稳健性检验中，通过添加城镇化率平方项作为控制变量进行回归分析，得出该变量的影响系数为负向显著，从而可以判断，城镇化水平对于空气污染程度的影响呈现出倒U形趋势：城镇化发展的前期通常会对环境质量产生较大的负面影响，而随着城镇化水平发展到一定阶段之后，其对于环境质量的影响将释放出更多的正面效应，从而能够对空气质量起到一定的改善作用。事实上，在2002~2012年，G20中多数国家的年平均城镇化率都达到了60%以上，仅有中国、印度和印度尼西亚3个国家没有达到这一水平，而且中国城镇化的年均增长率还保持在一个较高的水平，因此，这样的发展阶段难免会导致城镇化率的增长加剧空气污染的情况。特别是中国当前依旧处于能源资源支撑工业化完成、经济爬坡过坎、城镇化进程推进的重要阶段，其所带来的污染排放新增压力依旧处于一个高位水平，新老问题所产生的压力叠加在一起，应对的风险及难度明显增大。

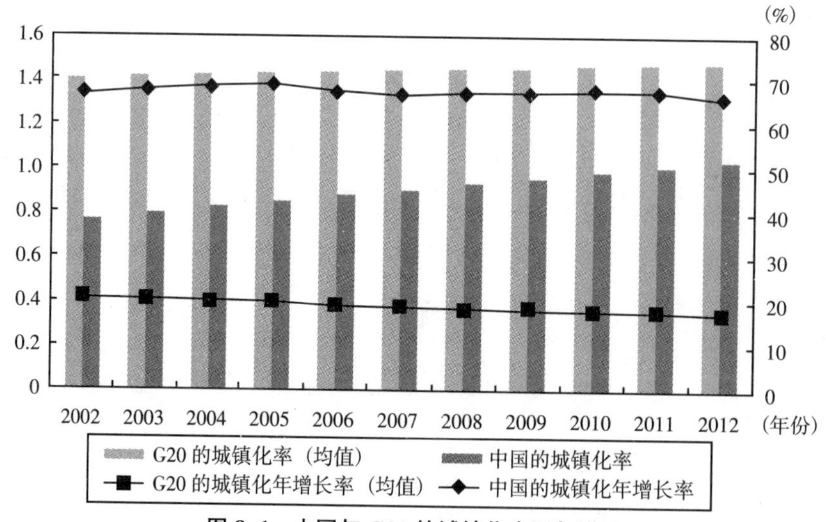

图8-1 中国与G20的城镇化水平与增速

数据来源：世界银行数据库。

如图 8-1 所示，中国的城镇化水平与 G20 国家的整体状况依旧有一定的差距，从 2002~2012 年，中国的城镇化率持续增长，从 38.425%一直增长，并逐渐达到了 50%以上，2011 年和 2012 年，中国的城镇化分别达到了 50.57%和 51.89%；而在此期间，G20 国家的城镇化平均水平始终保持在一个较高的水平，处于 70%的水平之上，但是变化的幅度相对较小。可见，与 G20 国家相比，中国的城镇化率还处在较低的水平，但是，中国正在逐步缩小自身与 G20 国家之间的距离。从城镇化的年均增长率看，中国的城镇化率每年增长水平都处在 1.3%~1.4%，保持着一个较高的增长速度，而 G20 国家的平均水平则远不及中国，基本上处于 0.4%左右。相比而言，中国的年均城镇化增长率更快，甚至能够超过 G20 平均水平而接近 1 个百分点。基于以上分析可以看出，中国的城镇化水平相对较低，正处于高速发展的阶段，并逐步缩小与发达国家的差距；而 G20 国家则大多数已经完成了自身的城镇化进程，拥有了较高的城镇化率，继续增长的空间已然较为有限。而城镇化率对于空气污染有着十分显著的正向影响以及较为强烈的累积效应，因此 G20 国家的城镇化水平对于空气污染的影响已经较为稳定，而中国则不同，逐年增加的城镇化率时刻都能够给空气污染造成新的增量，而且这样的污染增量将会不断累积、叠加，导致中国空气污染逐步恶化的势头难以真正得到遏制。简而言之，城镇化水平不是影响空气污染的核心问题，关键在于城镇化发展的模式与路径。

通过对比不同行业的固定资产投资[①] 建设总规模（见图 8-2），可以发现，固定资产投资建设总规模最大的三个行业分别是房地产业、制造业以及交通运输、仓储和邮政业，而这三者中，房地产业与交通运输、仓储和邮政业两项产业都是城镇化发展的重要驱动力，这两者的固定资产投资建设总规模之和超过了整体固定资产投资建设总规模的 40%，而且这一比重仍保持着上涨的趋势：2004 年的比重为 43.61%，而到了 2012 年，房地产业与交通运输、仓储和邮政业的固定资产投资建设总规模之和在整体固定资产投资建设总规模中所占比重就达到了 47.70%。从这一数据看，中国现行的城镇化模式属于投资拉动型，以固定资产投资的增长带动城镇人

① 固定资产投资是建造和购置固定资产的经济活动，即固定资产再生产活动。固定资产再生产过程包括固定资产更新（局部和全部更新）、改建、扩建、新建等活动。固定资产投资是社会固定资产再生产的主要手段。固定资产投资额是以货币表现的建造和购置固定资产活动的工作量，它是反映固定资产投资规模、速度、比例关系和使用方向的综合性指标。

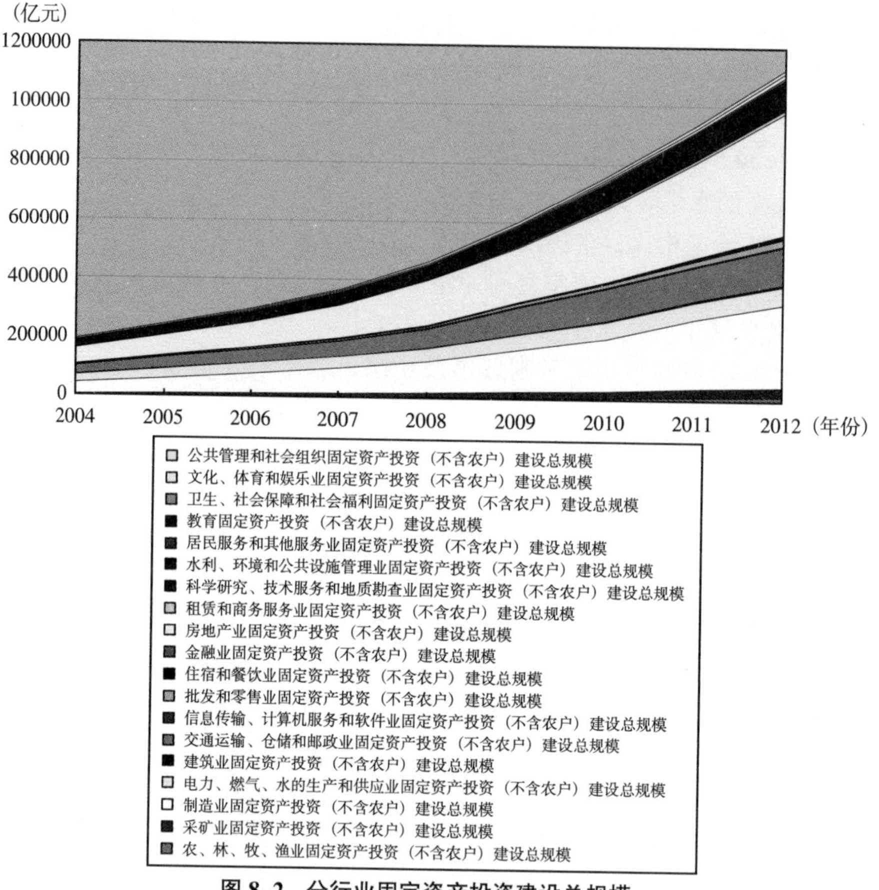

图 8-2 分行业固定资产投资建设总规模

数据来源：国家数据网站。

口比重的提升，从而保持城镇化水平的快速发展。而这样一种城镇化发展模式必然伴随着大规模的住房和基础设施建设，从而造成大量能源消耗和环境污染，最终对空气质量的逐步恶化产生不良影响。

从整体发展的趋势看，随着城镇化发展的深入推进，中国的城镇化率增长速度有所放缓，水泥、玻璃等建材产品的产能将陆续达到峰值，能源消费的增长将保持低速、平稳发展，使得煤炭消费达到峰值，从而在整体上对环境的压力适度减轻。

二、汽车保有量的迅速增加

城镇化发展的另一个重要影响在于其加速了汽车保有量的增长。2002~2012年，中国的汽车产量增加了4.93倍，其中，载客乘用车增长了6.53倍，轿车数量的增长更是高达8.86倍，年平均增长率为27.85%。从平均水平来看，轿车的增长速度更是迅猛，2002年中国每万人中的轿车保有量为8.53辆，而到了2012年，中国每万人中的轿车保有量就达到了79.74辆，增长幅度为8.35倍，年均增长率为27.17%（见图8-3）。可以说，无论是从绝对值总量还是平均水平来看，中国轿车增长率都是远远超过了城镇化的发展速度。

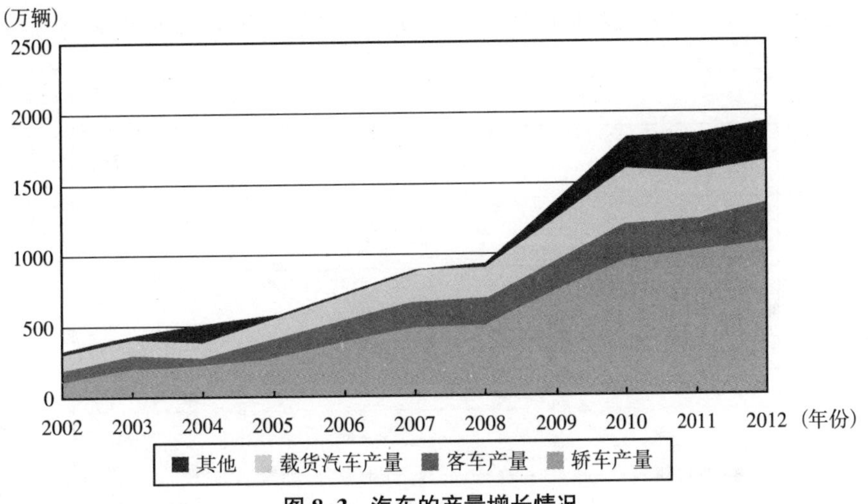

图8-3 汽车的产量增长情况

数据来源：国家数据网站。

众所周知，汽车的尾气排放是空气污染的最重要来源之一，其中，汽油车是CO_2和VOCs排放主要贡献源，而NOx主要来自柴油车的排放。[①]汽车尾气中此类污染物质的排放量逐渐升高，从而使空气污染从“以硫酸

① 姚志良、张明辉、王新彤、张英志、霍红、贺克斌：《中国典型城市机动车排放演变趋势》，《中国环境科学》2012年第9期。

型为主导逐步向硫酸和硝酸综合型转化”①。并且，目前的相关政策事实上是对汽车行业发展的鼓励，诸如多数城市不采用汽车牌照拍卖制度、汽油价格低于国际水平等，除此之外，政府在城镇化的战略中强调发展中小城市和控制大城市，但由于中小城市一般不会有密集的公共交通体系（例如地铁），这种以发展中小城市为主的城镇化战略将在事实上继续鼓励汽车消费的高速增长。

汽车产量和保有量之所以能够增长得如此迅猛，除了城镇化水平提升所导致需求增长之外，还有一个不可忽视的原因，即相关行业的固定资产投资增速的驱动。根据国家统计局所公布的交通运输设备制造业固定资产投资数据可以发现，2004 年，中国的交通运输设备制造业固定资产投资仅为 3135.85 亿元，而此后的 7 年内经历了飞速的增长，2011 年的投资额为 22737.14 亿元，增长了 6.25 倍，年均增长率为 33.09%（见图 8-4）。而在交通运输设备制造业固定资产投资的建设总规模中，政府的项目平均占

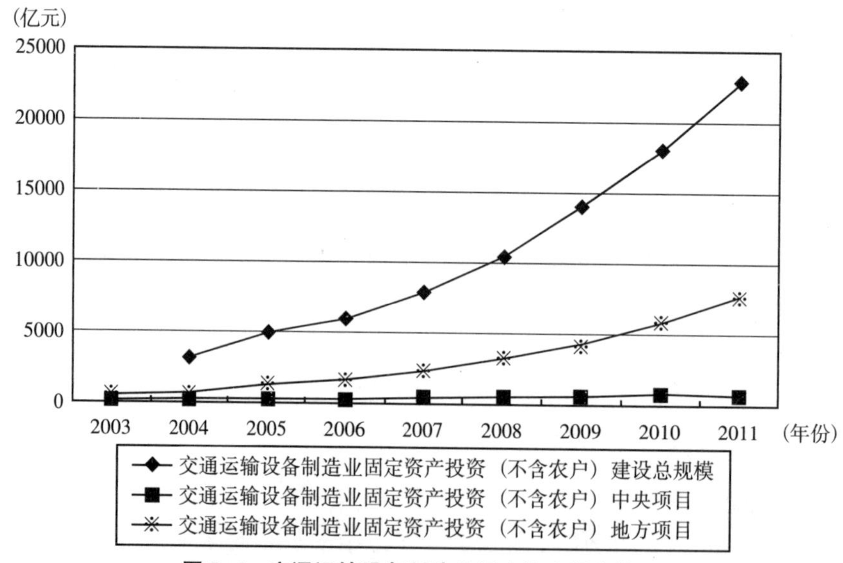

图 8-4　交通运输设备制造业固定资产投资情况

数据来源：国家数据网站。

① 李巍、杨志峰：《重大经济政策环境影响评价初探——中国汽车产业政策环境影响评价》，《中国环境管理》2000 年第 2 期。

到了34.70%的份额，超过了1/3，而其中地方项目的增长幅度则达到了12.07倍。这一投资增速的趋势主要始自2004年国家发展和改革委员会颁布《汽车产业发展政策》之后，改革了汽车投资项目审批管理办法，扩大了现有汽车生产企业自主决策权，释放了其自身的投资热情，加速全行业的固定资产投资。①

三、建材行业的快速膨胀

在城镇化背景下，以水泥和玻璃为代表的建材行业无疑是受益最大的行业：城镇化过程的增长为建材行业的发展提供了契机，建材行业的总需求保持了一种增长状态，作为基建及房地产的上游，水泥、玻璃等行业受益匪浅。参考各国水泥消费增速和城镇化水平关系，建材行业的发展一定程度上反映了城镇化进度。由于城市集群触发配套交通基建需求提升，拉动水泥需求。另外，人口转移城镇，地产和现代化楼宇建筑的长期发展，维持了水泥和平板玻璃需求。尤其是建材行业中的水泥子板块，具有周期行业特征，最直接的影响因素是下游需求，即基础设施建设和房地产投资是否旺盛，而这两项正是衡量城镇化水平的重要显性指标。而事实上，水泥产业的产量增长速度远远快于城镇化本身的速度：从2002年的72500万吨增加到2012年的220984.08万吨，年均增长率为11.87%，而城镇化的年均增幅仅为1.3%~1.4%。因此，水泥产量的增长速度过快、幅度过大，甚至存在着一定的产能过剩的迹象（见图8-5）。

作为一种重要的资源性产品，水泥在国家经济社会发展中承担重要的作用，也是影响国民经济发展的基础。中国城镇化和路桥建设都需要大量水泥，每年水泥生产占全世界产量的3/5。水泥行业是高耗能行业，能源消耗依靠煤炭和电力，而煤炭燃烧和燃煤电厂排放的PM2.5和其他大气污染物是造成灰霾天气的主要原因。水泥生产所涉及的诸多工序和环节，其中关键性的步骤包括生料制备、熟料煅烧和水泥磨粉三个阶段，在生产过程中（尤其熟料煅烧环节）需要耗费大量能源，同时释放出大量污染物。煤炭燃烧和水泥生产是汞的主要来源，其中煤炭燃烧释放的汞占中国总汞排放的一半。同时，作为水泥消费的需求侧，基础设施和房地产、建筑业

① 陈建国、张宇贤：《我国汽车产业政策和发展战略》，《经济理论与经济管理》2004年第12期。

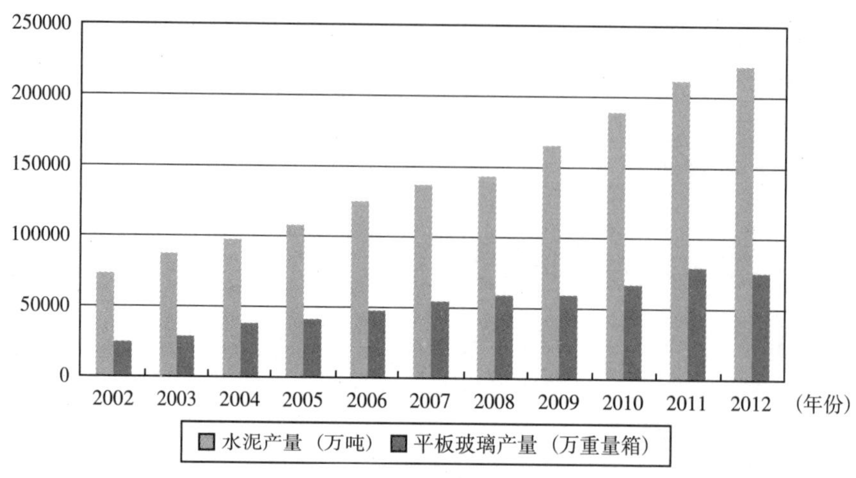

图 8-5 水泥和平板玻璃的产量增长

数据来源：国家数据网站。

等领域也是空气污染的重要来源。

根据清洁空气创新中心、能源基金会和 Trucos T 联合发布的报告《上市公司环境成本档案——以 32 家水泥企业为例》，中国是世界上最大的水泥生产国和消费国，自 1985 年起，中国的水泥产量已连续 30 年居世界第一位，截至 2014 年，中国的水泥产量占世界水泥产量的 56.5%。水泥行业的主要污染物为颗粒物、二氧化硫和氮氧化物等，对灰霾天气形成有着重要的贡献，同时也排放大量的温室气体和重金属汞。水泥行业的颗粒物、SO_2、NOx 排放量占全国排放总量的比例分别高达 15%~20%、3%~4%、8%~10%，属于污染重点控制行业。而仅 2013 年，“中国 32 家水泥上市公司的水泥产量相当于全国水泥总产量的 46%，其产生了 1954 亿元的外部成本。如果将这些外部成本内化，将可能抵消掉 32 家水泥上市公司 67%的熟料和水泥收益及 43%的公司总收益”；其中，“85%的大气污染外部成本来自于 PM2.5 和汞排放，它们共产生了 1158 亿元外部成本”，而这些主要都是来源于企业自身生产过程的直接排放。[①]

水泥产业之所以会出现如此迅猛的增长，甚至存在产能过剩的格局，

① 清洁空气创新中心、能源基金会、Trucos T.：《上市公司环境成本档案——以 32 家水泥企业为例》，2015 年。

其主要原因在于政府对于固定资产的投资拉动项目建设，水泥需求进而也受到推动，“十一五”期间的五年投资又超过了中华人民共和国成立后50年投资的总额，以2008年全球性金融危机之后的4万亿投资为例，其对相关领域需求的拉动力度过大，导致资金迅速地向水泥行业流动。[①] 而且，对于交通等基础设施领域而言，目前的体制和市场价格尚不能为社会资本提供足够的激励机制，只能更多地依靠政府投资和补贴，因此，水泥行业的发展与政府的投资拉动密切相关。

第二节　工业比重过高

在上文的回归分析中得出，在相关控制变量中，工业比重的影响是最为严重的，也是最为显著的，其对于空气污染的影响程度更甚于城镇化和人均能源消费水平，负面效应的累积性将一直持续到4期以上，而且无论是否剔除中国的个案，工业比重对于当期空气质量的影响都十分显著。据此可以看出，在整个G20国家样本中，都存在着一个事实：工业比重越高，空气污染越严重，而且这样的影响将持续相当长的时间。

这样一个事实，在中国的个案情景中也得到了充分的印证。2002~2012年，中国的年平均工业增加值在国内生产总值中所占的比重，虽然从2007年之后呈现出一定程度的下降趋势，但是，总体而言，依旧维持在40%~50%的高位态势，而G20中的大多数国家的工业比重则低于40%，其中，有10个国家是处于20%~30%，这些国家也恰恰是PM2.5浓度值较低的国家。由此可见，工业在国民经济中所占比重过高，对于中国的空气质量恶化具有不可推卸的责任。

一、工业煤炭消费量过高

而工业之所以会成为污染的重要来源，主要是因为其是能源消费，特别是煤炭消费的最重要主体。通过对比国民经济各部门的煤炭消费量可以

① 宋佳燕、黄杰：《水泥靠城镇化大项目》，《理财周报》2012年12月31日第11版。

发现，虽然工业在国民经济中的比重相对呈现出先上升后下降的趋势，2012 年工业比重比 2002 年仅增加了 0.66%，但工业煤炭消费量在全国的总体煤炭消费量中所占的比重非但没有下降，反而有一路上扬的态势，2002 年的工业煤炭消费量在总体煤炭消费量中所占的比重为 91.31%，而此后持续上升，到了 2012 年，工业煤炭消费量的占比就达到了 95.17%，涨幅为 3.87%。这主要是由于其他产业在自身发展过程中，逐步摆脱了对于煤炭能源的过度依赖，在保持产值增加的同时，通过提高能源使用效率，或增加其他常规能源或新能源消费的比重，控制了本领域内煤炭消费的过快增长，然而工业煤炭消费量的高速增长趋势却没有得到有效的遏制：2002~2012 年，工业煤炭消费量增长了 1.41 倍，远远超出了其对国民经济的贡献率。

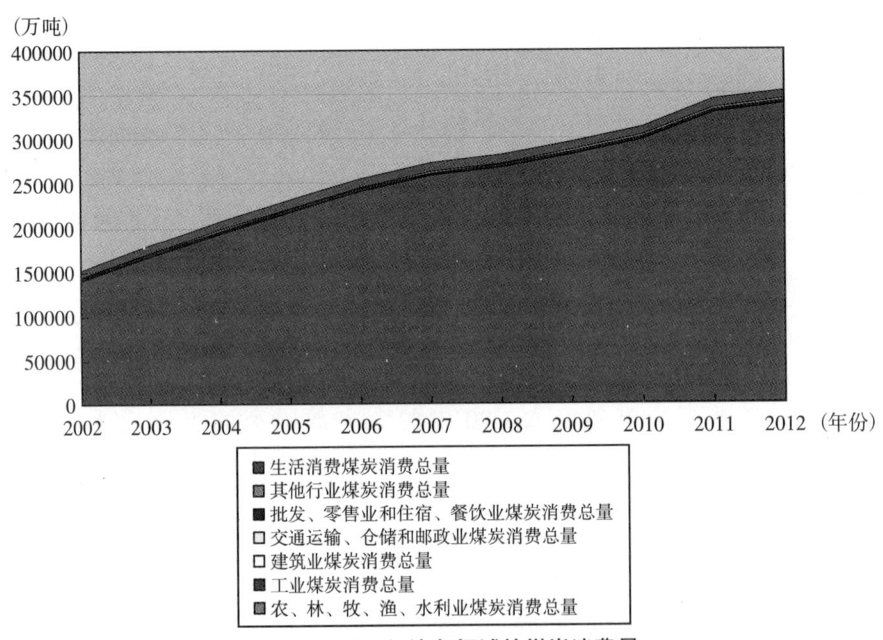

图 8-6 国民经济各领域的煤炭消费量

数据来源：国家数据网站。

根据国家统计局所公布的《国民经济行业分类》（GB/T 4754—2011）中的分类标准，可以对工业领域的不同部门再进行细分，主要包括三大类，分别是采矿业（不含开采辅助活动），制造业（不含金属制品、机械和设备修理业），电力、热力、燃气及水的生产和供应业。而在三类产业中，制造业构成了工业的主体部分，其主要包含食品制造业、纺织业、汽车制造业等 30 个具体的分项类别，这也是国民经济的主体。然而，在采矿业、制造业以及电力、热力、燃气及水的生产和供应业这三类工业行业中，制造业的煤炭消费量所占的比重却并不是最大的，其中，2004 年的制造业煤炭消费量在工业煤炭消费量中所占比重达到最高水平，为 43.09%，此后，便持续下滑，2011 年和 2012 年的比重都下降到 40%以下，分别为 39.33%和 39.48%。反观电力、热力、燃气及水的生产和供应业的煤炭消费量，基本上都保持在 50%，始终是煤炭消费量最大的部门（见图 8-7）。

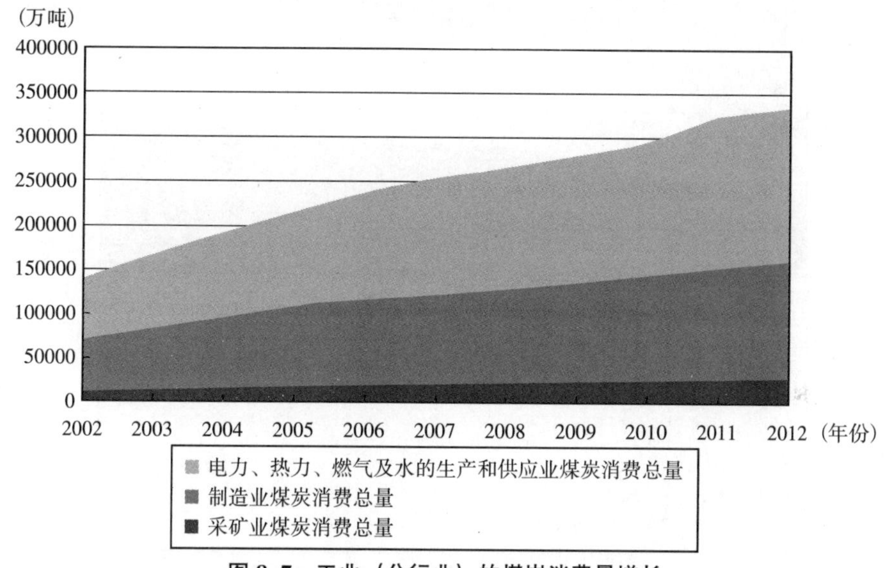

图 8-7　工业（分行业）的煤炭消费量增长

数据来源：国家数据网站。

对比煤炭消费量较高的工业部门可以看出，与电力相关的行业的煤炭消费量最高，增长速度也最快；其次是制造业，但制造业本身体量过大、所涵盖的领域过于宽泛，所以并不意味着单位产值的煤炭消费量也高。除此之外，采掘业的煤炭消费量虽然远不及前三者，但其在整个工业部门中的所占比重依旧是不容小觑的。可以发现，煤炭能源消费量最高的两个领域分别是：电力、热力、燃气及水的生产和供应业；制造业。其中，前者的总量和增长幅度也明显地超过了制造业，说明了电力的生产和供应在各个相关行业中无疑是煤炭消费量最大的行业。仔细识别其煤炭消费量的增长轨迹，在2002~2007年，电力、热力、燃气及水的生产和供应业的煤炭消费量的增长十分迅猛，呈现出直线增长的趋势，而在2007~2010年，其煤炭消费量的增长趋势逐渐趋于平缓，在此之后，煤炭消费量又有一些变化，但与其他行业相比，整体的趋势依然是保持较快的增长幅度(见图8-8)。

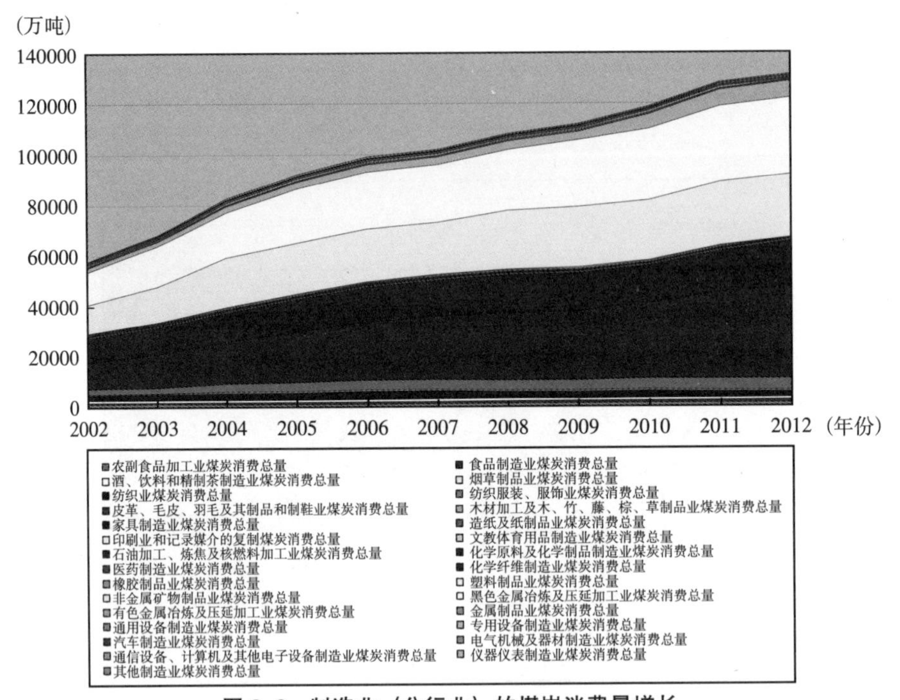

图8-8 制造业（分行业）的煤炭消费量增长

数据来源：国家数据网站。

在制造业领域中，煤炭消费量最大的行业分别是石油加工、炼焦及核燃料加工业、黑色金属冶炼及压延加工业、非金属矿物制品业以及化学原料及化学制品制造业等领域，这四个行业的煤炭消费量占到制造业总体消费量的80.88%。其中，黑色金属冶炼及压延加工业和非金属矿物制品业分别指的是钢铁工业和建材工业，由此可见，工业煤炭消费与城镇化的发展模式之间具有十分密切的关联。

二、工业产品出口量增加

根据国家统计局关于高耗能产品进、出口量的数据可以发现，水泥、钢材、铜材、铝材、纸及纸板等高耗能产品的出口量在2002~2012年保持着高调上扬的态势，在这些产品的需求上，中国不仅逐渐摆脱了原先对于进口产品的依赖，而且能够实现“净出口”的格局。然而，这一现象恰恰通过国际贸易的方式实现了发达国家对中国的污染转移。

污染转移是指一个国家、地区或行业、企业将环境污染所带来的负担和损失、危害等转移到另一主体去承受的现象[①]。污染转移的途径既包括大气、河流携带等自然途径，又包括跨区域投资、商品贸易流等经济途径。在商品和服务的生产过程中（包括从资源开采到最终出售的总过程）和能源消费过程中所排放的污染物总和，被称为商品和服务的隐含污染[②]。高耗能、高污染产品的贸易往往会随着产品出口贸易的扩大，加速对出口国自然资源的消耗、环境污染物的排放，从而，出口国经济发展的环境成本会越来越大，如果缺乏足够有效的环境监管措施和相应的监管能力，污染产品贸易的扩大必然会造成对资源的过度利用和污染排放量的增加，将进口国在产品消费过程中本应承担的资源消耗成本和环境污染风险轻易地转嫁给出口国。[③] Hering等以中国在1998年实施的酸雨和SO_2的“两控区”政策为例，利用265个城市25个二分位行业（根据海关数据库的8分位行业加总）7年（1997~2003）的三维面板数据，采用三重差分估计方法识别了环境规制与出口的因果关系，发现两控区内的污染严重行业的出口显著下降，进一步的异质性分析发现该政策主要是影响私有行业，国有行业由于预算软约束等原因，其出口反而还有所增加，说明环境监管水平与污染产品出口之间存在着负相关关系。[④]

---

① Lucas R. E. B., Wheeler D., Hettige H. *Economic development, environmental regulation, and the international migration of toxic industrial pollution* 1960-1988. Background paper for World Development Report 1992, Policy Research Dissemination Center of World Bank, 1992.

② Peters G. P., Hertwich E. G. “Pollution embodied in trade: The norwegian case”, *Global Envionmental Change*, 2006, 16 (4): 379-387.

③ 祝树金、尹似雪：《污染产品贸易会诱使环境规制“向底线赛跑”？——基于跨国面板数据的实证分析》，《产业经济研究》2014年第4期。

④ Hering, L., Poncet, S. “Environmental policy and exports: Evidence from Chinese cities”, *Journal of Environmental Economics and Management*, 2014, 68 (2): 296-318.

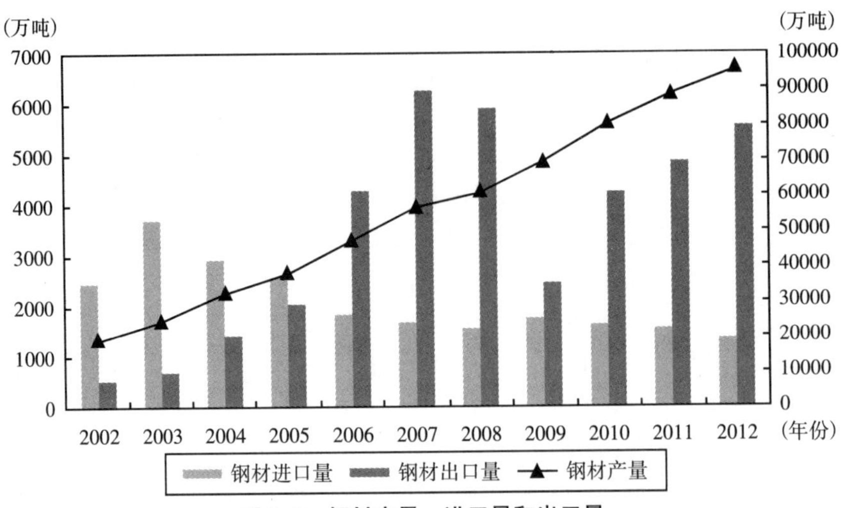

图 8-9 钢材产量、进口量和出口量

数据来源：国家数据网站。

在各类高耗能的工业产品中，相关产量往往都是在成逐步增长的趋势。以钢材为例，2002 年全国的钢材产量 19251.59 万吨，而到了 2012 年，钢材产量增长到了 95577.83 万吨，是 2002 年的近 5 倍。除此之外，中国还有与此产能规模相接近的粗钢产业，2010 年全国粗钢产量 6.27 亿吨，钢铁企业所排放的二氧化硫、氮氧化物、烟尘和粉尘的量分别占同期工业排放量的 9.5%、6.3%、9.3%和 20.7%，到 2012 年，我国粗钢产量已经超过 7 亿吨，预计今后 10 年之内，粗钢产量还会进一步提高。众所周知，钢铁工业具有高污染、高耗能的特征，作为中国国民经济重要的支柱产业，钢铁产量多年来持续快速增长，其生产过程对大气环境污染具有相当严重的影响[①]（见图 8-9）。

根据汪旭颖等的研究，2006~2012 年，中国钢铁工业颗粒物控制水平不断提高，排放系数不断降低，但正是由于在此期间钢材产量持续大幅增长致使钢铁工业一次颗粒物排放量仍然逐年增加。[②] 根据环保部公布的环境统计年报所测算的数据结果，以钢铁工业为代表的黑色金属冶炼及压延

① Yin, X., Chen, W. "Trends and development of steel demand in China: A bottom-up analysis", *Resources Policy*, 2013, 38 (4): 407-415.

② 汪旭颖、燕丽、雷宇、贺克斌、贺晋瑜：《我国钢铁工业一次颗粒物排放量估算》，《环境科学学报》2016 年第 8 期。

加工业是中国第三大工业烟粉尘排放部门，年排放量达 193.5 万吨，占重点工业企业排放的 17.7%。2010 年，中国钢铁工业二氧化硫、氮氧化物、烟尘和粉尘的排放量分别占工业排放量的 10.3%、6.8%、10.2%和 22.9%，除此之外，钢铁工业还会产生大量的非传统污染物，是重金属、二噁英、挥发性有机物、氯化物和氟化物等的重要污染源。这主要是因为钢铁工业是燃煤大户，而且钢铁厂选用了大量的褐煤，且大多不清洗，产生的废渣多半是灰分，大约有几亿吨；这些未经清洗的煤产生的 SO_2 等污染物总量相当惊人。正是由于钢铁工业具有“大燃量、劣质、缺少清洁燃煤、高产量”等多个特征叠加，无疑会大大增加污染治理的难度。由此可以看出，钢材产量的增加对于空气污染的贡献度是极为显著的，特别是如此之快的增长速度，将使得空气污染的监管水平难以跟上污染的步伐。

2002~2005 年，中国钢材的出口量极为有限，进口量远远高于出口量，主要是由于自身钢铁产能较低，很大程度上自身的钢材需求还依赖于进口。但是，这一阶段也正是中国钢铁产能大幅提升的时期，2003~2007 年，钢材产量的年平均增长率约为 24.15%，其中，涨幅最高的年份是 2004 年，与 2003 年同期相比，产量增长了 32.64%，从而逐渐开始摆脱对进口钢材的依赖。

而从 2002~2012 年钢材的进、出口量看，从 2003 年起，中国的钢材进口量开始走低，2006 年开始，进口量已经逐渐低于 2002 年的水平，并一直维持在 2000 万吨以下，2012 年的钢材进口量仅为 1366 万吨。而反观钢材的出口量，则呈现出截然不同的趋势：2007 年之前，钢材出口量不断增长，2002 年的钢材出口量仅为 545 万吨，2007 年的钢材出口量就已经达到了 6265 万吨，增长了 10.5 倍，达到了峰值水平，2009 年，由于全球金融危机等原因，钢材出口量迅速滑落，仅为 2460 万吨，随后，伴随着经济形式的逐渐好转，钢材出口量继而快速增长，2010~2012 年的钢材出口量分别为 4256 万吨、4888 万吨和 5573 万吨。

从 2006 年起，中国的钢材出口量超过了进口量，实现了净出口，但这一现象却蕴含着另外一层含义：因为钢材的生产过程属于高能耗、高污染的产业，而钢材的生产过程中所产生的大量污染物被留在了当地，由当地政府和公众负担其社会成本，而这些钢材产品的进口国可以通过国际贸易的手段，将产品消费时本应承担的污染成本隐蔽地转移了出去。这一点恰恰与现阶段中国在世界产业链中承担“世界工厂”的分工相对应，隐含污染转移是在貌似合理的“比较优势”和“自由贸易”原则下进行的，具有较强的隐蔽性，但实际上，这种“产品生产和消费的空间错位”现象，使得中国超额地承担了污染的社会成本，将本应由下游需求方所承担的责任加载在了自己的身上。污染物在钢材生产的生命周期不同阶段的非均衡排放，也逐渐地演变成了污染物在空间上的不均衡分布。

在钢材生产行业中，不仅存在国际的隐含污染转移，而且在国内不同区域之间，也存在这样的现象。中国的国土幅员辽阔，区域之间发展水平差距较大，不同区域在全国劳动地域分工中也承担着不同的功能。中国现有钢铁工业的布局，总体上既存在“集中度整体偏低，钢铁行业污染物排放源分布较为分散”的特点，也呈现了“北重南轻”“东多西少”“颗粒物排放强度分布不均衡”的格局：东南沿海的钢材需求量大，且长期供给不足，而“环渤海地区钢铁产能近 4 亿吨，50%以上产品外销”。此外，“随着西部大开发的不断深入，西部部分地区的钢材生产也将难以满足区域市场需求”。并且，“由于历史原因，中国 75 家重点钢铁企业中有 18 家建在直辖市和省会城市，有 34 家建在百万人口以上的大城市”，“根据国家发展和改革委员会 2009 年的摸底调查结果，全国位于省会、直辖市的钢厂有 20 个，城市型钢厂总共有 39 个”。正因为钢铁工业的布局较为集中，因而对于相应区域的环境质量也造成了很大的压力，特别是对这些城市的空气质量改善构成了巨大的压力。①

第三节　能源消费

根据计量分析结果得出，人均能源消费和能源消费结构都是造成空气质量恶化的重要原因，其中人均能源消费的影响较小，当期模型的影响系数仅为 0.0417，当剔除中国的样本之后，人均能源消费的当期影响系数下降至 0.0350，即人均能源消费量每增加 100 Btu，大气中 PM2.5 的浓度就会增加 0.0350μg/m^3，影响非常有限。而且，参考 G20 国家 2002~2012 年

① 段菁春、谭吉华、薛志钢、柴发合：《以环保约束性指标优化钢铁工业布局》，《工程研究——跨学科视野中的工程》2013 年第 3 期。

的人均能源消费量年平均值，中国的人均能源消费为 55.23 百万 Btu，在 19 个国家中名列倒数第 5，仅仅高于土耳其、巴西、印度尼西亚和印度，然而这几个国家又多为空气污染相对严重，这足以说明人均能源消费对于空气污染的解释力非常有限，虽然显著相关，但影响程度不高，影响效应能够被其他相关变量所抵消。现有的相关研究已对能源消费的模式[①] 进行了分析，认为约 45%~55%的能源消费是由居民消费活动所导致[②]，其中电力消费的增加由城市化引起[③]。收入水平的增加和城市化水平的提升驱使了家用能源从传统的生物质燃料转换为现代的化石燃料，“美国、欧盟、澳大利亚和新西兰，城市人均一次能源消费低于全国平均水平，但在中国城市人均能耗是全国的 1.8 倍，这主要是由于城市收入水平的提高与商品能源的可得性使得城市消耗更多的商品能源”[④]。集约化、现代化的能源生产与供应方式，改变了人的能源使用方式和行为，反而抵消了传统能源消费与使用模式所产生的诸多负面影响。

而能源消费结构的问题则不容小觑，尤其是煤炭在能源消费中所占的比重每增长 1 个百分点，大气中 PM2.5 的浓度就会增加 20.96μg/m^3。由此可见，能源消费的核心问题主要是煤炭比重的问题，煤炭在能源结构中所占的比重过高，对于空气污染的形成和扩散，就会产生十分恶劣的影响。

一、煤炭消费比重过高

与石油、天然气等能源相比，作为高污染、高碳能源品种的煤炭在产生同样能值当量的能量时，会产生更多的 SO_2、NOx、颗粒物等空气污染物，煤炭的大量使用过程中排放的空气污染物，以及以煤炭为支撑的工业过程中排放的空气污染物，是造成中国空气污染的重要原因。根据煤炭使用形式的区别，可以将煤炭使用过程中的空气污染物排放分为不同的类

---

① Weber, C., A. Perrels. “Modeling lifestyles effects on energy demand and related emissions”, *Energy Policy*, 2000, 28 (8): 549-566.

② Schipper, L., S. Bartlett, D. Hawk, E. Vine. “Linking life-styles and energy use: A matter of time”? *Annual Review of Energy*, 1989 (14): 273-320.

③ Gates, D., J. Yin. Urbanization and Energy in China: Issues and implications. *Burlington VT: Ashgate Publishing Limited*, 2004.

④ Tyler, S. “Household energy use in Asian cities: Responding to development success”, *Atmospheric Environment*, 1996, 30 (5): 809-816.

别：第一，是煤炭直接燃烧的空气污染物排放，包括通过电站锅炉（主要是电力、热力的生产和供应业）、燃煤工业锅炉（工业行业中煤炭利用的主要形式）和民用燃煤设备产生的空气污染物排放量；第二，是煤炭相关重点行业的空气污染物排放，主要指钢铁、水泥等生产中，通过焦炉、各种窑炉等设备产生的空气污染物排放量，以及相关工艺过程中虽然不直接消耗煤炭，但是与生产密切相关的粉尘排放量。

煤炭在中国能源结构中一直占有着重要的地位，特别是“进入21世纪后，随着中国社会经济的快速发展，煤炭使用量急剧增加，从2000年的14亿吨增长到2012年的35亿吨，12年间增长了2.5倍；到2013年，中国的煤炭消费量已占到全球煤炭消费总量的50.3%，分别是美国和欧盟的4.2倍和6.7倍”。而与之形成鲜明对比的是，石油和天然气等资源的人均消费量仅占世界平均水平的7.7%和7.1%，风能、太阳能等新能源的发展仍有很多的配套技术障碍需要解决。所以，在今后相当长的一段时间内，煤炭在中国能源结构中的主要地位不会改变。通过对煤炭能源消费的行业进行分析可以发现，电力、钢铁、建材、燃煤锅炉、居民生活以及煤化工等行业和部门消费了中国90%以上的煤炭。

根据《煤炭使用对中国大气污染的贡献》报告的统计数据显示，随着煤炭消费总量的增长，由大气污染导致的全国年均灰霾天数也有明显增加。2002~2012年，正是年均灰霾天数迅猛增长的阶段，如图8-10所示，2002年的灰霾天数仅为8天，并且，在此之前，常年维持在这一数值以下；然而，从2003年起，年均灰霾天数突然开始跃升，达到了13天，此后，一直呈现了上涨的趋势，年均值达到12~20天，2013年中国年均灰霾天数甚至一度高达36天。通过对比年均灰霾天数与煤炭消费量的数据可以发现，二者的整体变化趋势呈现出一定程度的吻合：2003年之后，煤炭消费量也出现了迅猛增长，2003年的煤炭消费超过了15亿吨，2004年又继续突破了20亿吨的大关，到了2013年，煤炭消费量已经达到了35亿吨以上。不可否认，这样的变化趋势清晰地呈现出煤炭消费量对于雾霾具有直接的负面影响。除了巨量的生产和消费，中国煤炭消费的分布、结构及技术水平等因素又进一步加剧了区域大气污染问题。①

①《中国煤炭消费总量控制方案和政策研究项目》课题组：《煤炭使用对中国大气污染的贡献》，2014年。

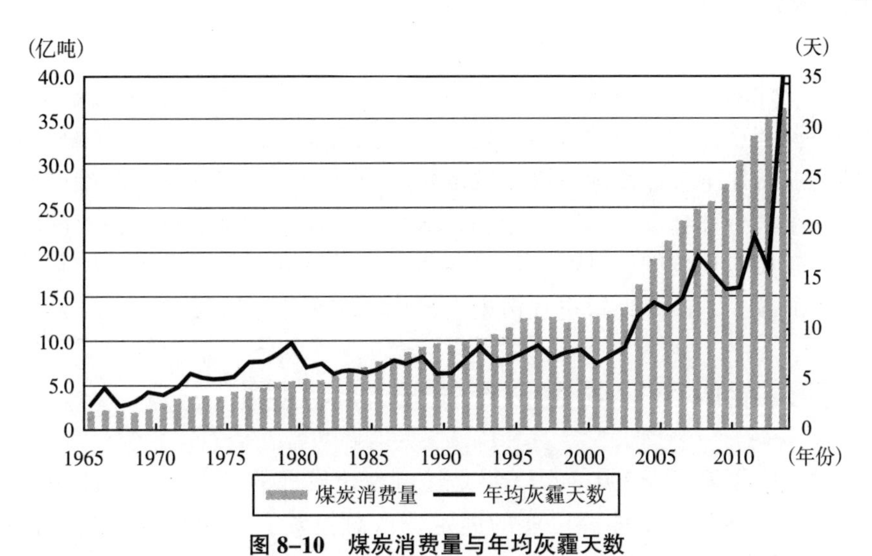

图 8–10　煤炭消费量与年均灰霾天数

数据来源：《中国煤炭消费总量控制方案和政策研究项目》课题组. 煤炭使用对中国大气污染的贡献，2014。

在煤炭消费问题中，散煤燃烧是一个不容忽视的问题。根据环保部的相关数据，“2014 年我国煤炭产量达 38.7 亿吨，约占全球的一半，集中利用率却不足 50%，而全球平均煤炭能源集中利用率超过 60%，欧美日等发达国家已达到 90%以上”。散煤产生的污染是空气污染治理中的最困难环节之一，其污染源较为分散，难以通过安装治理设备或停产限产的集中治理方式对污染进行控制。①

事实上，前文关于城镇化、工业比重对于空气污染影响，其核心也应当归因到能源消费的问题上。城镇化提高了能源消费的总体绝对值和人均值，通过房地产业、交通业、汽车制造业以及建材等相关产业的发展，维持甚至是加剧了现有的能源消费结构，从而使得城镇化发展被锁定在高能耗、高污染的发展路径中。而工业比重对于空气污染的影响更是如此，煤炭消费量最大的电力、热力、燃气及水的生产和供应业等产业的发展速度过快，则必然会导致煤炭消费量的进一步增大。同时，相关钢材等高耗能产品的产量和出口量的大幅增长，从而将相关进口国的隐含污染转移到中国，使得中国承担了超出自身荷载能力的污染成本。

---

① 刘世昕：《散煤污染成北方大气治理“困难户”》，《中国青年报》2016 年 1 月 24 日第 1 版。

所以，城镇化、工业比重以及能源消费的问题，实质上是一个相互关联的系统性问题，环境污染问题的实质是不科学的发展方式所导致的不合理的能源利用方式。而随着城镇化、工业化发展的进一步深入，钢材等高耗能产业的比重会逐步地下降，城镇化所带动的房地产开发、基础设施建设、汽车消费都会逐步地趋于饱和，从而对水泥、玻璃等建材行业的产能需求也会相应地萎缩，进而，这些变化都将最终导致能源需求、特别是煤炭需求的减少，最终使得空气污染也得到一定程度的减缓。

二、能源工业固定资产投资增长迅猛

对于中国而言，2002~2012 年是经济高速发展的时期，也是能源工业高速发展的阶段。从能源工业的固定资产总投资看，2002 年的投资额仅为 4261.94 亿元，而此后的 10 年，投资额高速增长，2005 年，投资总额就达到了 10205.63 亿元，是 2002 年的 2.4 倍；2010 年，投资额高达 21627.1 亿元，在 2005 年的基础上又翻了一番。最终，2012 年的能源工业固定资产投资为 25499.8 亿元，与 2002 年的固定资产投资水平相比，增长了约 5 倍（见图 8-11）。而根据 EIA 的能源消费数据得知，2002~2012 年，中国的人均能源消费量仅仅增长了近 3 倍。从能源消费量的增长情况和能源工业的固定资产投资总额变化趋势的对比结果上可以发现，能源工业固定资产投资的增长速度远远快于能源消费量的增长速度，因此，较之能源消费的情况，中国的能源生产的发展势头更加迅猛，增速远远超过能源消费的增长，也可以视为，这一阶段的能源工业发展处于一定程度的产能过剩。

从能源工业的分行业数据看，不同行业的固定资产投资都有非常显著的增长。在具体的 5 个行业类别中，煤气生产和供应业的固定资产投资增速最快，2012 年的固定资产投资水平是 2002 年的 18.37 倍，实现了超高速的发展，而这一产业的投资增长无疑得益于城镇化的快速发展所释放出的巨大需求，大量农村人口流入城市以及新建商品住房数量的增加，对于炊事、供暖燃料的需求增长，使得煤气生产和供应业的固定资产投资快速增长。投资增速仅次于煤气生产和供应业的行业是煤炭采选业，2002~2012 年，该产业的增长水平是 17.83 倍，该产业 2002 年的固定资产投资在整个能源工业固定资产投资总额中的比重仅为 7%，而到了 2012 年，该

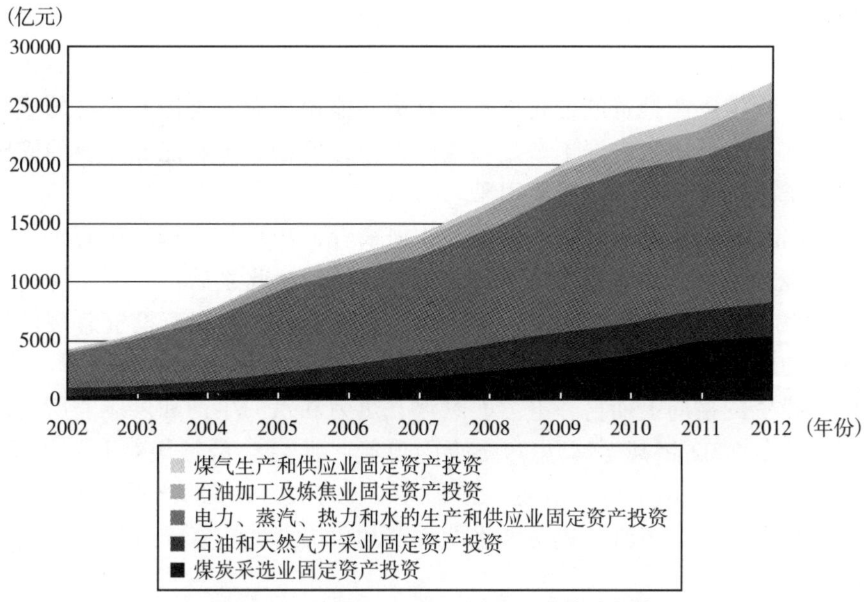

图 8-11　能源工业（分行业）固定资产投资

数据来源：国家数据网站。

产业的固定资产投资在总投资中的所占比重就高达 21%，众所周知，煤炭在能源生产和消费结构中所占的份额越高，环境污染的恶化程度就越严重，因此，煤炭采选业的固定资产投资不断飙升。也是煤炭消费比重居高不下的一个重要原因，其对于空气污染状况的持续恶化也负有不可推卸的责任。除此之外，石油加工及炼焦业 2012 年固定资产投资是 2002 年水平的 10.6 倍，增长速度非常快，从某种程度上反映了城镇化进程日渐加速，导致了汽车保有量的激增，从而驱动了交通燃料的需求攀升。而在2002~2012 年，电力、蒸汽、热力和水的生产和供应业始终是固定资产投资中份额最大的一个行业，2008 年之前，其在能源工业的总投资中所占比重一直高达 60%以上，2003 年的比重甚至一度高达 70%，其 2012 年的投资额也达到 2002 年水平的 5.16 倍。通过以上的数据对比可以发现，虽然煤炭采掘业在能源工业总体固定资产投资中的比重并不高，但比重最高的电力、蒸汽、热力和水的生产和供应业却是煤炭消费最重要的消费端，电力等二次能源的生产和供应也带动了煤炭采掘业的进一步增长，从而促进了煤炭在整体能源结构中的比重持续处于高位水平。

由于中国的经济结构是以公有制为主体，而且拉动经济增长的最主要手段是投资，因而，政府所主导的国有经济对能源工业的固定资产投资是十分值得关注的一个议题。不可否认，2002~2012 年，中国经济的高速发展得益于固定资产投资的迅猛增长，其中，能源工业又是国有经济的重要命脉，在国有经济中占据了举足轻重的地位，所以，国有能源工业的固定资产投资是促进其增长的重要引擎。

从国有能源工业固定资产投资的数据来看，2002 年全国的国有经济中能源工业固定资产投资总额仅为 2626.17 亿元，在此之后，一直保持高速增长的状态，直到 2012 年，中国的国有能源工业固定资产投资总额已达到了 12402.32 亿元，是 2002 年的 4.72 倍。如图 8-12 所示，从分行业固定资产投资的格局上而言，电力、蒸汽、热力和水的生产和供应业所占的比重最大，2002 年甚至高达 79.29%的份额，此后，份额相对开始下降，2012 年的比重为 61.84%，在这一阶段中，除了 2011 年的比重为 59.35%，其余年份的电力、蒸汽、热力和水的生产和供应业固定资产投资份额均在 60%以上。

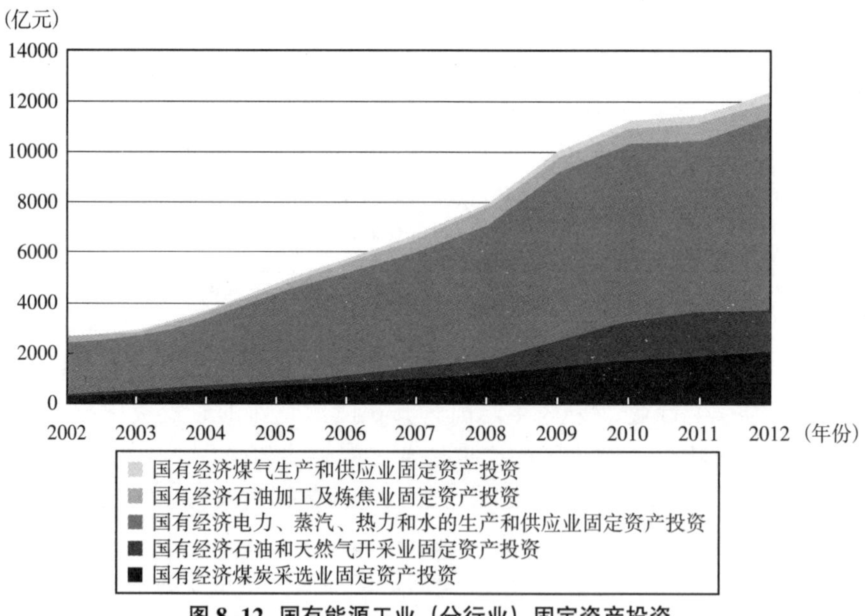

图 8-12 国有能源工业（分行业）固定资产投资

数据来源：国家数据网站。

与教育、医疗等公益性投资不同，能源工业的国有资产投资属于生产性和经营性的投资，具有较强的政策意图，投资领域和投资项目的决定受到了行政约束。所以，对于能源工业发展的促进与扶持，是政府的一个重要的政策导向。然而，众所周知，能源工业一直是空气污染的最重要污染源之一，其中电力工业所占的比重最大，是空气污染的重中之重，尤其是2000年以后中国快速的城镇化与工业化对于电力需求的增加，导致燃煤使用量的增长。为了满足这一需求，在“十五”规划中，国家确立了“在2006年实现电力供求平衡”的目标，同时，在2003年，以原来的国家电力公司为基础，成立了五大发电集团。由于电力体制的重构改变了原先的利益格局，不同的发电企业之间展开了如火如荼的“电源竞争”，既争夺已建电源，又抢占新建电源选址；发电企业之间的竞争也传导给了地方政府，这样的电力工业建设热潮迎合了地方政府的投资冲动，正是由于电力企业和地方政府二者共同动机的叠加，导致了国有电力行业的固定资产投资迅速膨胀（见图8-13）。由此可见，2002~2012年，国有能源工业固定资产投资之所以能够得到如此快速的增长，其主要得益于政策的支持，即国有资产体制改革和地方政府晋升激励机制等不同因素的叠加作用及共同驱动所形成的短期性投资冲动，从而使得国有能源行业固定资产投资增速过快，也可以说，环境质量的恶化很大程度上是源于政府的政策

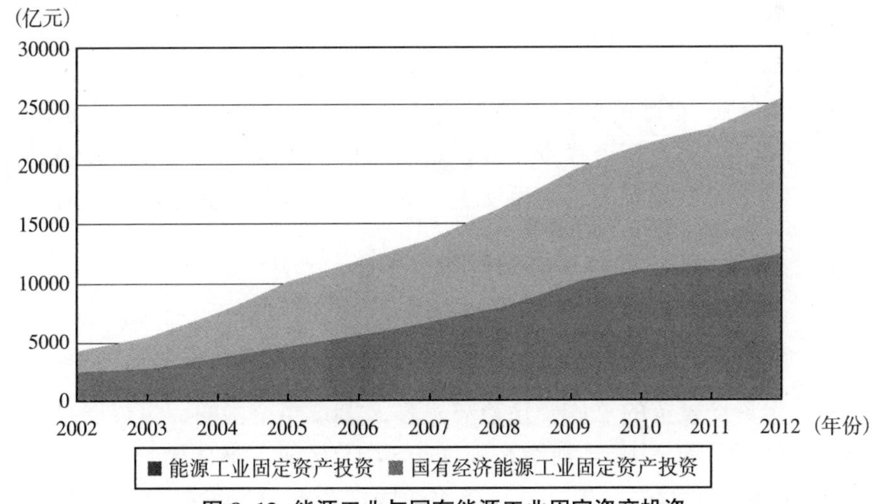

图8-13　能源工业与国有能源工业固定资产投资

数据来源：国家数据网站。

作用的后果。

通过将能源工业与国有能源工业的固定资产投资情况进行对比，可以得出，在能源工业的固定资产投资中，国有经济的投资比重一直维持在较高的水平。2002 年之前，国有能源工业的固定资产投资份额甚至一度高达 61.62%，而 2003 年迅速滑落了近 10 个百分点，下降到了 52.21%。在此之后，国有能源工业的投资比重基本上维持在 50%左右，其中，2009 年和 2010 年，由于国家出台了四万亿的经济刺激计划，对于国有经济投资拉动作用较为明显，从而使得国有投资比重再度上浮到了 50%以上。虽然，从总体趋势而言，国有投资的份额相对有所下降，但其在整个能源工业的固定资产投资中所占的比重依旧相当高。由此也可以看出，政府在能源生产和消费的增长过程中，发挥着不可或缺的作用，其对于能源产业投资的直接干预，驱使了能源消费量的迅速飙升。

第四节　驱动机制：以投资为主导的发展方式

综上所述，无论是城镇化发展模式的不合理、工业在国民经济中占比过高，还是能源消费结构的失调，背后都有一个共同的驱动机制：政府所主导的高比重固定资产投资驱动的发展方式。城镇化的发展由交通设施和房地产领域的固定资产投资所拉动，工业化的发展由制造业领域的固定资产投资所拉动，能源消费问题由电力生产和供应业的固定资产投资所拉动。由此可见，固定资产投资过高、增速过快使得现有的发展路径被锁在高污染、高能耗的路径上，而事实上，固定资产投资的高速增长本身则是得益于政策驱动的结果。

一、政策对市场的扭曲

从固定资产投资的总体变化趋势来看，2002 年全国的固定资产投资为 35488.76 亿元，而 2012 年则增长到 354854.15 亿元，整体增长了 9.28 倍，年均增幅约为 26.27%。其中，制造业的固定资产投资增幅最大，增幅达到 17.78 倍，在制造业领域内，年均固定资产投资额最高的三个行业为化学原料及化学制品制造业、非金属矿物制品业和交通运输设备制造业，年均投资额分别是4158.68亿元、4030.20亿元和3524.57亿元（见图8-14）。然而可以发现，化学原料及化学制品制造业、非金属矿物制品业都可以视为高污染、高能耗的产业，交通运输设备制造业也刺激了汽车产业的消费，增加了汽车的保有量。换言之，这些固定资产投资较高的产业都对空气污染的加剧形成了一定程度的恶劣影响。

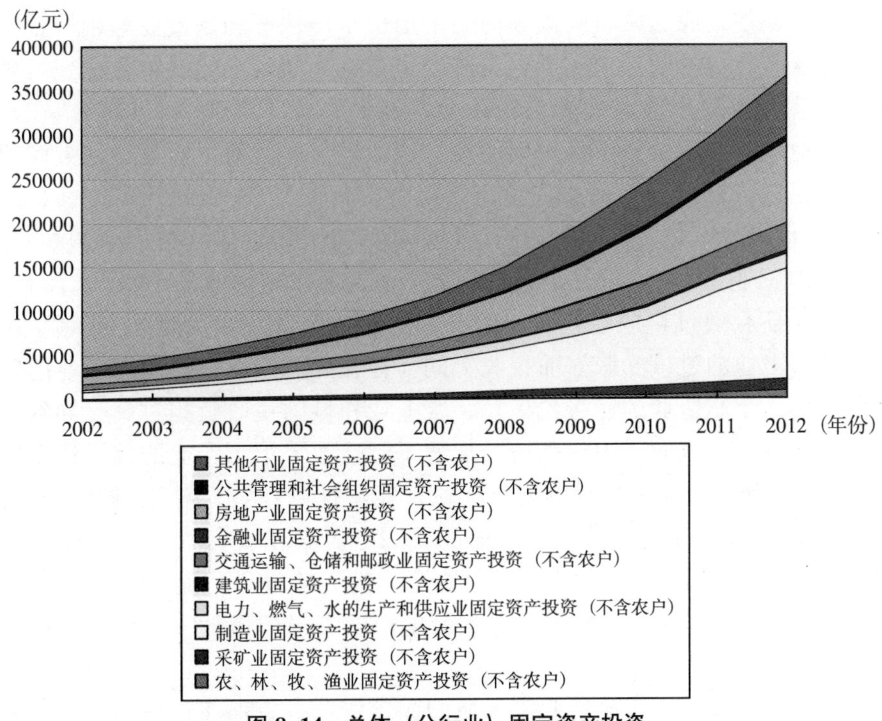

图8-14　总体（分行业）固定资产投资

数据来源：国家数据网站。

一直以来，固定资产投资是促进中国经济增长的一个重要推动力，在国民经济建设尤其基础设施建设中起着重要作用，而国有经济的固定资产投资则是政府实现政策意图、完善基础设施建设的一个重要渠道。从某种程度上讲，固定资产投资的流向体现了政府的政策导向。而制造业的发展，特别是化学原料及化学制品制造业（化工行业）、非金属矿物制品业（建材行业）以及交通运输设备制造业（汽车产业）的投资高速增长，在制造业固定资产投资中所占比重分别为 9.60%、9.31%和 8.14%，往往得益于政策本身的驱使。

第一，由于外部经济环境和经济周期的原因，政府曾经一度追求高速的出口增长（如为了创造就业）和投资拉动的经济复苏（如为了刺激经济的周期性复苏）；第二，政府官员的晋升激励机制和政绩考核机制，催生了地方政府官员过于注重追求 GDP 指标的行为倾向，从而着力通过大规模招商引资这种最直接的方式来拉动 GDP 的增长。正是由于这两个方面的原因，促使政府通常将政策导向集中定位于房地产和制造业等领域，通过加速这些行业的发展来实现自身的政策目标。而这样的政策目标一旦确立，相应的政策手段和配套措施也会向相关行业予以倾斜，诸如“在税制、土地政策方面给予了高污染的第二产业过大的倾斜，而这些政策倾斜事实上是以抑制低污染的服务业的发展为代价的”。在土地政策方面，参考 2012 年底的数据，“全国 105 个主要城市住宅用地的均价为4620 元/平方米，而工业用地为 670 元/平方米，仅相当于住宅用地的 14%”，而且，地方政府还会通过税收返还、土地补贴等形式降低工业用地的实际成本，从而导致工业的过度膨胀。而税收上同样存在此类问题，许多服务业的间接税税负高于制造业的间接税税负，服务业领域的税收负担过高，导致了资本要素过度地流向了工业领域，加速了制造业等第二产业的投资比重攀升。[①] 众所周知，对资本所得进行征税，能够抑制投资；对劳动所得进行征税，能够抑制劳动的供给；对商品、服务及其消费行为进行征税，能够抑制消费，从而会鼓励储蓄并产生推动投资的效果。而当前“中国税制结构以商品税为主”，则推动了政府生产性支出的增加，支持企业产出的扩大。

所以，制造业和房地产业等领域的固定资产投资增速过快的问题，实质上可以归结为政策驱动所导致的市场机制扭曲：

长期以来，特别是最近十年，固定资产投资的热潮催生了中国一些行业的产能激增，从而加剧了能源消费的快速增长和能源工业的迅猛发展，然而，由于投资过于集密，从而导致了很多传统工业行业面临产能过剩，而且由于中国宏观经济进入后工业化阶段，大规模投资拉动经济的时代也应逐渐结束了。但是，此前的产业政策过于注重固定资产投资在经济增长

① 马骏、李治国等：《PM2.5 减排的经济政策》，中国经济出版社 2015 年版，第 45-50 页。

中的主导作用，从而导致出扩大煤炭开采等能源政策，难以真正贴近中国煤炭产业的现状，反而扭曲了市场机制。而且，出现了“企业预算软约束”的困局，即国有企业或其他与政府联系较为密切的企业发生亏损之后，对政府自身的政绩和财源产生了较为不利的影响，导致政府“时常对其追加投资、增加贷款、减少税收或提供财政补贴”，进而难免会扭曲市场机制在资源配置中的基础性作用。而这一问题产生的深层次原因则在于公共支出的结构性扭曲。[①] 直至 2015 年末，中国政府才正式宣布 2016 年起将停止审批新建煤矿，借此将煤炭在能源消费中的比重由目前的 64.4%下降到 62.6%，而这主要是因为现时中国煤炭行业供需失衡，中央希望通过严禁新产能和淘汰现有落后产能来恢复行业的供需平衡，而这一政策的适时推出也符合控制空气污染，加快经济结构调整，实现绿色转型等发展需求。

除了产业政策之外，能源政策也对煤炭等化石能源行业和电力行业的固定资产投资起到了一定的促进作用，尽管，“取消化石能源补贴”是 G20 的一项环境议题[②]，但是，由于这一问题本身具有较强的复杂性，G20 框架下尚未作出如何退出的具体承诺。因而，中国政府依旧会通过价、财、税三种渠道对化石能源提供一些补贴，譬如交叉补贴（Cross-subsidization）政策。正如林伯强所指出，“一个国家的能源政策通常需要支持三个可能是互相矛盾的基本目标：支持经济增长、提供能源普遍服务和保障环境可持续，矛盾的核心表现为能源成本水平。支持经济增长、提供能源普遍服务需要比较低的能源成本；而保障环境可持续需要比较高的能源成本。”[③] 重新定位能源政策与经济政策、产业政策、环境政策、社会政策之间的关系与联动机制，将是经济结构调整和重塑过程的重中之重。

二、政府直接投资的影响

除了政策干预所产生的扭曲性效应外，随着市场经济的发展，政府直接参与到固定资产投资中的行为，特别是地方政府成为了一个潜在的市场

---

① 陈志勇、陈思霞：《制度环境、地方政府投资冲动与财政预算软约束》，《经济研究》2014 年第 3 期。

② G20 领导人在 2009 年匹兹堡峰会时倡议“在中期内合理化，并逐步消除鼓励浪费型消费的无效补贴”（Rationalize and phase out over the medium term inefficient fossil fuel subsidies that encourage wasteful consumption）。

③ 林伯强：《能源补贴改革或遇好时机》，《国际金融报》2015 年 11 月 2 日第 19 版。

主体，推动了相关领域的投资过热现象。在微观经济领域中，地方政府获得了较大的经济和财政权力，越来越多地影响到社会资源的配置，并且在晋升竞争中争先和增加地方财政收入的动机，使之有足够积极性去推动地方经济发展。[①]这种以投资为代表的积极财政政策虽然不会影响长期均衡，但短期影响却十分显著。[②]

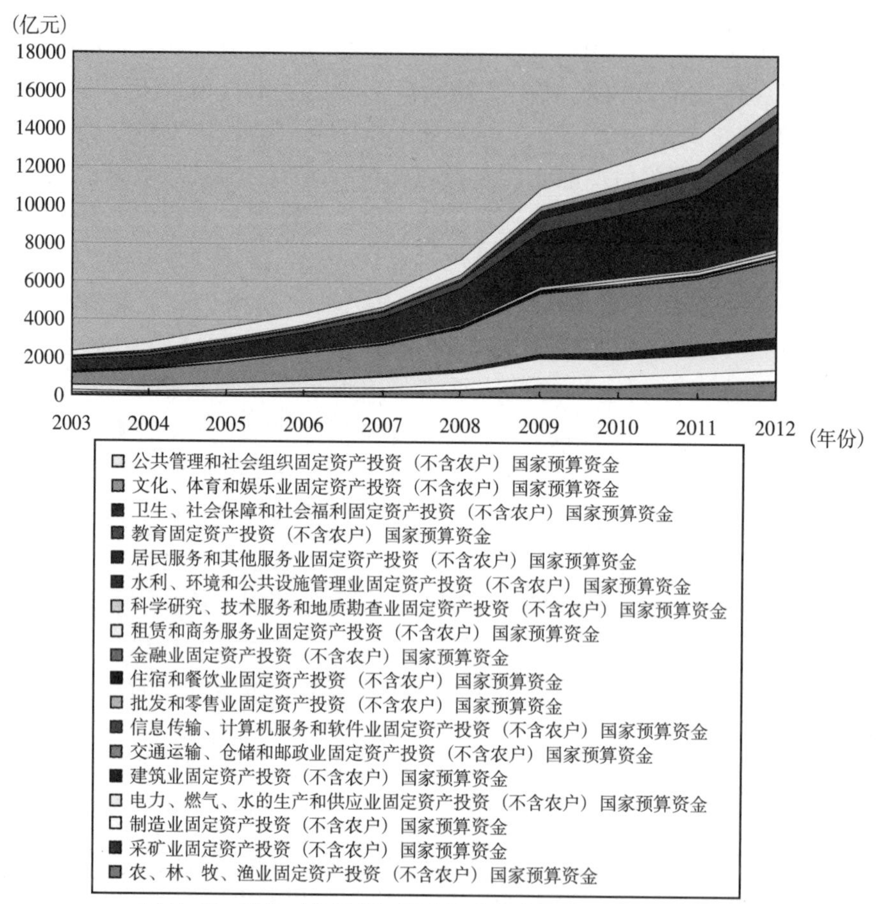

图 8-15 总体（分行业）固定资产投资中的国家预算资金

数据来源：国家数据网站。

① 曾净：《中央政府和地方政府在固定资产投资上的行为分析——兼评铁本事件》，《求索》2004 年第 11 期。

② Sim，N. C. “Environmental keynesian macroeconomics：Some further discussion”，*Ecological Economics*，2006，59（4）：401-405.

如图 8-15 所示，从固定资产投资的国家预算资金支出结构看，投入最高部分是水利、环境和公共设施管理业，以及交通运输、仓储和邮政业，分别占到了 27.23%和 24.32%，而这两者的年平均增速分别为 28.18%和 24.58%，可见，这两个领域在固定资产投资的国家预算资金支出结构中所占的比重很高，而且增长的速度很快。除此之外，电力、燃气、水的生产和供应业等领域也是国家预算投资的重点。由于这几个部门都属于公共性较强的基础设施领域，固定资产投资对于政府的依赖较大，而且所需资金较多，分散的社会资本在其中所占比重较为有限。但不可否认的是，这几个领域的投资都必然会导致较大规模的建设项目，从而对能源消费的需求较高，也就必然会相应地产生较高的污染量。而且，固定资产投资增长过快，加剧了煤电油运供求矛盾，影响了经济结构的调整优化，加大了通货膨胀压力，增大了经济运行的潜在风险，会对经济和社会发展造成十分不利的影响。

Keen 等对中国的“支出结构系统性扭曲”问题做了研究，认为在总体公共支出中，花费在公共投入上的太多，而花费在消费者能够直接受益的项目却很少，政府公共支出常常出现“重基本建设、轻人力资本投资和公共服务”的明显扭曲。[①] 而这一现象是由于政府自身的扩张动机，即“对组织效率的追求优先于对经济效率的追求”所导致的，“当政府追求经济增长目标实现时，市场扭曲将导致政府资金用于生产性支出”，政府将公共支出“直接用于国有企业补贴，可增加国有企业产出”，从而“起到替代私人部门生产的作用”。[②]

制度环境对于政府的支出行为具有显著的影响，尤其是“分权导致的以经济增长为标尺的地方政府投资冲动”，形成地方政府间“投资竞争的扭曲性制度激励”，能够“诱导地方政府公共支出结构的偏向性配置，从而加剧其在建设性领域中的投资冲动”。[③] 对于地方政府而言，其官员的晋升考核标准的制定权由上级政府所掌握，因此，“城市政府往往会将支出投向最受上级政府重视以及最容易被上级政府看见的领域”，主要是经济增长，而现实中这一目标又被简化为一些可以衡量的指标，如 GDP、固定

① Keen, M., Marchand, M. “Fiscal competition and the pattern of public spending”, *Journal of Public Economics*, 1997, 66 (1): 33–53.

② 吕冰洋：《从市场扭曲看政府扩张：基于财政的视角》，《中国社会科学》2014 年第 12 期。

③ 陈志勇、陈思霞：《制度环境、地方政府投资冲动与财政预算软约束》，《经济研究》2014 年第 3 期。

资产投资等，从而谋求在晋升竞争中获得领先。[①] 投资则有可能成为实现这一目标的最佳选择，而且在经济社会的转型过程中，政府的行为也成为了影响国有企业投资决策的重要因素，其有可能“出于促进经济增长、提高就业率等目的，干预所辖国有企业，导致这些企业过度投资”[②]。尽管在固定资产投资的问题上，中央政府和地方政府之间可能存在着某种分歧，但是不可否认，地方政府这种行为的产生正是根源于中央政府的激励机制设计，因此，中央政府单纯地寄希望于通过运动式执法或查处的方式对地方政府的行为予以遏制，似乎是难以奏效的。

综上所述，在对空气污染影响较为严重的诸多因素中，城镇化发展模式不合理、工业在国民经济中占比过高、能源消费结构失调等问题，其背后都潜藏着政府“有形的手”的助推，特别是相关政策对于市场机制的扭曲以及政府自身扮演了市场主体的角色直接参与到市场运行中，导致了2002~2012 年以固定资产投资为主导的经济发展模式，而这样的发展模式必然会形成高污染、高能耗的路径。

所以，中国政府在环境监管过程中，既通过环境监管部门大量地制定和出台相关的环境政策，加大环境监管力度，同时，由于政府自身负有促进经济发展的责任，也在通过相应的政策工具推动城镇化、能源工业等领域的固定资产投资增长，成为环境污染的“麻烦制造者”。正是因为政府在环境监管中的双重角色，使得其只能将注意力专注于环境污染的末端治理，而没有足够的动机对污染进行源头的管控，更有甚者，从其不同行为对于环境污染的影响程度来看，政府对于环境污染的贡献度远远大于其对于环境监管的贡献度。

尽管中国政府很早就吸取了西方国家的教训，意识到不能走“先污染，后治理”的老路，而我们当前所采取的则是一种“边污染，边治理”的发展路径，事实上，这样的路径也并不比西方国家高明，我们只是略微缩短了污染负面影响的周期，减缓了下一代人的痛苦，但是，对于当代人而言，依旧需要承受污染所造成的社会成本。真正的可持续发展路径应是尽可能减少污染的排放，甚至是“零污染”，实现污染的源头治理，降低污染的负外部性，从而使其对环境和社会的影响降到最低。毕竟，“一个

① 何艳玲、汪广龙、陈时国：《中国城市政府支出政治分析》，《中国社会科学》2014 年第 7 期。
② 白俊、连立帅：《国企过度投资溯因：政府干预抑或管理层自利?》，《会计研究》2014 年第 2 期。

严重污染天气，需要几十个蓝天白云的好天气才能消化掉”[①]，单纯依赖于末端的污染治理将难以实现对环境质量的改善。

在当前的政策制定过程中，不同的政策不仅功能不同，而且其所指向的目标也不尽相同：环境政策致力于控制和减缓污染，产业政策则更多着力于产业规模的扩大，税收政策强调政府收入的增加。如此一来，各类政策之间就缺乏一个系统协同效应，必然会出现这样一种局面：一项政策的出台就是为了弥补和改善此前另一项政策的负面效果，如环境政策就是在为城镇化政策和产业政策的社会影响“买单”。如果政府自身不能实现政策之间的协调，那么，科学发展观中所强调的“全面、协调、可持续发展”就势必会成为一句空话。环境政策不仅和能源政策密切相关，也和经济政策密切相关，中国应从加大环境、能源和经济政策的协调中受益，只有加大力度对重工业和高耗能行业侧重投资的经济扭曲现象予以纠正，才有可能实现空气污染有效监管和治理的目标。

① 史小静：《提前干预：临时的“佛脚”要抱好》，《中国环境报》2015年2月26日第1版。

第九章 “数字减排”困局的结构性与过程性逻辑

通过上文的论述可知，中国环境监管投入与实际环境质量不匹配，即环境监管失灵的问题形成的三个最主要原因分别是环境监管技术创新的能力弱化，环境税的整体规模有限，以及城镇化路径、产业发展方式和能源结构的不合理所造成的排放量超出治理能力。而对这三方面的原因进行更进一步的分析可以探知：①环境技术创新能力的弱化是由于政府监管方式导致了企业市场主体地位和环境治理主体作用被弱化；②环境税的整体规模始终较为有限，则是因为其背后所牵涉到中央与地方政府对于税收功能定位不一致等问题；③城镇化、产业结构和能源结构的不合理，主要特征表现为“政府主导、投资驱动、人口红利、粗放增长、外贸依赖和国有控股”[①]，则是体现了政府自身不同目标之间的矛盾与冲突。

事实上，以上三个方面的问题的产生，突出反映了三组矛盾：①政府与企业之间的矛盾，即政府在经济发展过程中必须依赖于作为核心市场主体的企业，但是，面临环境污染问题的挑战时，政府又不得不对企业进行监管和约束，从某种意义上讲，企业存在的前提是服务于政府的政策目标，换言之，企业的目标应当与政府的目标相一致，企业的利益应当与政府的利益相兼容；②中央政府与地方政府之间的矛盾，即在中国的语境下，地方政府存在的合法性在一定程度上依赖于中央政府所赋予，但是，地方政府自身又具有一定的自主性，因而，地方政府的角色呈现出一定的冲突性，特别是在税收问题上，表现得尤为明显；③政府自身关于不同发展目标之间的矛盾，即政府，尤其是中央政府在国家发展目标与路径的设计上存在着自相矛盾，在现阶段尚未真正实现发展模式转型的前提下，既

① Nie, H., Jiang, M., Wang, X. “The impact of political cycle: Evidence from coalmine accidents in China”, *Journal of Comparative Economics*, 2013, 41 (4): 995-1011.

不得不依赖于高额的固定资产投资支撑相关高污染、高能耗的经济增长方式，又希望通过对环境保护的大量投入换取环境质量的实质性改善，但是，这种“边污染，边治理”的路径，难以从源头上实现改观。

纵观以上原因可以发现，无论是环境监管政策工具自身的失效，还是客观环境污染的总量过大，其背后都蕴含着一个较为相似的深层动因：政府监管机制的失灵。本章运用制度分析的方法对这一问题做出深度的剖析，基于“结构”和“过程”两个维度，分别从静态和动态的视角展开，从而有效地识别出环境监管失灵这一问题产生与发展的内在成因和机理。因此，尝试将环境监管失灵的演化逻辑划分为两个部分：①“委托—代理”逻辑；②“问题—答案”逻辑。

第一节　结构性逻辑：“委托—代理”逻辑

基于制度分析的方法，上文对环境监管中的“数字减排”困局的成因机理进行更深一步的归因分析，从较为浅层的影响因素追溯到其背后所蕴含的政府行为层面，而政府行为也必然受到一定的逻辑动因所驱使，因而，势必借助于现有的制度研究领域的理论成果，尤其是经济学中关于不完全契约和新产权的理论[①]，提取“委托—代理”机制为中轴[②]，从而对政府的环境监管行为进行较为系统性的分析[③]。

一、“委托—代理”理论

“委托—代理”问题的激励研究是西方经济学理论中最核心、最基本，也是最困难的问题之一。“委托—代理”理论是在“理性人”的基本假设之上，基于信息不对称和激励理论而建构的，“委托人为了实现自身效用最大化，将其所拥有（控制）资源的某些决策权授予代理人，并要求代理

① 杨瑞龙、聂辉华：《不完全契约理论：一个综述》，《经济研究》2006年第2期。
② 根据丹尼尔·贝尔的中轴原理（Axial Principle），在一切逻辑中都有一个作为首要逻辑的动能原理或称为社会的核心规则，不同领域的行动可以用不同的中轴原理来作为衡量的标准。
③ 严翅君、韩丹、刘钊：《后现代理论家关键词》，凤凰出版传媒集团2011年版，第5页。

人提供有利于委托人利益的服务或行为”。[①] 其核心议题旨在解决：在利益不兼容和信息不对称的环境中，委托人如何设计出“最优契约”以激励代理人。[②]

“委托—代理”关系的确立，需要满足两个基本的条件：参与约束与激励相容约束。前者指委托人为代理人所提供的收益不应低于代理人从事其他活动所获得的收益，即足以满足其机会成本。后者则旨在强调委托人对代理人所付出的努力与成本有一定的预期，而这样的预期也应当保障代理人自身能够获得应有的收益。[③]

在“委托—代理”理论框架中，委托人和代理人都是理性的，其行为的根本动因都在于实现自身效用最大化，委托人关心的是结果，代理人则更注重付出的努力和成本，但委托人最终的收益却受到代理人的成本影响，同时，代理人的收益又会被纳入到委托人的成本中，因而委托人与代理人利益存在着根本性的不一致、不兼容。尽管二者之间存在利益上的不兼容，但委托人对代理人的监督和控制却并不容易实现，因为二者间的信息存在不对称性：委托人只能对最终的结果进行衡量，而并不能直接地观察到代理人在任务完成过程中所付出的努力，但是，代理人却对于自身的努力程度了如指掌，而且，“委托—代理”关系最重要的特点是，“不仅在于在委托人和代理人之间会有持续的交易，而且在于代理人有一个由合同所赋予的独立的经营活动空间”[④]，这就会诱发代理人的机会主义行为。正是由于这种观察与评判的困难，代理人所付出的努力与成本往往不会被包含在契约的条款里，所以，委托人与代理人双方就难免会出现合作的困境：当委托方与代理方之间利益兼容而且信息较为对称时，那么，二者就能建立良性的“委托—代理”关系；当二者之间的利益兼容却存在信息不对称时，并不影响二者间的合作，依旧能够确立“委托—代理”关系；当二者之间的利益不兼容却能够保持信息的对称时，双方往往能够以契约的形式确立最优策略，调和利益上的分歧；若是二者间既存在利益上的不兼

① 刘有贵、蒋年云：《委托代理理论述评》，《学术界》2006 年第 1 期。

② Sappington, D. E. “Incentives in principal-agent relationships”, *The Journal of Economic Perspectives*, 1991: 45-66.

③ Grossman, S. J., Hart, O. D. “An analysis of the principal-agent problem”, *Econometrica: Journal of the Econometric Society*, 1983, 51 (1): 7-45.

④ 刘世定：《嵌入性与关系合同》，《社会学研究》1999 年第 4 期。

容又存在信息上的不对称，那么，则必然会产生“道德风险”等问题。[①]在现实中，最后一种情况才是常态，因此，“委托—代理”的困境势必会具有普遍性的意义。

为了克服这样的困境，委托人势必要设计出一套行之有效的制衡措施，以契约等形式对代理人的行为进行规范、约束和激励，从而尽可能减少因二者间利益不兼容与信息不对称所导致的诸多合作问题，从而有效地降低代理的成本，并提高代理的效率，以期实现自身利益的最大化。但是，现有的相关研究却普遍认为，“委托—代理”的激励理论在实际应用中却难以获得成功[②]，容易导致不同个体之间的非合作性行为[③]，而且，在“委托—代理”逻辑中，有一个先验性的假设，即“委托人是风险中性者，而代理人是风险厌恶者”，代理人在进行代理活动的过程中，往往会表现出明显的风险规避特征，这就是企业为什么会严格地参照政府的技术标准来选择脱硫技术和脱硫设备。[④]所以，当代理人利用信息不对称的优势为自己牟利时，单纯依赖于激励难以真正起到改善作用，必须将激励、监管和惩罚等多项措施并举。[⑤]

二、中国情景下的“委托—代理”结构

1. 中央政府—地方政府—企业

在传统的“委托—代理”理论中，政府与企业之间存在着最常见的“委托—代理”关系，政府作为委托人，企业作为代理人，双方分别代表公共利益和个体利益。[⑥]基于这样一种合作机制，二者共同展开公共产品的提供，从而实现相应的政策目标。

---

① Ross, S. A. “The economic theory of agency: The principal's problem”, *The American Economic Review*, 1973, 63 (2): 134-139.

② Jensen, M. C., William H. Meckling. Theory of the Firm: Managerial behavior, agency costs, and ownership structure. *Springer*, *Netherlands*, 1979.

③ Baker, G. “The use of performance measures in incentive contracting”, *American Economic Review*, 2000, 90 (2): 415-420.

④ 戴中亮：《委托代理理论述评》，《商业研究》2004 年第 19 期。

⑤ 张跃平、刘荆敏：《委托—代理激励理论实证研究综述》，《经济学动态》2003 年第 6 期。

⑥ Dasgupta, P., Hammond, P., Maskin, E. “The implementation of social choice rules: Some general results on incentive compatibility”, *The Review of Economic Studies*, 1979 (2): 185-216.

在中国，自改革开放以来，在财政激励[①]和政治激励[②]双重机制的作用下，地方政府越来越充分地参与并直接介入到经济社会发展中，导致了中央政府、地方政府与企业之间形成了一种“三层博弈模型”：中央政府无疑是稳居“委托人”的地位，而地方政府则扮演了“监督人”的角色，企业所承担的就是“代理人”的功能。在中国式分权的结构下，“中央政府授权地方政府监督企业的生产活动和发展本地经济，并从企业缴纳的税收中给予地方政府收益分成”，诸如20世纪90年代中期开始推行的“分税制”，而这样的一种收益分成方式就成为了中央政府、地方政府与企业之间的“总契约”。[③]

企业作为市场活动最直接、最重要的参与主体，可以选择不同的生产方式：既可以选择成本较高但是环境、社会风险较小的生产方式，也可以选择成本较低但是环境、社会风险较大的生产方式。中央政府作为经济发展最终极的委托人，其对于作为代理人的企业的行为掌控较为有限，其能够通过统计等信息收集的方式获得企业的成本投入与最终产出等信息，却难以了解企业具体的生产过程与生产方式，如生产技术的选择。而地方政府作为中央政府委派的监督者，由于和企业之间保持较为直接、密切的距离，因而能够更多、更充分获取企业的生产技术等相关信息，并且能够通过一定方式对企业的生产技术、流程等施加影响，因此，地方政府与企业之间保持了一种较为密切的监管与服从的互动关系。而正是由于地方政府和企业之间存在着这样一种关系，同时，中央政府和企业之间又存在某种信息不对称性，所以，地方政府和企业基于各自的利益，往往能够联合在一起，形成“合谋”(Collusion)。通过“合谋”行为的实施，地方政府能够获得财政收入和晋升优势，而企业则能够以较低的成本投入获得较高的收益回报，甚至有可能通过“私下契约”的形式，以贿赂的方式展开，换取地方政府监管行为的放松。这样的后果必然会是企业可以选择“负外部性”较高的生产方式，从而将生产过程中所产生的风险转嫁给外部的环境

① Qian, Y., Weingast, B. R. “Federalism as a commitment to preserving market incentives”, *The Journal of Economic Perspectives*, 1997: 83-92.

② 周黎安：《晋升博弈中政府官员的激励与合作》，《经济研究》2004年第6期。

③ 聂辉华：《政企合谋与经济增长：反思“中国模式”》，中国人民大学出版社2013年版，第11-34页。

和社会，将自身的生产成本降到最低。[①]

从理性人的观点出发，地方政府与企业之间的“合谋”行为是否产生，主要取决于“合谋”的预期收益，若是预期收益能够高于成本，主要通过“合谋”可能达到区域经济增长和财政收入提高等目标，并因此而获得潜在的晋升优势，甚至可以获得贿赂等私人的经济回报，那么，地方政府往往会与企业之间形成“合谋”关系。进而，地方政府会默许、甚至鼓励企业选择低成本的生产方式。而这一行为的后果非常严重，会直接导致环境与社会风险。尤其是在环境监管过程中，政企合谋所带来的结果往往是只注重经济效益，致力于实现快速的经济增长，通常会选择低成本、不安全、高污染的生产方式，而造成严重的资源环境破坏，进而影响社会稳定。

但是，这并不意味着，中央政府与地方政府在企业生产发展方式选择的问题上已经达成了一致，二者之间往往存在着一定的分歧。中央政府的目标取向中，通常既包含了经济增长，也包含了环境保护及其背后所牵连的社会稳定，更加注重长远的效益，只是在不同时期侧重于不同的取向。而地方政府则不同，由于其任期的有限，更加注重短期的经济收益和政治收益，官员自身无须承担本地经济发展所产生的长期后果。

尽管目标并不一致，但由于体制中必然存在的信息不对称等问题，中央政府对地方政府的行为信息也难以做到全面的掌握，因此，对地方政府与企业之间的“合谋”也难以防范。中央政府对于相关信息的了解，只能依赖于相关负面事件的爆发或是媒体的曝光，并基于此类相关信息对政企“合谋”行为进行非常态化的整顿。同时，出于合法性和执政地位巩固的需要，中央政府自身也存在经济发展的内在动机。因此，为了更好地激励地方政府和企业以促进经济发展，其也必然会适度地给予二者较为自主的空间，对政企“合谋”行为适当地宽容和放任。进而，可以发现这样一个非常矛盾的现象：对于政企“合谋”问题及其带来的严重负面后果，中央政府要么采取不作为的方式，要么则选择运动式治理的方式，而缺乏一个真正有效的、稳定的、常态化的治理机制。

2. *中央政府—中间政府—基层政府*

“委托—代理”关系不仅存在于中央政府、地方政府和企业之间，同

① 聂辉华、李金波：《政企合谋与经济发展》，《经济学》（季刊）2006年第1期。

时也存在于政府科层体制之内。由于中国的行政体制层级过多，地方政府又分为省、市、县、乡四级政府，并依次形成隶属管辖关系。在实际的政府管理过程中，中央政府难以对县、乡两级的基层政府进行约束和管辖，而此类基层政府又通常都是政权稳定的基础和中央政策的直接执行者，与作为市场主体的企业形成直接的互动关系。所以，基于组织中权威关系，即“建立在组织内部正式职责基础上的合法权利”，可以进一步将政府体制内的“委托—代理”关系予以划分，构成“中央政府—中间政府—基层政府”三个层次的“委托—代理”结构，这三者分别对应于委托人、监督人和代理人。“中央政府授部分权威给中间政府，如省政府、市政府或上级职能部门，使其承担起监管下属基层政府执行政策的职责”，中央政府时常也会将政策目标“发包”给中间政府，赋予其“实际执行和激励设计的控制权”①。

中央政府对于下级政府的控制权的实现是一种有选择的行为，相对于之前的“全能主义”控制模式而言，选择性控制模式既有对于代理人的选择，也有“对代理人完成任务的结果控制严，对过程和行为控制松，将各级代理人牢牢拴在政权的运行体系上来共同消化行政内核”。② 中央政府并不参与区域内具体公共事务的管理过程，而是由以省级为主的中间政府代为监督以县级为主的基层政府。作为委托人，中央政府运用一定的方式将一些特定的政策目标，诸如经济增长等承包给下级政府，并设定明确的任务完成的时间点，同时将此类宏观政策目标予以量化，例如以 GDP 增长速度测度经济发展状况，从而可以较为有效地对不同地区的地方政府进行比较，选拔出政绩较好的官员作为晋升候选人。尽管中央政府希望更为全面、准确地掌握下级政府的努力程度等相关信息，但由于下级政府的层级过多，还有必要区分为监督人和代理人，因此，中央政府直接将政策目标“发包”给作为监督人的中间政府。同时，为了保障监督人能够有效地执行委托人的政策意图，也必然会为其提供必要的配套措施，其中最核心的部分是“实际执行和激励设计的控制权”。特别是出于管理成本和执行效

---

① 周雪光、练宏：《中国政府的治理模式：一个“控制权”理论》，《社会学研究》2012 年第 5 期。
② 刘培伟：《论国家的选择性控制政策对农村基层政权合法性的影响》，《浙江社会科学》2007 年第 2 期。

率的考量，委托人还会将一些“实质权威”分配给监督人，[①] 所以，中间政府在一定程度上，能够掌握政策实施的组织工作、资源分配、激励设计等权力。

在属地管理的格局下，“合法性仍然来自于自上而下的授权，仍然体现在‘向上负责制’的一系列制度安排之上”，地方政府往往是“在中央计划的布局下执行落实，其发展空间需要向上争取资源而获取，因而受制于自上而下的资源再分配机制”[②]，而中央的资源分配和权力下放也并非是“单行道”，而是伴随着行政监察等能够增强自上而下监督能力的组织机制[③]。由于资源的稀缺，导致地方政府必然会通过类似于“锦标赛模式”[④]的竞争机制参与到资源的争夺中，而中央也恰恰通过这种“软约束”的方式[⑤]，加强了对地方的控制力。

为了保证对地方政府，包括中间政府和基层政府的有效控制，中央政府保留了对政策目标完成情况的检查验收权，采取抽查等较为灵活的检查方式对地方政府的目标完成绩效予以验收，而恰恰是由于验收过程中所存在的诸多不确定性，委托人可以始终保持对监督人和代理人的压力，使二者能够较为严格地按照委托人的要求去完成政策目标。而监督人为了能够完成委托人所交付的任务，便会向代理人施加压力，采取“层层加码”的策略，“在政策执行过程中给下属增加更高的政策指标，以便应对检查验收过程的不确定性，确保万无一失地完成任务”。[⑥]

然而，中央政府所设定的政策未必能够真正符合下级政府所辖地区的实际情况，而且政策目标的衡量具有一定的弹性和模糊性，基层政府的完成情况难以真正满足中央政府的意图，如此一来，其评判权就落在了作为监督者的中间政府手中。但是，监督人和委托人之间也存在共同利益，即确保政策目标能够最终被委托人验收通过，因此，二者之间也会出现“合谋”的行为，会围绕相关情况进行讨价还价，并联合对委托人的指令和干

① Aghion，P.，Tirole，J.“Formal and real authority in organizations”，*Journal of Political Economy*，1997，1：1-29.

② 周雪光：《国家治理逻辑与中国官僚体制：一个韦伯理论视角》，《开放时代》2013 年第 3 期。

③ Huang，Y.“Administrative Monitoring in China”，*The China Quarterly*，1995，143：828-843.

④ 周黎安：《中国地方官员的晋升锦标赛模式研究》，《经济研究》2007 年第 7 期。

⑤ 刘培伟：《基于中央选择性控制的试验——中国改革“实践”机制的一种新解释》，《开放时代》2010 年第 4 期。

⑥ 周雪光、练宏：《中国政府的治理模式：一个“控制权”理论》，《社会学研究》2012 年第 5 期。

预作出策略性反应，“采取各种策略应对来自更上级政府的政策法令和检查监督”，从而掩盖任务完成过程中的不足与问题。[①]

三、“委托—代理”逻辑的泛化

1.“委托—代理”逻辑的泛化导致责任边界的模糊

在中国的公共管理实践中，“中央政府—地方政府—企业”和“中央政府—中间政府—基层政府”两种形式的“委托—代理”关系同时存在，而且相互镶嵌、相互融合，形成了一条从中央政府到市场主体的绵延的“委托—代理”链条。“委托—代理”机制不再单纯地局限于单层或双层的结构，而是不断被延伸、不断被重构。这一点在环境监管领域中表现得尤为突出，特别是上文所阐述的环境技术的引进与创新悖论中，由于政府在环境技术标准的制定和执行过程中过于注重“政策产出”而非“政策结果”，并且采取运动式治理的方式进行环境技术的推广，从而触发了企业的风险规避行为等相应的应激反应，最终造成了企业更加倾向于通过环境设备的引进等方式完成政府所分配的任务，实质上弱化了自身作为市场行为参与者的主体性，成为政府环境监管行为的代理人。除此之外，在环境税问题上，也表现出“委托—代理”机制的泛化，中央政府与地方政府之间对环境税功能的定位存在某种不一致性，在环境监管问题上，作为委托人的中央政府希望将环境税作为企业污染行为的一种政策调节工具，而地方政府则更加倾向于将环境税视为其财政收入的来源。然而，一旦环境税的总量和份额得到提升，必然会降低其他扭曲性税种的比重，环境税对于企业的生产和经营积极性又会产生一定的消极影响，从而最终削弱地方政府的财源，也会在一定程度上分化甚至瓦解地方政府与企业之间的“合谋”关系，这是地方政府所不愿意看到的，因此环境税比重难以得到提升主要是源自于中央政府和地方政府这对委托人、代理人之间的矛盾。而谈到城镇化、工业比重和能源结构等问题，则更加能够反映出“委托—代理”机制的泛化，尤其是“多任务”代理[②]问题所带来的不良影响，无论

① 周雪光：《基层政府间的“共谋现象”—— 一个政府行为的制度逻辑》，《社会学研究》2008 年第 6 期。

② Holmstrom, B., Milgrom, P., “Multitask principal-agent analyses: Incentive contracts, asset ownership, and job design”, *Journal of Law, Economics, Organization*, 1997 (7): 24-52.

是中央政府、地方政府还是企业，其主要任务绝不仅仅是单一的，而是包含了经济、社会、环境等多个方面，况且经济增长和环境保护在一定程度上表现出了“强替代性”，中央政府运用不同的激励方式引导代理人将努力在各任务间进行分配，地方政府和企业出于自身理性动机的考量，势必要将精力集中在经济增长议题上，而面临中央政府的巨大压力，其环境保护的努力也不能放松，从而导致了发展方式表现出两个矛盾的向度，一方面通过粗放式发展来实现经济增长，另一方面基于粗放式治理实现环境监管，也就是“边污染，边治理”的局面，而这两种看似矛盾的行为方式都是源自于委托人所分配的任务。

Mann 对国家能力进行了较为细致的分类，将其划分为两部分，分别是专制能力（Despotic Power）和基础能力（Infrastructural Power），前者指“国家无须与其他社会主体协商，就能够直接凭借自己的意志独立做出决定并采取行动的能力”；后者则代表“中央政府将其意志贯彻全境、协调社会生活的制度能力”。[①] 根据 Acemoglu 等的观点，只有在国家层面和地方层面上确立较为一致的发展目标和方向时，才能够实现较好的发展，如果国家政策在地方层面被消耗，不仅影响本地区的发展，而且会产生较为负面的溢出效应，影响到其他区域，最终会导致整个国家能力的不足。因此，“国家能力必须与政治制度协同发展，使国家有责任性、透明和受到某种程度上的制约”。[②]

而在中国，最典型的治理特征是政府主导，由于政府、特别是中央政府，掌握并控制着政策和资源的分配权，并基于此种权力，充分调动起地方政府的积极性，从而将原先建立在“政府—社会”关系上的职能逻辑进行解构，使地方政府与社会“作为一个整体，社会从属于国家权力的政治实践”[③]，重构为“中央—地方”关系的组织逻辑。在这种逻辑之下，“市场”和“社会”的意义不再是自主确立、与生俱来的，而是由政府所定义或建构的，被赋予了过多的功利化色彩，市场与社会的发展状况甚至成为了政府的政绩指标。基于国家能力，政府将各类主体都统合到自身的“委

---

① Mann，M.，*The Sources of Social Power*：*Volume* 4，*Globalizations*，1945－2011. Cambridge：Cambridge University Press，2013.

② Acemoglu，D.，Garcia-Jimeno，C.，Robinson，J. A.，“State capacity and economic development：A network approach”，*American Economic Review*，2015，105（8）：2364-2409.

③ Lefebvre，H. *The Production of Space*. Oxford：Blackwell，1991（30）.

托—代理"链条中，中央政府运用指标化管理等方式，形成了对中间政府和基层政府的控制权，而基层政府在具体的社会干预中也如法炮制，向污染企业分配指标并定期考核。但是，由于企业以盈利为目的的本质，环境保护之于企业而言，是实现经济目的的策略性杠杆，其出发点是提高声誉和全球竞争力，因而试图将驱使企业履行环保责任作为推进环境管理的核心环节是不现实——甚至是根本矛盾的，[①] 也否认了市场效率来源于通过竞争过程对分散于个体之间的"默会知识"和特定时空的具体知识的有效利用。

2. 环境监管中的"委托—代理"逻辑泛化

在2006年开始实施的"十一五"规划中，国务院首次将 SO_2 和COD两项主要污染物减排目标纳入考核，形成约束性指标，并将减排的任务分解到各个省份，将其完成情况同地方干部的提拔任用联系在一起，以强化官员的问责压力。这样的"一票否决"式的强力激励，使地方官员不得不重视减排任务，并竭尽全力地促成"十一五"规划目标的完成。尽管中央政府的考量可能是希望借此契机实现经济发展方式的转型，但在实际的政策执行过程中，却未能真正达到这样的目标。在科层制的"委托—代理"链条中，地方环保部门往往受制于双重"委托—代理"关系，既从横向上接受当地政府的管辖，又在纵向上接受上级职能部门的指导，而这样的制度安排则导致地方环保部门"面临着多个委托方和来自不同方面的要求，因而容易产生多重目标的冲突"：不但要执行自上而下的环境政策和管制措施，而且必须服务于地方政府的目标，主要是属地经济发展，而这两个政策目标之间又容易产生紧张甚至冲突。除此之外，环境监管还具有一个十分重要的特征，就是其"检验技术、统计手段、测量标准等方面都存在一定的模糊性"，不同主体对于同样的信息可以有不同的解读方式。[②] 正是由于上述特征，下级政府与环保部门在与上级政府部门沟通的过程中有较大的谈判能力，可以通过"正式谈判、非正式谈判或准退出"的策略与上

① Dauvergne, P., Lister, J. "Big brand sustainability: Governance prospects and environmental limits", *Global Environmental Change*, 2012, 22 (1): 36-45.

② March, J. G. "Bounded rationality, ambiguity and the engineering of choice", *The Bell Journal of Economics*, 1978, 9 (2): 587-608.

级进行互动。这样的结果必然弱化了政策执行的效度。[①]在“委托—代理”机制的作用下，中央政府对于这一问题的解决方式是在“条”和“块”之间进行权力关系的调整，改革开放初期，“增强横向的地方权力而弱化同级纵向部门权力”，掀起了地方经济发展的竞争，成为了过去几十年中国经济奇迹的主要动力之一。然而，由于马力全开的高速增长，生态环境问题变得日益突出。因此，中央政府开始进行治理结构的调整，将权力向中央的纵向体系回摆，尝试“垂直化”管理，则又触发了对“分散和削弱地方权力，形成中央政府家长式的大包大揽”的担心。

而且，在属地管理的语境下，上级政府考核下级政府及其所属环保部门的一个指标是企业环保达标率，此考核方式导致属地环保部门站在企业立场，甚至纵容数据作假。如果一个市有100家企业，其中10家企业不达标，“通过数据作假，将不达标变成了达标，企业节省了治污成本，属地环保部门的考核成绩从90%变为100%达标率”。基于这样一种考量，事实上，政府已经把企业吸纳到“委托—代理”链条之下，在企业固有的市场主体特征之上，重新建构了新的意涵，为市场赋予了“工具理性”的色彩。因而，为了防止地方政府与企业之间的政企“合谋”，中央政府在指标分配的同时，会要求第三方独立监测机构的介入，环保部颁布的自动监控设施管理规范中要求，企业要委托第三方运营机构，负责监控设施的运维和保养，试图对企业形成制衡。特别是2015年2月5日，环保部印发了《关于推进环境监测服务社会化的指导意见》，称全面放开服务性监测市场，有序放开公益性、监督性监测领域，实质上将诞生一块千亿级“大蛋糕”。然而，由于第三方是由污染企业所聘请并支付费用，“有能力做污染源第三方监测的，往往还是原先那些设备运营的公司”，因而必然在两者之间也会形成合谋，委托的运营机构配合企业造假，“在这个市场里，规范和不规范的做法，成本最多相差10倍”，[②]等于是将第三方也纳入到“委托—代理”链条。“黑龙江省富裕晨鸣纸业有限责任公司的第三方运营公司，对氮氧化物转换系数造假，借口无法修改转换系数等理由，导致监控数据偏低15%左右。配合作假，是因为受委托的运营商如不服从企业意

① 周雪光、练宏：《政府内部上下级部门间谈判的一个分析模型——以环境政策实施为例》，《中国社会科学》2011年第5期。

② 严定非、杨思佳、梁绮雅：《千亿市场放开之后，第三方环境监测机构，环保部门有权管吗?》，《南方周末》2015年5月8日第5版。

愿，合作订单可能被取消，改由愿意配合的运营商接手；如运营维护到位，需投入试纸、试剂等设备和人力成本，反之亦节省了成本”；或者排污企业“通过更换设备主控模块，企业按自己的需要设计出主控模块，交给配合的设备生产商‘私人订制’”。[①] 尽管上级的环保部门也试图对这种“合谋”行为给予打击，如山东的环保厅要求运营商签署承诺书，不能协助排污企业作假，一旦发现作假行为，就清除运营商在山东全省境内的业务；重庆、湖北等省份也在展开试点，要求“监测仪器设备具备防止修改、伪造监测数据的功能”，一旦出现造假行为，将列入不良记录名单，禁止其参与政府购买环境监测服务或政府委托项目，对安装在企业的设备不予验收、联网；内蒙古、河南等地尝试推行“工况在线监测法”，不仅考核企业在线监控数据，还全面收集企业生产的用电量、耗水量等能源消耗量及生产投料量等多项数据，进行投入产出分析，推算出排放数据，从而将不同数据进行综合比对，检验其是否造假。但是，此类监管方式一部分较多地依赖于企业和相关运营商的配合，难以真正实现客观、中立；另一部分则执行成本过于高昂，难以为继，最终也都不得不陷入“委托—代理”的合作困境中。而单纯地寄希望于引入新的市场或社会主体，对原先的代理人进行制衡，实际上，也难以真正打破现有的困境。即便是身份和利益相对较为独立的NGO，在监督企业和运营商的“合谋”行为时，也往往会被“收买”或“俘虏”，成为其“委托—代理”链条的下一环节，成为粉饰企业环保形象的代言人。

作为“国家计划”的一种具体类型，“十一五”规划实质上因循科层制的逻辑，并将其延伸至国家经济、社会生活的每一个方面、每一个环节、每一个层次。从而将企业等市场主体、社会组织纳入到层级体制中，使之成为科层制中的一个单位，进而，中央政府自上而下对其实施监管行为，通过层层分解下达，层层监督考核的方式对其实施计划管理。同时，为了保障“国家计划”得以充分实施和有效执行，中央也必须收集自下而上传递来的分散信息，恰恰正是在这一过程中，出现了典型的“委托—代理”困境：中央所收集的信息往往是不充分的、扭曲的，并且，由于整体的科层结构呈“金字塔”形分布，上一层级的委托人需要面对多个代理人，而且伴随着市场经济和市民社会的发展，经济和社会规模不断扩大，

① 高胜科：《打击环保数据造假》，《财经》2016年第6期。

信息的复杂性不断增强，信息的收集、加工与传播的机制越来越难以有效运转。[①]

综上所述，“委托—代理”机制统驭中国环境监管与治理的整个过程，无论是在经济领域还是在社会领域，其自主的运作逻辑都被纳入到这一机制下，方能发挥作用。进而，也终将导致一种结果：所有的监管措施的实施，任何新的参与主体的引入，都会不断地被纳入到这个“委托—代理”链条中，成为这个链条的下一环节，这也意味着，环境问题本身只是沿着这个链条被依次传递下去，而无法得到真正的解决。在“委托—代理”结构中，基于相应的激励和诱因，每一环节中的代理人都是在努力完成其委托人所分配和发包[②]的任务，而同时，由于其自身作为一个独立的政府或市场主体，也必然有其自身的动机和意愿，在这样的角色冲突之下，其代理行为的结果必然会在一定程度上偏离委托人最初设定的目标和意愿。尽管在这一过程中，委托人也会引入监督人的角色，但根据控制权理论，委托人行使“检查验收权”时，主要体现为一种威慑策略，以此制造压力和不确定性，其目的在于事前向监督人施加压力，使其在政策执行过程中认真努力落实，但与实际执行过程的事后结果并没有太大关系，并且，监督人在其中的目标与自身动机也会出现相应的矛盾性特征，从而使得最终的结果往往是委托人对于其任务完成情况的认可决定与下级代理方实际努力之间的关系是松散的，甚至没有实质性的关系。

由此可见，在环境监管问题上，企业只是治理结构中的一个具体要素，如果没有良性的治理机制引导，以及政府和社会力量的介入，难以实现结构要素之间的耦合效用，要切实保障环境监管的有效性和全面性，这是企业所“不愿为”也“不能为”的，只能以“权宜之计”而对待。“委托—代理”逻辑的泛化导致了“企业责任边界放大”，企业较多地承担了一些“力所不能及”的责任和义务，从而模糊了政府等相关行为主体的责任。[③]

---

① ［匈］雅诺什·科尔奈：《社会主义体制：共产主义政治经济学》，张安译，中央编译出版社 2007 年版，第 3–17 页。

② 周黎安：《行政发包制》，《社会》2014 年第 6 期。

③ 王彦斌、杨学英：《制度扩容与结构重塑——农民工职业安全与健康服务的适应性发展》，《江苏行政学院学报》2015 年第 6 期。

第二节 过程性逻辑：“问题—答案”逻辑

在“委托—代理”逻辑构成中国环境监管体制中宏观的结构性主线的同时，在具体的环境监管机制和行为中还存在着另外一条微观的过程性主线，即“问题—答案”逻辑，一方面，表现为环境政策的制定和执行是对于环境问题的被动应对，“往往是严重的负面后果将长期积累的环境污染和生态恶化问题拉到‘前台’，国家的治理行动以及政策规定和法律法规才得以出台”①；另一方面，通常将制度、政策视为解决环境“问题”的直接“答案”，而并不关注“问题”产生的内在逻辑机理，因而，作为“答案”的政策，只能针对“问题”的一些表面特征提出解决方案。结果必然是“治标不治本”。而这样一条逻辑主线在具体的政策制定和执行中，也发挥着不容小觑的作用。

一、政策作用的对象应当是人

公共政策的出台，是为了解决一定的社会问题，但是，政策却不应当直接作用问题本身，其作用的对象应当是人，正如房地产调控政策如果单纯地试图直接抑制房价，反而会放大其副作用，其真正有效的作用逻辑应是调节人的生产和消费行为，从而调整市场的供需结构，在市场规律的作用下，使得房价回归合理区间内。Chetty 认为，对于公共政策的研究归根到底是对人的行为的研究，因为政策试图激励的对象是人，是人对政策做出反应。只有将一定体验效用函数和决策效用函数等行为因素引入公共政策系统地考量，才能更好地实现政策目标。其中，体验效用函数就是个体真实体验到的效用，由个体消费的商品来决定；而决策效用函数还受到由默认选项（可以由政策制定者操纵）和其他辅助条件（不可由政策制定者

① 荀丽丽、包智明：《政府动员型环境政策及其地方实践——关于内蒙古 S 旗生态移民的社会学分析》，《中国社会科学》2007 年第 5 期。

操纵）的影响。[①]

1. 制度提供框架

在社会科学范畴的语境研究当中，“制度”一词时常被用来表达一种稳定而重复的状态，符号性的范本或者是一种行为范式的规则。[②] 在新制度主义的观点中，制度所表现出的是一种“框架”的意义，即“制度构成对行动主体策略行为而言的一个场景或者游戏规则，它是约束行动主体追求自身利益的行为”，是一种“能约束行动并提供秩序的共享规则体系”，也是“行动主体作为群体在内部成员之间共享的关于习惯性行为的类型化”。[③] 也正如青木昌彦所说，制度的本质是“人们在社会中彼此互动的方式，以及人们对这些互动方式的预期，关于社会行为，人们必须形成一些共同看法”。一个好的制度，其关键要取决于“人”，包括制定政策的政治家，他们制定的政策会决定人们的互动方式，因而，制度的确立，应把人们的预期、信念和看法都包含在内。实质上，这也体现了“政治家与普通大众之间的互动，也是一种博弈。双方都必须形成一定的预期和看法，并且考虑其他组织对此可能做出的反应，社会就会在博弈和互动的过程中向前发展”。[④] 奥斯特罗姆认为，“社会—生态”系统的制度框架应当生成在人文因素和自然因素的双重背景下，并基于三个层次作出的制度选择：宪法规则、集体选择规则和操作规则。每一层次的行为模式变更，都是在上一个层次的稳定结构中发生的，层次越高，就越稳定，变更的成本也更高。[⑤] 不同层次的结构及其行动者通过“行动情境”以间接地实现互动，而且，“要明确每一个参与者在行动情境中的身份以及行为对潜在结果的影响，在一个既定的行动情境内，个体行为能对结果产生多大影响取决于行动者对这些影响因素的获得、解释及判断”。[⑥]

制度自身具有双重性，既限制了可能性，同时也“提供或简化了行为

---

① Chetty, R. “Behavioral economics and public policy: A pragmatic perspective”, *American Economic Review*, 2015, 105 (5): 1–33.

② 周雪光：《西方社会学关于中国组织与制度变迁研究状况述评》，《社会学研究》1999 年第 4 期。

③ [美] 沃尔特·W. 鲍威尔、保罗·J. 迪马吉奥：《组织分析的新制度主义》，姚伟译，上海人民出版社 2008 年版，第 1–2 页。

④ [日] 青木昌彦：《比较制度分析》，周黎安译，上海远东出版社 2001 年版，第 7–11 页。

⑤ Ostrom, E. “A general framework for analyzing sustainability of social–ecological systems”, *Science*, 2009, 325 (5939): 419.

⑥ 谭江涛、章仁俊、王群：《奥斯特罗姆的社会生态系统可持续发展总体分析框架述评》，《科技进步与对策》2010 年第 22 期。

选择权”，使得人的行为更加稳定、可靠，具有模式化的特征。以中国的“经济奇迹”为例，中国之所以能在改革开放后的三十多年里实现经济的持续高速增长，其并不是由于中央政府对市场实施了直接的经济管制，而是通过建立一套系统的地方政府及官员的晋升激励制度体系，从而为官员群体确立了一个非常清晰、明确的职业发展目标，在这样的目标引导下，作为理性人的官员们自然会主动地围绕该目标展开相应的行动，并改变自身的行为模式，将原先聚焦于“阶级斗争”主体上的注意力自觉地转移到“经济建设”上来，并努力推动经济的发展。[①] 从这个案例中可以看出，一个较为稳定的制度的确立，能够为行动主体提供行为框架和场域，从而在相应的规则背景下开展其他行动主体可以预期的行为模式。

根据诺贝尔经济学奖得主、制度经济学家道格拉斯·诺思的看法，制度包括正式制度、非正式制度与实施机制，三者都会影响治理的绩效。如果一项政策不能较好地对接其所存在的制度框架，则将难以发挥其应有的作用。基于市场的环境监管政策，在竞争市场和最优设置前提下才能实现正效益，然而，在实践中，受到已有市场力量扭曲等多种因素的制约，政策制定者往往并没有按照最优条件进行政策设计，则会加剧市场力量的扭曲，减少监管带来的收益。[②] 基于市场的环境监管政策主要分为两类：一是基于激励机制的，主要包括排污费、许可交易、押金、直接补贴、取消补贴（对于负环境外部性的行为）、消除市场障碍和业绩标准等；二是基于（过程）改革的，是用来帮助决策者决定是否采用不同类型的激励型政策机制。然而，在全世界范围内，基于激励的政策机制的使用越来越频繁，原因在于，在实现相应环境目标上，基于激励的政策执行成本较低，低于命令与控制型政策。[③] 这一点在清洁能源的倡导和推广方面体现得较为明显，世界上很多国家常常都会采用直接定价的政策，如碳税或补贴等，以期对消费者形成诱因，鼓励其尽可能多地使用清洁能源或减少能源消费。但是，此类直接定价政策的有效实施还有赖于气候条件和家庭收入等因素（例如，此类政策在低收入家庭和大量使用空调的家庭最容易获得

---

① 周黎安：《转型中的地方政府：官员激励与治理》，格致出版社 2008 年版，第 5-32 页。

② Fowlie, M., Reguant, M., Ryan, S. P. “Market-based emissions regulation and industry dynamics”, *Journal of Political Economy*, 2016, 124 (1): 249-302.

③ Hahn, R. W. “The impact of economics on environmental policy”, *Journal of Environmental Economics and Management*, 2000, 39 (3): 375-399.

成功，在年平均气温较为恶劣的地区会有明显的效果，而对于高收入群体或生活在气候条件较为宜居地区的人群，政策效果并不明显），而并非具有明显的普遍适用性，仅仅是因为此类政策本身具有更多的政治性意涵，因此，往往为政府所青睐，依旧能够得到较为普遍的推广，最终却不能获得良好的政策绩效。[①] 在当今社会，能源消费成本（如电费）仅仅是居民生活成本中很小的一部分，如果试图以价格调控居民的用电量显然是事倍功半，只有通过信息公开（尤其是 Name and Shame 等声誉机制）的方式形成社会舆论的压力，才能够达到事半功倍的效果，真正减少能源消费。[②]

对于中国的环境监管问题而言，监管的政策工具及其实施机制本身只是国家治理体系的一个组成部分，政策工具的效用发挥需要一些能够起到支撑、保障作用的制度框架。而现实中，政府自身“委托—代理”式的治理结构可以视为一种制度框架，同样，现行的城镇化路径、工业化模式以及能源消费方式等结构性因素也是制度框架，却对政策的实施起到负面效果，如果这样的制度框架不能得到根本性改善，那么仅仅寄希望于通过加大环境监管力度来改善环境质量的思路，则难以达到环境绩效的实质性提升。

无论是参考西方发达国家长期以来的环保经验，还是总结中国自身的环保实践，可以发现技术的进步和制度的完善都对实际环境质量的改善起到了不可或缺的作用，但是，环境监管技术的进步也好，环境监管政策能力的完善也罢，其实都内生于经济发展的结构性制度框架之中，即技术水平和治理水平的提升“先对经济增长产生了积极影响，然后再通过改变经济结构等因素间接地作用于环境质量”。[③] 换言之，单纯地寄希望于通过环境技术和环境制度直接改善环境质量的思路，只能扬汤止沸而非釜底抽薪，根本性的解决路径应是推动以环境技术为代表的技术创新和以环境税为代表的制度健全，从而提升城镇化质量，优化产业结构，调整能源消费结构，实现经济发展方式的转变，从源头上解决污染排放量的减少，并最

---

① Ito，K. “Asymmetric incentives in subsidies：Evidence from a large-scale electricity rebate program”，*American Economic Journal*：*Economic Policy*，2015，7（3）：209-237.

② Delmas，M. A.，Lessem，N. “Saving power to conserve your reputation? The effectiveness of private versus public information”，*Journal of Environmental Economics and Management*，2014，67（3）：353-370.

③ 李志青：《雾霾成因的“阶段论”与治理》，新华网·思客，2015 年 3 月 21 日，http：//sike.news.cn/statics/sike/posts/2015/03/219022436.html。

终达到环境质量的改善。

2. 政策建构诱因

在一个较为稳定的制度框架中，政策所发挥的作用应是建构诱因，类似于一个“引爆点”（Tipping Point）[①] 的角色。政策所能够作用的对象只能是人：在社会秩序框架内，应确定环境监管的最佳“尺度”，通过影响、调整和改变人的行为，“对人类干预环境的可能性进行限制，进而限制人类干预自然环境的行为，同时，从长远来看也意味着减少人类对社会经济过程的干预”，[②] 并最终实现环境质量的改善。

众所周知，环境问题的产生和变迁，绝不是单纯由自然因素所导致，其背后同样也有错综复杂的社会因素交织、叠加作用。环境问题的产生，其主要原因正是在于“特殊生产者和消费者使用的具有决定意义的模式所造成的结果”，特别是关于人与社会对自然环境的响应问题，包括哪些国家能承受环境变化产生的成本，社会如何组织、个人和团体如何感知威胁，减排任务的分配，国际条约的设计、投票者对于环境变化的响应，以及如何响应灾难压力和集体行动如何效果最佳等[③]，在不同条件可能会有不同的反应，呈现出动态的特征。

Hayek 认为，市场和社会行为，大多是个体之间交互行为的产物，而非某个机构人为设计的产物，经济和社会系统的有效运行需要“偏好、价格衡量、技术、资源供给”等各种地方性知识和情境性知识（Knowledge of the Circumstance），而这些知识往往散落地分布于社会的各个组成部分，“从未以集中的或完整的形式存在，只是以不全面而且时常矛盾的形式为各自独立的个人所掌握”。[④] 因此，仅仅依赖于政府通过政策制定的方式对社会问题进行精密地“计算”以及直接、集中地处理，似乎并不具有可行性，因为政府在面对变动不居的市场和社会时，不可能掌握所有的信息。而且，环境问题是置于整个“社会—生态”系统中进行考量的，其所波及的时空尺度则更为广泛、深远，所牵涉的问题则更为繁冗、复杂，难以进

① ［美］马尔科姆·格拉德威尔：《引爆点》，钱清、覃爱冬译，中信出版社 2006 年版，第 1-12 页。

② ［德］弗里德希·亨特布尔格、弗雷德·路克斯、马尔库斯·史蒂文：《生态经济政策：在生态专制和环境灾难之间》，葛竞天、丛明才、姚力、梁媛译，东北财经大学出版社 2005 年版，第 4 页。

③ Victor, D. G. “Climate change: Embed the social sciences in climate policy”, *Nature*, 2015, 520 (7545): 27-29.

④ Hayek, F. A. “The use of knowledge in society”, *The American Economic Review*, 1945, 35 (4): 519-530.

行较为全面、系统的把握。

Daly 认为，环境问题的解决，其实就是在探究经济发展的“最优规模”和资源环境的“最优配置”两个目标，以确保“生态—经济”系统不会崩溃，而这两个政策目标难以依赖于单一的政策工具实现。[①] 但是，Hahn 认为，“现存环境政策存在两个问题：第一，过度规范化，为了实现某个环境目标，都高度强调某一个方法或方法的集合，而环境政策本可以采取更加灵活、多元的手段；第二，忽略成本与收益之间的平衡关系”。[②] 为了政策制定的方便，环境问题的社会归因往往被简单化处理[③]，甚至被单纯地界定为科学问题、技术问题。因此，政策制定者在制定和执行一项政策的时候，通常直接围绕所需要解决的问题本身着眼，形成一种单向度的决策模式，并基于问题中部分显性化指标的变化情况考量政策作用的绩效。而且，特别在重大环境污染事故发生后，政府的环境监管往往会强力介入，并提高监管水平，一旦事故的影响减弱后，监管水平又会得到一定程度的放松，进入了环境监管的“波动周期循环”。[④] 通常，政策失灵的原因往往是由于制定者和执行者仅仅专注于自己能看到的事，而且很难同时应对多个目标，更值得警惕的是，当政策作为解决一个问题的答案而提出的时候，有可能会产生另一个新的问题。如果能够“设法在市场信号的帮助下达成政策目标”，则会鼓励处于生产或消费任何阶段的每个人都采取行动，并且可以决定自己的优先顺序，进而达到政策目标。[⑤]

事实上，在环境监管中，政策本身并不应当被视为直接改变某种环境指标的工具，政策作用而形成的制度绩效，重点在于对行动者或政策相对人的行为调节，即行动者按照明确的政策要求所采取的服从（Compliance）行为[⑥]，因为，作为一种制度形式，政策只有通过引起人的行为改变才能改

① Daly, H. E. “Towards an environmental macroeconomics”, *Land Economics*, 1991, 67 (2): 255–259.

② Hahn, R. W. “The impact of economics on environmental policy”, *Journal of Environmental Economics and Management*, 2000, 39 (3): 375–399.

③ 王晓毅：《环境与社会：一个“难缠”的问题》，《江苏社会科学》2014 年第 5 期。

④ 李国平、张文彬：《地方政府环境规制及其波动机理研究——基于最优契约设计视角》，《中国人口·资源与环境》2014 年第 10 期。

⑤ Berman, E. R., Johnson, R. K. “The unintended consequences of changes in beverage options and the removal of bottled water on a university campus”, *American Journal of Public Health*, 2015, 105 (7): 1404–1408.

⑥ Mitchell, R. B. “Compliance theory: Compliance, effectiveness, and behaviour change in international environmental law”, *Oxford Handbook of International Environmental Law*, 2007: 893–921.

善环境质量，例如改变高耗能的消费行为以降低污染物的排放，从行为角度，良好的制度绩效才是良好的环境绩效的必要条件。[①]

“环境保护固然需要政府的干预，但只能是适度的，因为市场可以对环境和非环境部门的资源配置边界进行最合理的界定，对此，政府是无能为力的，这是市场规律，违背了这个市场规律，结果往往过犹不及”。[②] 环境问题本属于一个市场失灵的问题，但如果政府不当介入和过度干预，将更会导致政府失灵的问题，最终产生环境监管角色和目标的错位。当环境监管主体缺乏来自市场和社会的支持，难以克服监管中所面临的种种难题与阻力，则会不可避免地将“执行强制力缺乏”的困境不断放大，从而会对监管政策做“加法”，简单地通过加载监管政策的方式来弥补执行力的不足，但这样也会给监管对象及相关主体带来超负荷的压力，进而削弱政策的效力。[③] 因而，政府应当健全和完善“市场”和“社会”这两个结构性的制度框架，在市场和社会的客观规律作用下，通过政策设计来建构有效的诱因，引导政策作用的相对人以市场主体或社会主体的身份承担其自身应尽的责任，并充分调动其他相关市场主体和社会主体的广泛参与，营造良好的“政府—市场—社会”的三元良性互动机制。

所以，政策作用应当是有一个因果链条：在一个给定的制度框架中，政策工具提供了一种诱因，对于行动者产生影响，使之行为发生改变，产生了一定的制度绩效；而人的行为改变，及其带来的供需关系等结构性变化，能够对环境产生影响，进而使环境质量发生一定的改变，产生相应的环境绩效。

二、环境监管政策的本质是再分配政策

政策对于社会问题的解决，往往是通过调整人的行为来得以实现，环境监管更是如此，环境政策不能等同于环境技术指南，不能直接用于

① ［美］Young，O.，King，L.，Schroeder，H.：《制度与环境变化——主要发现、应用及研究前沿》，廖玫译，高等教育出版社 2012 年版，第 62-65 页。

② 李志青：《环境达标的关键是重塑“政商”关系》，新华网·思客，http：//sike.news.cn/statics/sike/posts/2016/03/219492601.html，2016-03-21。

③ Rooij，B.，Fryxell，G. E.，Lo，C. W. H.，Wang，W. “From support to pressure：The dynamics of social and governmental influences on environmental law enforcement in Guangzhou City，China”，*Regulation & Governance*，2013，7（3）：321-347.

污染的治理和生态的修复。环境监管政策在本质上表现为再分配政策，基于对市场和社会的利益格局产生一定影响，从而达成某种特定的环境政策目标。

与劳动、资本等要素所形成的收益有所不同，环境投入所产生的收益具有两个较为明显的特征：“一是没有明确的分配形态；二是没有明确的归属性”。市场难以对行为主体之间的环境收益进行有效地分配，环境收益的公平、有效配置，只能依赖于政府的环境补偿等政策工具和治理机制。[①] 环境政策的制定和实施过程，本身就伴随着利益和价值在不同主体之间的再分配。因为在经济活动中，无论是生产环节还是消费环节，都会不可避免地产生一定的污染物或废弃物，而这样的污染物或废弃物也恰恰能够被从事经济活动的主体带来相应的收益，但也会给社会或外部环境带来负面效应，而个体又缺乏足够的意愿或能力来支付这种负面效应，从而使个体最优目标与社会最优目标之间出现矛盾或冲突。因而，环境政策在校正外部负效应的同时也会对相关产品市场与要素市场产生影响，通过产品价格与要素价格两个中间变量，最终导致利益的再分配。[②] Fullerton 指出，污染既能够作为“生产投入”，“与资本及劳动等要素可以相互替代”，也可以视为“消费品”，与其他产品或消费品进行相互替代，环境政策的执行能够致使污染成本上升、产品产量减少、对其他要素需求增加等结果形成再分配效应，而这种再分配效应的合理性与公平性，决定了环境政策实施的最终效果。[③] 环境税、排污减少补贴、排污许可、强制控制法规等环境政策工具之所以产生的效果不同，主要原因在于所导致的政府、企业与消费者之间的利益再分配效应有所不同。[④]

在环境政策的实际执行过程中，所涉及的利益主体远不止以上三者，如上文中所提到的环境技术标准制定和执行，则必然会导致政府、企业与消费者之间产生新的利益分配格局。与此同时，在市场主体之间也会产生新的利益分配格局，能够较好地采用环境技术的企业、自主开展环境技术

① 杨继生、徐娟：《环境收益分配的不公平性及其转移机制》，《经济研究》2016 年第 1 期。

② 陈银飞、茅宁：《环境政策的再分配效应分析》，《经济问题》2007 年第 8 期。

③ Fullerton, D., Heutel, G. “The general equilibrium incidence of environmental taxes”, *Journal of Public Economics*, 2007, 91 (3): 571-591.

④ Fullerton, D. “A framework to compare environmental policies”, *Southern Economic Journal*, 2001, 68 (2): 224-248.

创新的企业以及专门从事环境技术服务的企业都将在新的市场格局中获得较为明显的竞争优势，并能够将这种优势转化为实实在在的经济利益。环境税的征收则更加能够体现环境政策的再分配特征：作为税收的一种形式，环境税与生俱来就具有再分配的属性与功能，不仅能够基于税收工具对环保企业形成激励以促进市场格局的改变，也能通过税种的调整与优化实现政府主体之间的财政收入来源分配。

环境政策的再分配作用还应体现于强化消费在拉动经济增长中的主导作用。当前环境污染状况难以得到有效遏制，其中一个关键性的原因在于，政府驱动的固定资产投资促使经济发展陷入在“高污染、高能耗”的恶性循环中。在拉动经济增长的“三驾马车”中，投资对于经济增长的贡献具有长期性和滞后性，特别是对固定资产的投资一旦过度，难免会导致经济的过热现象，而且“投资收益的获得以及投资对经济增长的拉动作用需要通过消费的扩大来实现，投资结构和规模的优化受消费规模和消费结构的制约”，单纯地强调投资而不能与消费实现良性互动的话，则无法实现社会资源的优化配置。[①] 只有通过再分配的方式调整现有的利益格局，让消费者以消费剩余形式获得更大份额的价值分配，提升更多社会主体的消费动机，从而降低固定资产投资的比重，方能够有效地实现污染总量的减少。

然而，如果缺乏一个较为稳定的政策设计，容易导致政策的波动：在常态情况下，无论是中央政府还是地方政府，基于对经济增长的追求，都会默许或鼓励企业的污染排放行为，甚至主导整个固定资产投资行为，加速污染的排放；然而一旦面临“两会”、奥运会、APEC 等重大事件，或遭遇重大污染事故，政府又会强调对污染的“零容忍”。然而，在现阶段，不应当对污染采取“零容忍”的态度，而应当“对那些和当前生产消费相适应的、合理的、科学的、适度的污染排放做到最大限度的容忍，特别是在法律许可的范围内对污染做到最大限度的容忍”。从污染与生产、消费的关系看，可以对污染进行分类：与基本生产和消费活动相辅相成的环境污染，与扩大化的生产和消费活动相关的污染，以及与“过度”的生产和消费活动相伴随的污染。真正应保持“零容忍”姿态的只有第三种污染类

① 安华：《刺激消费拉动经济增长的政策反思——基于逻辑学的分析视角》，《理论学刊》2013 年第 2 期。

型，前两者在当前条件下都可以保持一定容忍度，并且其随着技术的改进、经济的发展，人类基本生存需要排放的污染也在降低，从而边际危害不断降低。[①] 过度强调对污染的“零容忍”，将驱导出激进的环境监管政策，从而导致不合理的再分配效应。

环境政策“最令人担心的后果”也恰恰正是其再分配效应，“最普遍的恐惧就是担心自己承担环境保护的成本，而其他人却从中牟利”，例如环境政策实施所导致的失业等问题，最终将环境监管的负面后果转嫁给了弱势群体，从而催生了更为严重的两极分化，不仅对经济产生巨大的威胁，也严重影响了社会的稳定，这样的环境政策则是不可持续的。由于环境问题牵涉到“社会—生态”系统，其内外部的复杂性可想而知，“把所有损害归咎于污染者，就像人类历史上的其他幻想一样是不可能实现的”，因此，政策本身也必然会蕴含一定的弹性和模糊性，能够增加市场和社会的自由度，“进而扩大其他领域比如社会及就业政策领域潜在的创造空间”，这也是政策决策和妥协的结果。[②] 如果仅仅因为环境问题是当前最棘手的问题而迫使政策的重心片面地聚焦于此，对其成因和背景欠缺考量，忽视其他相互关联的要素，则势必会使政策效果适得其反，从而使整体发展趋势处于失控状态。一项环境政策，如果不能充分考量社会经济影响，而只是一味地强调环境问题的治理，则势必会对污染者及相关主体的行为产生非预期性的影响，招致政策相对人的激烈反对或是变相应付等政策反应，导致政策的最终失败。

可持续发展问题的本质是资源“绝对稀缺性”问题，而不是价格所反映的“相对稀缺性”问题，因此，价格机制等不能完全解决环境宏观经济问题。从而，环境政策的实施若要实现，不仅需要关注产出效应，更需要关注福利效应。[③] 因此，环境政策的再分配效应应当致力于实现更加合理、更加公平的再分配格局，“只有环境政策的特征和社会经济的特征兼容，

---

① 李志青：《环境污染：“有罪推定”还是“疑罪从无”》，新华网·思客，http：//sike.news.cn/statics/sike/posts/2015/03/218972567.html，2015-03-21。

② ［德］弗里德希·亨特布尔格、弗雷德·路克斯、马尔库斯·史蒂文：《生态经济政策：在生态专制和环境灾难之间》，葛竞天、丛明才、姚力、梁媛译，东北财经大学出版社 2005 年版，第 29 页。

③ Lawn，P. A.，“On Heyes’ IS-LM-EE proposal to establish an environmental macroeconomics”，*Environment and Development Economics*，2003，8（1）：31-56.

它才是可持续的”。[①]

三、“问题—答案”逻辑使政策作用过程被简化

然而，在具体的政策作用实践中，政策的设计是将目标直接指向特定的政策目标，而忽略了其间真正起作用的复杂作用逻辑，并将这些作用过程予以简化。行政权力的逻辑贯穿了政治、经济、社会等各个领域，由此所引发的国家干预，构成了一种“国家生产方式”，国家经营者、官僚、规划者、专家等成为了“社会权威和控制的主要化身”[②]，反映了国家在社会管理中的技术控制和科技理性的特征[③]。所以，在“问题—答案”逻辑的作用下，环境监管政策的制定与执行，其目的都旨在为环境“问题”找到一个“答案”，而不在于使之真正地得到解决。[④]

和经济领域类似，在环境监管领域也出现了“政策依赖症”，政策本应只是在制度的框架下提供一种诱因，促进市场、社会以及公众来发挥作用，然而，由于“问题—答案”逻辑的作用，与环境质量相关的各类主体对政策形成了难以割舍的持续依赖，一旦离开了政策，就难以正常自我运行进而导致环境的恶化。“政策依赖症”对于国家治理体系和治理能力的伤害也十分严重，会导致市场和社会功能退化、法治功能下降、社会创新动力减弱，监管部门也会对政策作用产生幻觉，固化这种依赖，“不断用新的政策去解决旧的政策形成的问题，以致形成恶性循环，直至通过危机进行强制调整”。[⑤] 在现有的环境监管过程中，政策往往被“寄予厚望”，希望能够成为一剂猛药，使得环境问题药到病除。但是，政策绩效往往受制于整体政策环境，以中国的绿色信贷政策的执行绩效为例，2007 年 7 月，中国政府正式出台了绿色信贷的相关政策，理论上，在政策实施之后，相应的资本、劳动力、资源都会重新分配，直到达到一个新的平衡，

---

① [德] 弗里德希·亨特布尔格、弗雷德·路克斯、马尔库斯·史蒂文:《生态经济政策：在生态专制和环境灾难之间》，葛竞天、丛明才、姚力、梁媛译，东北财经大学出版社 2005 年版，第 54 页。

② 夏铸九、王志弘:《空间的文化形式与社会理论读本》，明文书局 1993 年版，第 4-5 页。

③ Castells, M. “The urban question: A marxist approach”, *London*: *Edward Arnold*, 1997, 3.

④ Mitchell, R. B. “Regime design matters: International oil pollution and treaty compliance”, *International Organization*, 1994, 48 (3): 425-458.

⑤ 李佐军:《难以摆脱的“政策依赖症”》,《中国经济时报》2014 年 11 月 27 日，第 A05 页。

在这个过程中产品价格、投资决策等要素都会发生不同程度的变动。然而，模拟结果显示，绿色信贷政策在中短期内对造纸行业和化工行业产生了显著的抑制效果，但随着时间的推进这种抑制效果会被缓慢地反弹抵消，而钢铁行业和水泥行业则未受到明显的影响，受制于出口和投资驱动型的经济增长模式，绿色信贷政策在促进产业结构调整上收效甚微。[①] 许许多多致力于消除或缓解相应环境问题的制度或政策，都倾向于将注意力放在具体的环境指标上。一些管制性的政策都制定了较为明确、详细的环境目标和时间表，例如空气污染物的水平和指数、河流和海洋污染的浓度以及濒临灭绝的野生动植物物种的种群数量等，甚至于一些难以具体化和定量化的环境质量目标也会在政策文本中以较为模糊的形式设定出相应的目标。但是，由于忽视了政策自身作用的根本机理，没有真正使人的行为发生改变，必然会形成一种政策执行的偏差：重视“目标的完成”，而忽视了“问题的解决”。

政府对于环境问题的监管应当以促进环境技术创新，实现环境质量改善为目的，否则其简单地追求降低污染量而粗放式地增加环境监管投入、提升环境监管水平，只能成为一种“内卷化”现象。所谓“内卷化”，指的是“一种社会或文化模式在某一发展阶段达到一种确定的形式后，便停滞不前或无法转化为另一种高级模式的现象”。杜赞奇也指出，国家权力“内卷化”造成的后果是社会没有实际的发展增长，采用固定的“奖励执法”来再生和勉强维持国家权力，必然导致正规化、合理化的机构与“内卷化”力量经常处于冲突之中，而其功能性障碍又将给国家权力的稳定带来更多的麻烦。[②] 环境监管的失灵现象意味着政府在环境监管问题上的“边际效用”难以得到有效提升，而这种“内卷化”激励一旦形成路径依赖之后，中国的环境监管就将陷入一个“监管—失灵—再监管—再失灵”的恶性循环之中，政府将不得不花费更多时间和精力去做那些企业和公众“两头不讨好”的补救工作。

随着经济发展和环境监管体系内在联系日趋紧密、传导不断深化，中

① Liu, J. Y., Xia, Y., Fan, Y., Lin, S. M., Wu, J., “Assessment of a green credit policy aimed at energy-intensive industries in China based on a financial CGE model”, *Journal of Cleaner Production*. doi: 10.1016/j.jclepro.2015.10.111.

② ［美］杜赞奇：《文化、权力与国家——1900-1949 年的华北》，王福明译，江苏人民出版社 2010 年版，第 1-5 页。

国生态环境积累至今的各种局部失衡和隐患，日益演变为一个相互强化的正反馈机制。片面关注其中的某一些问题、忽略各因素间相互强化的内在联系，都会失之偏颇。各种隐患相互共振，通过城镇化、工业化和能源消费等渠道，加剧了生态环境体系的脆弱性，整个系统加速滑向动态不稳定的路径。与此同时，监管部门缺乏协调的被动应对以及末端治理式的干预日益僵化，更是火上浇油，遂使得环境问题不断固化为结构性顽疾，最终催生出以上恶性循环。

若要有效应对日益恶化的空气污染，实现空气质量的改善并最终达到绿色发展，“除了要掌握目前所知的各种重要宏观政策工具和抽象理论知识之外，还必须深入到雾霾等环境问题形成的微观机理中，并通过把握这些旧的和新的微观机理来真正解决和应对雾霾等环境问题”，这些微观的机理恰恰如规律一般左右着客观世界的存在与发展，而若是不能真正了解这些存在于宏观政策背后的微观机理，将无法做出正确的政策选择。再者，即便是制定出了十分有力的政策，但若是执行起来很“无力”，却也依旧是枉然，因为“所有的政策都需要配套政策，也许配套的政策又需要有更多的其他政策进行‘再配套’，在这个政策的链条中，缺了哪个环节都不行，否则都会落得个事倍功半的结果”，如果不能对政策问题所可能产生的潜在问题进行系统性的未雨绸缪，则必然会使得政策效果大打折扣。[①] 由于环境问题与生俱来的复杂性，市场、学界和决策圈对于如何破解“数字减排”困境仍莫衷一是。即便是在同一组织或同一领域内也会出现这样的问题：在环境监管机构中，往往会因为组织人员的专业结构分布问题，如物理和化学专业背景的人员多于生物专业背景的人员，则有可能会导致对于物理和化学问题的理解要甚于生物问题，对生物领域的资源的获得相对更少，也缺乏“同行评议”（Peer-review）机制的作用，从而不能有效地符合实际工作需求，出现了以“组织逻辑”置换“问题逻辑”的现象，极有可能导致问题的难以解决。[②] 基于不同的利益出发点，不同的主体往往会对某个单一政策选项进行大力的提倡，如提高罚款额度、大力发展清洁能源等，但是，对于当前这一非稳态路径上的复

---

① 李志青：《霾怨：政策给力，效果无力?》，新华网·思客，http：//sike.news.cn/statics/sike/posts/2015/12/219486541.html，2015-12-21。

② Lewis，D. L.，“EPA science：Casualty of election politics”，*Nature*，1996，381（27）：731-732.

杂系统而言，不仅“帕累托改进”式的政策选项不复存在，局部、序贯的最优解也未必能实现全局和动态最优。事实上，任何“单兵突进”的政策措施都可能适得其反。

“十一五”期间的环境技术标准所产生的非预期性效应便是例证。环境技术标准制定的初衷无可厚非，以更加严格的标准推动环境技术的深度创新和广泛应用，这是十分必要的。但是，在总体经济发展方式未能得到根本性转变的背景之下，“委托—代理”逻辑和“问题—答案”逻辑两个根本性的治理逻辑所统御的冒进的环境技术标准，只能加速环境技术和设备的引进，而环境技术的自主创新能力却逐步地弱化了，为环境监管的系统性风险埋下了隐患。

政策应对的关键是直面体制要害、打破维稳的桎梏。在不存在“帕累托改进”选项的情况下，一味兼顾多重目标只会裹足不前。实现环境质量改善的目标不可能兵不血刃，痛苦的结构性调整是破旧立新的必然代价。末端治理导向下的隔靴搔痒，抑或是缺乏协调的政策冒进，不仅徒劳无功，还会虚耗所剩不多的腾挪空间。这些都会积累起后续更大幅度调整的压力。因此，在环境监管问题中，系统性风险的真正内涵是：①各种矛盾和隐患相互共振，形成正反馈机制；②政策应对在客观上面临难度，而决策层的主观认识也容易偏离现实需要。两者相互作用下，生态环境系统的平衡加速驶离稳态。

事实上，在政策的制定和实施中，必须考量环境监管目标与其他目标（如发展议题）之间的冲突性，必须明晰有限的政府资源如何在不同的社会事务之间的分配，“千头万绪的公共事务的优先次序无法通过法律预先加以规定，而是需要不断地加以权衡，不断地加以调整”，更重要的是，如何为不同的市场主体和社会主体提供诱因，从而激励地方政府和企业等积极执行和响应国家目标，促进国家环境监管目标的实现。[①] 而且，环境监管和治理并不一定要通过环境政策实现。同样，经济政策、社会政策也能够、甚至可以更好地实现环境绩效的提升。以“互联网+”政策为例，其通过传统模式的颠覆，使得各类市场主体最大限度地释放了自身的创新活力，发挥自身的优势为环保助力，公众亦是受益者：“众筹测水质”，并

① 鄢一龙、吕捷、胡鞍钢：《整体知识与公共事务治理：理解市场经济条件下的五年规划》，《管理世界》2014 年，第 12 页。

同步关联了政府公开的水源地水质信息，在不断积累的水质数据中，企业可以提供更有针对性的净水服务；行车导航系统中的“躲避拥堵”功能，能够在一定程度上减少车辆拥堵时发动机空转而产生的较大排放量。[①]

① 汪韬、辛闻：《“我们正在消化总理报告”，互联网+环保=?》，《南方周末》2015年4月3日第6版。

第十章 结论与展望

第一节 结论

Mathews 和 Tan 通过对中国循环经济模式的考察发现，“中国消费了世界最多的资源，产生了最多的废弃物，但也采取了最先进的解决办法”，在世界各国中，中国是“唯一一个从国家层面真正抓循环经济建设的国家”，通过设定目标、实施政策、经济手段和规章制度，在世界范围内推动环境保护的政策实践。[①] 但是，这样一种循环经济模式却过多地依赖于政府的主导，甚至是包办，现在所面临的压力是“如何通过技术进步和市场手段的综合利用真正把相关市场培育处理，通过恰当的市场机制来处理”，而不是“为了循环而循环”。[②]

而这正是中国环境监管中的“数字减排”困局的症结所在，因此，本研究围绕这一议题的讨论和分析，得出以下结论：

一、“数字减排”困局的本质是环境监管失灵问题

围绕环境监管水平、实际环境质量与公众健康状况三个因素，对环境监管中的“数字减排”困局的问题性质进行了检验，分别考察环境监管水平与实际环境质量之间，以及实际环境质量与公众健康状况之间的匹配关

① Mathews, J. A., Tan, H. “Circular economy: Lessons from China”, *Nature*, 2011, 531: 440-442.

② Liu, Z., Geng, Y., Wang, F., Liu, Z., Ma, Z., Yu, X., Zhang, L., et al. “Emergy-ecological footprint hybrid method analysis of industrial parks using a geographical and regional perspective”, *Environmental Engineering Science*, 2015, 32 (3): 193-202.

系和吻合程度，前者被界定为公众对于环境质量的感知偏差，后者则被界定为政府的环境监管失灵。通过将中国的案例纳入到 G20 的总体样本中，与 G20 国家的平均水平进行对比，可以对问题的性质做出较为准确的识别。

“数字减排”困局并不是公众的感知偏差。在 G20 国家的总体样本中，环境空气质量对总人口、男性人口和女性人口的人均预期寿命产生十分显著的负面影响，也就意味着，空气质量的恶化能够直接减少公众的预期寿命。而空气污染对于人口预期寿命产生影响的一个重要途径是通过增加人口肺癌死亡率的形式实现的，但是，对于男性和女性的影响程度有着较为明显的差异。而这一结论在中国的个案中也是适用的，中国的空气污染水平整体高于 G20 平均水平，同样，男性和女性的肺癌死亡率也要高于 G20 国家的平均水平，从而，二者之间的相关性规律及变化趋势没有本质上的区别。因此，在中国的具体情境中，空气污染水平与公众健康状况之间的关系是相互匹配的，并不存在公众对环境空气质量感知偏差的问题。

从政府环境监管水平与客观环境质量之间的匹配程度来看，在中国，的确存在政府监管失灵的问题。在 G20 国家的样本框架中，环境监管的技术水平和制度水平对空气污染能够发挥较为显著的改善作用，但是，其显著效应需要在一定的滞后期之后才能够充分地显现；而将中国的样本从 G20 国家的总体样本中剔除之后发现，技术水平能够在当期发挥作用，制度水平没有明显的变化。这在一定程度上能够说明，中国的样本对总体样本的回归结果产生了一些影响。仔细观察中国的个案，并与 G20 国家的平均水平形成对比，则会识别出，中国的环境监管技术水平与实际空气质量之间的关联性不符合 G20 国家的总体趋势。因此，足以判断，中国的环境监管水平提升未能对环境质量起到明显的改善作用，换言之，在中国，存在着环境监管失灵的问题。

进而，可以得出结论，通过国别间的比较研究分析能够得出，中国环境监管中的“数字减排”困局并不是公众的感知出现了偏差，而是政府的监管失灵问题，这是“数字减排”问题的核心症结所在。

二、“数字减排”困局是由环境监管水平和经济发展方式所共同造成的

通过将中国的环境监管问题与G20国家的平均水平进行较为系统的比较分析可以得出，中国的“数字减排”困局，即环境监管失灵问题主要由主、客观两方面的原因共同造成，主观方面的原因主要是中国政府的环境监管水平自身存在着一定的问题，而客观方面的原因则主要是由于中国自身长期以来所践行的经济发展方式存在一定程度的不合理性。这两个方面原因的叠加作用之下，导致了环境监管失灵的问题。究其具体的原因，主要包括以下几个方面的问题：

1. 环境监管的技术水平发展较为畸形

环境监管的技术水平，可以从企业对环境技术的采用程度，即环境技术的扩散数量看，这反映了监管对象对监管政策的服从和反馈程度。相对于G20其他国家，中国的环境技术扩散数量增长很快，尤其在2002~2012年，环境技术的增长态势非常迅猛，这也从一个侧面证明了中国的环境监管力度确实很大。

但是，环境监管的技术水平增长却更多地停留在“总量增长”的层面，更加侧重于环境技术扩散数量的提升，而真正的“质量发展”水平却有待进一步考量。自2006年起，环境技术发明的总体变化呈显著的下降趋势，可见，环境技术的自主创新能力并未随着技术扩散的增长趋势而同步增长，从而会在一定程度上弱化环境监管的绩效。

从某种程度上看，中国的环境监管技术水平未能充分发挥作用，主要是由于技术扩散水平与技术创新能力二者的发展趋势之间存在着一定的不匹配，导致技术水平的畸形发展状态，难以充分发挥作用。

2. 环境监管的制度水平发展相对滞后

以环境税在总税收中所占的比重作为主要指标，对环境监管的制度水平予以衡量，也能够基于环境税的缴纳程度，较好地反映监管对象对环境监管政策的服从和反馈程度。中国的环境税比重与G20的平均水平之间的关系在2008年前后发生较为明显的变化，2008年以前，中国的环境税比重落后于G20的平均水平，而2008年的税制调整之后，中国的环境税比重大幅上升，超过了G20国家的平均水平。由此可见，中国环境监管的制

度水平也在不断地发展，标准也在不断地提高。

但是，从总体上看，相对于中国环境监管的技术水平而言，制度水平的增长趋势相对和缓，环境相关税收的比重直到2008年以后才有所提升，达到G20国家的平均水平，由此可以看出，制度水平的发展步伐滞后于技术水平，从而在一定程度上制约了技术水平充分、有效地发挥其正面作用，使两者的交互效应得以彰显。而且，环境税的提升，对环境质量的改善明显发挥了一定作用，然而，环境质量之所以未能得到进一步提升，则主要是受制于以环境税为代表的环境监管制度水平未能更进一步发展。

所以，环境监管失灵的一个重要原因在于制度水平发展的滞后，特别是环境税制度有待健全和完善。

3. 经济发展方式决定了污染总量未能有效减少

根据G20国家的面板数据计量分析发现，城镇化率、工业比重以及人均能源消费量、煤炭消费比重等因素都直接对环境质量产生显著的负面影响，加剧了空气污染，均是非常重要的污染源。

其中，在G20国家中，可以非常明显地识别出，城镇化水平与空气污染水平之间所呈现的关联性为倒U形分布，而中国的发展阶段则正好位于倒U形曲线的左侧，即城镇化率增长会带来空气污染的显著恶化。而同时，中国又恰恰处在城镇化水平高速发展的进程中，城镇化率提升很快，因此，这样的城镇化发展阶段和发展路径难免会导致空气污染的大量产生，使得环境质量极度恶化。

而工业比重对于空气质量的负面影响则更为强烈。在G20国家中，绝大多数的工业比重都处于40%以下，基本上已经步入了后工业化的时代，因而，对于空气污染所产生的影响也相对较小。中国的工业比重则一直处于较高的水平，虽然得到了一定程度的遏制并开始呈现出小幅下降的趋势，但是，其规模总量依旧十分庞大，难免对空气污染造成了不良的后果，催生了一系列环境问题。

能源消费问题是十分值得关注的问题，相对而言，人均能源消费对于空气质量存在显著的负面影响但却并不是非常强烈，而能源结构方面的问题，即煤炭在能源消费中所占的比重则具有十分突出的影响。反观中国的能源消费结构，则又恰恰是以煤炭作为绝对的主体地位，达到了50%以上，远远地超出了G20国家的平均水平。从这个意义上讲，中国能源消费结构对空气污染的形成与恶化具有决定性的作用。

综上所述，以上三个因素的总体规模长期处于较高的水平而且增长速度依旧非常迅猛，反映了发展方式的不合理，无疑会促使空气污染水平的总量居高不下甚至继续攀升。所以，如果仅仅从环境监管水平本身探究原因，而没有考虑污染源的控制，则难免会锁定在“末端治理”的路径中，难以真正地实现污染水平的降低。而中国的环境监管失灵的症结也在于此，环境监管水平的提升呈现出“单兵突进”的趋势，不能与发展方式转变这一核心议题相互呼应，则不能形成系统效应，将难以真正改善环境质量。

4. 环境监管效果的发挥具有一定的滞后效应

除了环境监管水平不到位以及经济发展方式不合理之外，环境监管的政策工具本身也存在着一定的滞后效应。无论是从环境监管的技术水平看，还是就环境监管的制度水平而言，在改善环境空气质量的作用过程中，都难免会有一定程度的滞后性，需要一定时间的政策作用周期才能够显现效果。其中，技术水平的滞后期为两年，而制度水平的作用周期则更长，要在四年之后才能呈现出显著性。

相对于环境监管的滞后性而言，城镇化率、工业比重以及能源消费结构等导致空气质量恶化的主要因素却不存在明显的滞后期，能够直接将显著的负面效应作用于当年的空气质量状况，从而，二者之间存在着一定的时滞效果，环境监管水平的作用往往跟不上污染本身的步伐，也是中国环境监管失灵所不可忽视的一个重要原因。

三、“数字减排”困局的深层次原因应当归咎于政府的治理行为

中国环境监管投入与实际环境质量不匹配，即环境监管失灵的问题形成的三个最主要原因分别是环境监管技术创新的能力弱化，环境税的整体规模有限，以及城镇化路径、产业发展方式和能源结构的不合理所造成的排放量超出治理能力。然而，围绕环境监管失灵问题的探讨不应止步于发现这些主要的影响因素，而应进一步地深究其背后的深层次原因，从而才能更加深入地对环境监管失灵问题做出学理上的分析，以便提出更加切实有效的对策建议。

1. 政府监管弱化了企业的主体作用，限制了环境监管的技术创新能力发展

从环境监管的技术水平变化趋势看，技术专利的扩散数量与发明数量逐渐呈现出一种背道而驰的发展态势，有悖于常理。而这样的一种异常现象主要是在政府监管行为的驱动下形成的：①为了政策执行的便利和可操作性，基层和一线的监管者将注意力更加聚焦于一些原本只具有参考意义的技术性指标（如技术采用情况和设备安装情况）上，将其作为实际执法的目标，从而导致了“目标替换”现象；②根据国际现行的相关技术，政府制定了相应的技术标准，并作出了较为细致的规定，而这样的技术标准恰恰触发了监管对象的风险规避动机，表现出对技术标准的“趋从”行为，弱化了自身的创新动机；③政府在“十一五”规划中对脱硫等污染减排工作做出了严格、明确的规定，从而致使此类产业的市场份额突然膨胀，在利润足够丰厚且竞争压力很小的情境中，相关行业的厂商自然缺乏主动创新的意愿。在这三个方面原因的共同作用下，导致了中国环境监管技术水平发展的畸形态势：技术扩散水平迅猛增长，而技术的自主创新能力却逐步地弱化。

究其根本原因，则主要是由于政府的监管行为和监管方式导致企业市场主体地位和环境治理主体作用被弱化，企业自身无法以市场主体的身份承担起应有的社会责任，而只是单纯地在分担政府的责任，因而，企业缺乏足够的积极性去关注环境监管的实际效果。

2. 央地政府之间的利益及认知差异，导致环境税总体规模难以进一步提升

通过将环境税收作为衡量环境监管制度水平的关键性指标，就可以较为直接地发现，在 2008 年税制调整之后，中国环境税占总税收的比重有了较为显著的提升，也对环境质量的持续恶化发挥了较为明显的遏制作用，但是，环境税收水平未能得到更进一步的提升，从而限制了其作用的进一步发挥。较之于 G20 国家的平均水平看，中国的环境税虽然比重得以提升，但实际的税收额度和绝对规模还相当低，未能与 GDP 总体当量与发展速度相匹配，从而难以真正对发展中所产生的污染状况进行有效改善。基于对环境税具体结构进行深度剖析，可以发现，这主要是由两个方面的原因所导致：①环境排污税制度尚未建立，对于企业排污行为的监管主要依靠征收排污费，因此，在环境税收体系之中缺乏具有排污监管功能

的税种，导致环境税的结构性缺失；②能源类、交通类税收的总体额度依旧较低，与G20国家的平均水平有着明显的差距，也不能适应本国能源消费量和机动车数量增长，从而限制了环境税总体水平的提升。

沿着这两方面原因继续深入挖掘可以发现，之所以会出现这样的现象，主要是由于中央政府与地方政府之间的利益及认知差异：中央政府主要注重于环境的行为调节功能，希望通过环境税的征收来遏制监管对象的污染行为，实现环境质量的改善，而地方政府则不同，其并未将环境税区别于其他税种，认为环境税的征收也是为了满足政府财政经费的需要。如此一来，地方政府就没有动力推动排污费的"费改税"工作，因为这会导致地方政府的财权与事权不匹配，加重其自身的压力；同样，能源类、交通类税收的增加也会削弱地方政府的重要财政收入来源。所以，在央地政府之间缺乏共识的前提下，中央政府难以推动环境税规模的实质性提升，最终也影响了环境税的效用发挥。

3. 政府过于强调固定资产投资的驱动作用，致使经济发展方式发生扭曲

中国的经济发展方式，包括城镇化、产业结构和能源结构的不合理，其主要特征表现为"政府主导、投资驱动、人口红利、粗放增长、外贸依赖和国有控股"。具体看，主要存在以下几个方面的问题：

（1）中国的城镇化进程正处于倒U形曲线的左侧，其发展路径和模式导致了汽车保有量的大幅增长，推动了汽车产业的发展，同时，大量的、甚至是重复的基础设施建设给建材行业的发展带来了良好的契机，使之成为固定资产投资的重点领域，而这些又正是污染排放量较高的行业，其结果驱动了污染水平与城镇化水平共同增长的趋势。

（2）在投资驱动的增长模式之下，中国的工业在国民经济中依旧占据了最重要的份额，消耗了大量的煤炭，致使煤炭在能源消费中的比重难以降低，工业的发展又伴随着工业制成品的进出口结构发生变化，钢材等重工业产品的进口量逐渐减少，而出口量则大幅上升，出现了国际贸易中的隐性污染转移问题，使得中国为其他国家的消费支付了大量的环境社会成本。

（3）在能源消费问题上，在固定资产投资的迅猛增长的前提下，中国的能源工业，特别是国有能源工业发展十分迅速，产能增长很快，而且煤炭消费比重居高不下，这都是导致污染水平快速增长的重要原因。

仔细观察这三个方面的原因，其背后都有一个共同的内在动因，那就是政府所主导的固定资产投资：一方面，政府的相关经济政策、产业政策使得市场机制被扭曲，固定资产投资的总体规模和增长速度偏离了常态，超出了正常的、合理的区间范围，从而导致了固定资产投资的迅猛发展；另一方面，政府及其所属的相关国有资产直接参与到经济活动中，大力地进行固定资产投资，也会配套相关的政策，为自身的经济活动提供相应的便利条件，这对于市场经济的正常运行产生了较为不利的影响。而这些都足以说明，现有的高污染、高能耗的经济发展方式是在政府固定资产投资行为的驱动之下而产生的，是政府经济政策的一个必然结果，而这一结果又与环境政策的目标之间存在着必然的矛盾性。由此可见，政府的不同政策目标之间的冲突导致了现有的畸形的“平衡”状态，即“边污染、边治理”的发展方式。

四、“数字减排”困局的根本性驱动机制是政府的治理逻辑

关于“数字减排”困局的原因可以追溯到政府治理行为上，然而，这一问题还有必要进行更深入的探讨，因为政府行为往往又是受到了一定治理逻辑的驱使，所以，应对治理逻辑进行较为系统、细致的剖析，从而有效地识别出“数字减排”困局问题的根本性成因机理，以期对该问题做出全面的解析。

1.“委托—代理”逻辑的泛化效应

“委托—代理”机制原本只是在中央政府和地方政府之间发挥作用的一种关联机制。而在环境监管的实践过程中，“委托—代理”逻辑在中央政府、地方政府、环保部门、企业等不同的主体之间逐步地复制，并在不同领域的主体之间建立“委托—代理”关系。政府基于自身的国家能力，将各类市场、社会主体都统合到自身的“委托—代理”链条中，而不是建立一个多主体、多中心、相互制衡的闭环。

所有的治理措施的实施，任何新的参与主体的引入，都会不断地被纳入到“委托—代理”链条中，成为这个链条的下一环节。“委托—代理”的链条一旦形成，责任和压力就会因循这一机制，沿着链条自上而下传导开来，将原本局限于政府自身治理结构之内的逻辑与机制不断地泛化，使

其影响不断地扩大，从而导致市场机制和社会机制无法充分、有效地发挥自身的作用，各类市场主体与社会主体也必须遵循政府的行为逻辑，不是切实地承担和履行自身的独立的责任，而是分担政府所赋予的责任。进而出现了这样一种局面："委托—代理"机制统驭中国环境监管与治理的整个过程，无论是在经济领域还是在社会领域，其自主的运作逻辑都被纳入到这一机制下，方能发挥作用。在"委托—代理"逻辑不断泛化的情境之中，环境问题只能沿着"委托—代理"的链条被依次、逐级地传递下去，而无法得到真正意义上的解决。

2."问题—答案"逻辑的简化效应

在"委托—代理"逻辑主导着中国环境监管体制中宏观的结构性主线的同时，在具体的环境监管机制和行为中还存在着另外一条微观的过程性主线，这就是"问题—答案"逻辑。所谓的"问题—答案"逻辑指的是，政府的环境监管政策的制定和执行行为往往具有极其明确的目标指向，就是针对环境问题本身。由于长期积累的环境污染和生态恶化问题所导致的严重的负面效应，迫使政府对环境问题做出回应，而这是一种被动的应对方式。基于这样的前提，政府的治理行动以及政策规定和法律法规的出台，也难免会被视为解决环境"问题"的直接"答案"，而至于"问题"产生的内在逻辑机理则并不十分关注，只能针对"问题"的一些表面特征提出解决方案，结果必然是"治标不治本"。

而事实上，对于环境监管而言，制度所提供的是"框架"，政策所提供的只是"诱因"，诱因的作用必须在具体的行为框架中才能真正发挥，通过对行为主体的行为产生影响，使之行为模式发生改变，从而对整个结构性的框架进行调整，最终达到所预期的政策效果。而且，特别值得注意的是，环境监管政策本质上应是一个再分配政策，其政策执行过程所产生的社会价值再分配效应往往才是真正能对环境质量起到改善作用的内容。所以，"问题—答案"逻辑在具体的政策制定和执行中发挥着不容小觑的作用，使得政策原本应遵循的作用机理被简化了，进而，导致最终的政策结果并不能真正符合预期。

第二节　对策建议

一、建构更加系统化的环境监管框架

监管本身是一个跨学科的概念，每当遇到食品安全事件或者环境污染的恶性事件后，政府与大多数公众的第一反应就是要加强行政性的监管措施，并对相关领域、行业或地区实施更加严格的监管政策，从而更好地确保公众的人身健康和财产安全。同时，由于此类恶性事件的严重性和公众的强烈反应，导致政府不得不做出被动的应对，正是出于这样的考量，相关的行政监管部门时常不得不“未经慎重思考、不计成本地”采取了诸多的行政性监管政策。然而，这样的监管策略往往使得最终的效果背离了最初的预期，不仅增加了监管的社会成本，而且强化了政府与社会之间的对立局面。①

事实上，监管政策的目的，主要在于弥补市场和社会的不足，建构一个较为科学、系统的监管体系，以界定政府与市场、社会之间的关系，并在这一框架下，充分地发挥市场和社会的优势。要实现良好的监管质量和理性的监管策略并行的目标，应当确立一个多元化、相互协作、制衡的治理网络：只有运用系统化的思维，为中国的环境监管体系建构一个系统框架，不断引入新的、多元化主体参与其中，同时要为不同主体确立独立的“生态位”，使之能够遵循其自身的作用机制，在该系统中发挥其应有的作用，从而建构一个协同治理的系统网络，推动“环境监管”向“环境治理”演化。从微观上看，要求监管部门应对市场失灵产生的问题进行透彻地分析，充分地分析监管对经济的影响、对社会的影响、对环境的影响，这个分析的过程也是监管部门与相关市场、社会利益主体之间进行交流、磋商的互动过程，不但可以实现信息的充分收集与传递，而且可以为监管政策提供广泛的社会基础，提升监管政策的社会接纳程度，更加有效地促

① 高秦伟：《行政许可与政府规制影响分析制度的建构》，《政治与法律》2015 年第 9 期。

进监管目标的实现。[①] 并且，应通过政治经济结构性设计，促进公开、透明、民主的监管机制的发展。无论在环境监管的制定阶段还是执行阶段，受到环境影响的直接主体都应当是发挥关键作用的主体，“必须保证那些最大程度上承担安全和环境成本的人拥有发言权”，只有这样，才有可能避免“收益利润私有化，而成本负担社会化”的不平衡格局，尤其是一些社会成本“不是平均地分配给各个行为体的，往往是那些最脆弱的行为体承担了最大的成本”。[②]

二、采用更加高质量的环境监管工具

为了提升环境监管政策的质量，需要为环境监管政策提供较为可行的绩效评价和影响分析制度，对已经制定和即将制定的监管政策进行较为系统的评估分析，既要对已经制定的监管政策的实施情况和所产生的实际绩效予以评价，又要对即将制定的监管政策可能产生的效果和风险开展测度及估量，从而可以为政府监管的出台与修订提供较为有价值的信息和依据。这样一种制度安排具有如下几方面的意义：

首先，有效地提高环境监管政策的质量，通过将诸多备择的政策工具与方案进行一定的比较，从而做出最优的选择。因为公共政策，特别是对公共利益具有广泛而深入影响的环境监管政策，应充分地坚持公平正义的根本原则，同时较好地兼容“效率”这一市场价值，注重监管政策设置的合法性与合理性，进而有效地提升环境监管政策的质量，促使各类市场资源和社会资源之间实现目标的兼容，在环境监管政策下进行有效的分配。[③]

其次，充分整合多元化的监管政策目标，并且推动监管的透明、协商和公众参与的广泛性和深入性。Alder 和 Posner 认为，除了货币化的衡量

---

① Livermore，M. A.，Revesz，R. L.，“Regulatory review，Capture，and agency inaction”，*The Georgetown Law Journal*，2012，101：1337-1649.

② Pearce，F.，Tombs，S. *Toxic Capitalism*：*Corporate Crime and the Chemical Industry*. Open University Press，2009：3-8.

③ Alberto Alemanno，“Is there a role for cost-benefit analysi beyond the nation-state? Lessons from international regulatory cooperation，in michael a. livermore & richard L. revesz eds.”，*The Globalization of Cost-Benefit Analysis in Environmental Policy*. Oxford University Press，2013：104-116.

方式之外，有必要通过行为经济学、消费者心理学等更多的分析方法对人的行为进行解释，并且要在“开放政府”的框架之内开展数据收集、公众参与以及过程开放等工作，使得环境监管的政策分析与评价机制更加的“人性化”。[①] 从 OECD 国家的经验看，通过将公共决策过程的记录以及行为措施的影响予以公开化，允许并鼓励公众评价和讨论，能够有效地提升政策监管的透明度和监管政策的质量，而且，这一过程本身能够增加公众自身的责任感，统筹、协调不同方面的利益。

最后，优化环境监管政策制定和执行的过程。在环境监管政策框架之中引入政策影响评价的机制，能够通过这一机制的设计，完善环境监管政策和监管绩效评估制度，从而对原有的程序予以弥补，使之不仅注重形式上完备，又要实现利益与实体整合的功能，进而可以更好地改进环境监管政策制定与执行的过程和质量，并且能够进一步地促进环境监管的协调、可持续发展。

三、提升环境技术的自主创新能力

在具体的环境监管政策工具上，有必要改善中国环境监管的技术水平畸形发展的情况，主要是加强环境技术的自主创新能力。而这一点，恰恰需要制度的保障，需要在全社会范围内形成或营造“有利于鼓励、推动和保障绿色技术创新的各种引导性、规范性和约束性规定及准则”，既要包括政策的设计和实施，法律的制定与执行，又要涵盖企业研发和生产、文化形成和塑造、社会公众和社会组织积极参与等不同的方面。

长期以来，和经济发展一样，中国的创新活动陷入了“R&D 崇拜”的陷阱，特别是地方政府普遍认为“只要是投入足够多的创新投入，地方的创新水平就能获得有效提升”。然而，在大量的创新投入之后，除了对国外相关技术大量的引进之外，并未能够充分地消化、吸收，未能够获得相应的创新回报。虽然伴随着各类研发经费投入比重的不断提升，中国的各种专利申请数量也呈现了“爆发式增长”态势，但是，实质上的自主创新能力并未得到提升。

---

① Adler, M., Posner, E. A. “Happiness research and cost-benefit analysis”, *The Journal of Legal Studies*, 2008, 37 (S2): 253-292.

所以，应不断地完善市场制度这种创新活动的制度基础，促进技术创新与市场紧密结合，通过市场来“提出新问题、提供新机会、创造新利润”，从而对环境技术的创新发挥拉动作用。只有当企业自身的技术创新成果被市场、被社会所认可和接纳，企业自身的创新动力才会被激发出来。同时，在具体的措施上，政府主要可以有以下方面的政策选择，分别是：第一，通过改善基础设施，增强知识的外溢性；第二，通过降低培训成本，提升劳动力参加培训、获得技能的意愿；第三，通过知识产权保护，提高创新的收益，增强企业投入创新活动的意愿。通过以上几个方面的措施，尽可能地实现环境监管的技术水平提升，甚至是环境监管模式的成功转型。①

四、健全和完善环境税收制度水平

中国现行的环境税收制度并未达到预期的政策效果，主要是由于环境小关税费制度的设计本身存在着一定的问题，同时，与“企业的技术及行业结构、生产方式、竞争方式和生存环境”等诸多方面的因素之间都存在千丝万缕的联系。在当前整体经济结构和经济发展方式的作用下，企业自身的技术及管理能力较弱，若需要实现企业的绿色发展，有必要在改变以经济增长为中心的政绩观和发展观的前提下，优化有关环境税收制度。②

在环境税收制度的设计方面，可以遵循两条路径：其一，为了达到环境保护的目标，可以针对环境污染和生态破坏的行为进行征税，税种可以设计为独立的环境税；其二，为现行的相关税种做“绿化”处理，做出具体的规定，如“纳税人治理污染、保护环境的各种税收优惠，以及限制纳税人污染、破坏环境的税收惩罚规定”。在具体的路径选择过程中，应重点考量三个方面的标准，即能否解决环境污染的主要问题，是否具有控制污染的强激励效应，是否具备相应的征管技术条件。③

---

① Agénor，P. R.，Dinh，H. “From imitation to innovation：Public policy for industrial transformation”，*World Bank-Economic Premise*，2013，115：1-8.

② 李建军、刘元生：《中国有关环境税费的污染减排效应实证研究》，《中国人口·资源与环境》2015年第8期。

③ 王长勇：《中国环境税从2008年起步》，《财经》2008年第1期。

而且，环境税收问题涉及到中央政府与地方政府之间的博弈，特别是财政收入如何分配的博弈问题。央地环境税收的博弈问题，应纳入到整体财政收入分配博弈的大框架之中，在现有的体制结构之下，适度地平衡财权和事权，努力实现公共服务均等化的目标，以期解决激励不相容、权责不对称性问题，寻找央地之间的共赢边际平衡点。

参考文献

安华：《刺激消费拉动经济增长的政策反思——基于逻辑学的分析视角》，《理论学刊》2013 年第 2 期。

白俊、连立帅：《国企过度投资溯因：政府干预抑或管理层自利?》，《会计研究》2014 年第 2 期。

包群、邵敏、杨大利：《环境管制抑制了污染排放吗?》，《经济研究》2013 年第 12 期。

曹霞、张路蓬：《企业绿色技术创新扩散的演化博弈分析》，《中国人口·资源与环境》2015 年第 7 期。

陈刚：《个案研究在比较政治中的应用及其意义》，《社会科学战线》2014 年第 5 期。

陈建国、张宇贤：《我国汽车产业政策和发展战略》，《经济理论与经济管理》2004 年第 12 期。

陈建国：《以兼容性激励机制促进环境与经济协调发展——以山西省为例》，《公共管理学报》2012 年第 3 期。

陈诗一：《边际减排成本与中国环境税改革》，《中国社会科学》2011 年第 3 期。

陈硕、陈婷：《空气质量与公共健康：以火电厂二氧化硫排放为例》，《经济研究》2014 年第 8 期。

陈万青、张思维、邹小农：《中国肺癌发病死亡的估计和流行趋势研究》，《中国肺癌杂志》2010 年第 5 期。

陈新武、钱晓辉：《企业环保技术扩散现状及对策研究》，《资源节约与环保》2014 年第 11 期。

陈艳春、韩伯棠、岐洁：《中国绿色技术的创新绩效与扩散动力》，《北京理工大学学报》（社会科学版）2014 年第 4 期。

陈银飞、茅宁：《环境政策的再分配效应分析》，《经济问题》2007 年第8 期。

陈永伟，史宇鹏：《幸福经济学视角下的空气质量定价——基于 CFPS

（2010 年）数据的研究》，《经济科学》2013 年第 6 期。
陈志勇、陈思霞：《制度环境、地方政府投资冲动与财政预算软约束》，《经济研究》2014 年第 3 期。
戴中亮：《委托代理理论述评》，《商业研究》2004 年第 19 期。
邓峰：《基于不完全执行污染排放管制的企业与政府博弈分析》，《预测》2008 年第 1 期。
邓海滨、廖进中：《制度因素与国际专利流入：一个跨国的经验研究》，《科学学研究》2010 年第 6 期。
董阳、陈晓旭：《“极化”走向“理性”：网络空间中公共舆论的演变路径——百度百科“PX 词条保卫战”的启示》，《公共管理学报》2015 年第 2 期。
董战峰、葛察忠、王金南、高树婷、李晓亮：《“十一五”环境经济政策进展评估——基于政策文件统计分析视角》，《环境经济》2012 年第 10 期。
董正：《OECD 国家环境税体系的发展及其对我国的启示》，《国际税收》2014 年第 4 期。
段菁春、谭吉华、薛志钢、柴发合：《以环保约束性指标优化钢铁工业布局》，《工程研究——跨学科视野中的工程》2013 年第 3 期。
范叶超、洪大用：《差别暴露、差别职业和差别体验——中国城乡居民环境关心差异的实证分析》，《社会》2015 年第 3 期。
方堃：《环境技术强制法律制度研究》，《华东政法学院学报》2014 年第 1 期。
方敏：《国家应该花多少钱用于健康？——卫生投入与健康结果的文献评估》，《公共行政评论》2015 年第 1 期。
冯学泽、施新荣：《脱硫脱硝　节能减排进入新发展阶段》，《人民日报海外版》2009 年 7 月 29 日第 8 版。
傅京燕、李丽莎：《环境规制、要素禀赋与产业国际竞争力的实证研究——基于中国制造业的面板数据》，《管理世界》2010 年第 10 期。
耿曙、陈玮：《比较政治的案例研究：反思几项方法论上的迷思》，《社会科学》2013 年第 5 期。
缑倩雯、蔡宁：《制度复杂性与企业环境战略选择：基于制度逻辑视角的解读》，《经济社会体制比较》2015 年第 1 期。
郭红彩、姚圣：《政企关联与地方政府环境信息公开：秉公抑或包庇》，《财经论丛》2014 年第 9 期。

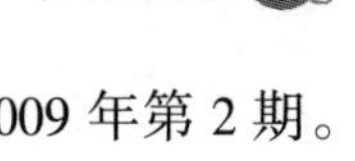

郭庆：《环境规制中的规制俘获与对策研究》，《山东经济》2009 年第 2 期。
高秦伟：《行政许可与政府规制影响分析制度的建构》，《政治与法律》2015 年第 9 期。
高胜科：《打击环保数据造假》，《财经》2016 年第 6 期。
郭新彪、魏红英：《大气 PM2.5 对健康影响的研究进展》，《科学通报》2013 年第 13 期。
国务院发展研究中心“中国民生指数研究”课题组：《中国民生指数环境保护主客观指标对比分析》，《发展研究》2014 年第 10 期。
刘晓星：《京城蓝天缘何爱玩躲猫猫?》，《中国环境报》2015 年 2 月 16 日第 6 版。
何建武、李善同：《节能减排的环境税收政策影响分析》，《数量经济技术经济研究》2009 年第 1 期。
何林璘：《环境质量改善是检验环保工作的唯一标准》，《中国青年报》2015 年 9 月 8 日第 5 版。
何凌云、黄永明：《城市居民基于空气质量改善的支付意愿定量分析》，《城市问题》2014 年第 4 期。
何艳玲、汪广龙：《不可退出的谈判：对中国科层组织“有效治理”现象的一种解释》，《管理世界》2012 年第 12 期。
何艳玲、汪广龙、陈时国：《中国城市政府支出政治分析》，《中国社会科学》2014 年第 7 期。
贺灿飞、张腾、杨晟朗：《环境规制效果与中国城市空气污染》，《自然资源学报》2013 年第 10 期。
贺春禄：《大气治理之虞：“低价陷阱”》，《中国科学报》2013 年 12 月 11 日第 5 期。
贺泓、王新明、王跃思等：《大气灰霾追因与控制》，《中国科学院院刊》2013 年第 8 期。
胡彬、陈瑞、徐建勋、杨国胜、徐殿斗、陈春英、赵宇亮：《雾霾超细颗粒物的健康效应》，《科学通报》2015 年第 30 期。
胡税根、黄天柱：《政府规制失灵与对策研究》，《政治学研究》2004 年第 2 期。
黄栀梓：《开征环境税将倒逼企业转型升级》，《中国商报》2015 年 11 月24 日第 2 版。

贾康:《结构性减税是开征环境税的前提》,《新京报》2015 年 3 月 7 日第 A05 期。
蒋梦惟:《我国排污收费仅为环境治理投入的 1/30》,《北京商报》2014 年 4 月 8 日第 2 版。
金碚:《高技术在中国产业发展中的地位和作用》,《中国工业经济》2004 年第 5 期。
孔令钰:《环境税持续加速》,《财新周刊》2015 年第 10 期。
李保明:《推进绿色转型与污染减排的国企责任》,《环境保护》2012 年第 19 期。
李冬冬、杨晶玉:《基于增长框架的研发补贴与环境税组合研究》,《科学学研究》2015 年第 7 期。
李国军:《环境技术管理如何创新与发展?》,《中国环境报》2015 年 3 月 19 日第 3 版。
李国平、张文彬:《地方政府环境规制及其波动机理研究——基于最优契约设计视角》,《中国人口·资源与环境》2014 年第 10 期。
李宏伟、屈锡华、杨梅锦:《环境技术政策研究的系统和演化转向——“碳锁定”与技术体制转型》,《天府新论》2013 年第 1 期。
李瑾:《环境政策诱导下的技术扩散效应研究》,《当代财经》2008 年第 7 期。
李建军、刘元生:《中国有关环境税费的污染减排效应实证研究》,《中国人口·资源与环境》2015 年第 8 期。
李军:《肺癌高发,都是空气污染惹的祸?》,《中国环境报》2014 年 2 月 18 日第 4 版。
李路曲:《比较政治分析的逻辑》,《政治学研究》,2009 年第 4 期。
李军:《绿化税种,驱散雾霾——全国政协委员贾康谈资源税改革》,《中国环境报》2014 年 3 月 5 日第 3 版。
李梦洁:《环境污染、政府规制与居民幸福感——基于 CGSS(2008)微观调查数据的经验分析》,《当代经济科学》2015 年第 5 期。
李胜兰、初善冰、申晨:《地方政府竞争、环境规制与区域生态效率》,《世界经济》2014 年第 4 期。
李婉红、毕克新、曹霞:《环境规制工具对制造企业绿色技术创新的影响——以造纸及纸制品企业为例》,《系统工程》2013 年第 10 期。
李汪洋、谢宇:《中国职业性别隔离的趋势:1982—2010》,《社会》2015 年第 6 期。
李晓敏：《环境规制工具的比较分析》，《岭南学刊》2012 年第 1 期。
李巍、杨志峰：《重大经济政策环境影响评价初探——中国汽车产业政策环境影响评价》，《中国环境管理》2000 年第 2 期。
李小飞、张明军、王圣杰、赵爱芳、马潜：《中国空气污染指数变化特征及影响因素分析》，《环境科学》2012 年第 6 期。
李旭红：《雾霾天催生"环境税"》，《第一财经日报》2016 年 1 月 8 日第 12 版。
李艳梅、张雷：《中国居民间接生活能源消费的结构分解分析》，《资源科学》2008 年第 6 期。
李永友、沈坤荣：《我国污染控制政策的减排效果——基于省际工业污染数据的实证分析》，《管理世界》2008 年第 7 期。
李月英：《环境标准实施有效性如何保障》，《中国环境报》2014 年 5 月 5 日第 2 版。
李志青：《环境污染："有罪推定"还是"疑罪从无"》，新华网·思客，http://sike.news.cn/statics/sike/posts/2015/03/218972567.html，2015-03-21。
李志青：《雾霾成因的"阶段论"与治理》，新华网·思客，2015 年 3 月 21 日，http://sike.news.cn/statics/sike/posts/2015/03/219022436.html。
李志青：《霾怨：政策给力，效果无力?》，新华网·思客，http://sike.news.cn/statics/sike/posts/2015/12/219486541.html，2015-12-21。
李志青：《环境达标的关键是重塑"政商"关系》，新华网·思客，2016 年 3 月 21 日，http://sike.news.cn/statics/sike/posts/2016/03/219492601.html。
李佐军：《难以摆脱的"政策依赖症"》，《中国经济时报》2014 年 11 月 27 日第 A05 版。
梁嘉琳：《污染事件高发，专家称重金属落后产能成毒源》，《经济参考报》2012 年 8 月 1 日第 3 版。
林兵、刘立波：《环境身份：国外环境社会学研究的新视角》，《吉林师范大学学报》（人文社会科学版）2014 年第 9 期。
林伯强、蒋竺均：《中国二氧化碳的环境库兹涅茨曲线预测及影响因素分析》，《管理世界》2009 年第 4 期。
林伯强：《能源补贴改革或遇好时机》，《国际金融报》2015 年 11 月2 日第 19 版。
刘昌孝、程翼宇、范骁辉：《转化研究：从监管科学到科学监管的药物监管科学的发展》，《药物评价研究》2014 年第 5 期。
刘辉、王晨欣：《环境税制订过程中的目标冲突、协调及保障机制》，《财政研究》2014 年第 3 期。
刘培伟：《论国家的选择性控制政策对农村基层政权合法性的影响》，《浙江社会科学》2007 年第 2 期。
刘培伟：《基于中央选择性控制的试验——中国改革“实践”机制的一种新解释》，《开放时代》2010 年第 4 期。
刘青海：《演化经济学框架下环保技术扩散研究——以熔炼压缩炼铁技术的扩散为例》，《科技进步与对策》2011 年第 11 期。
刘世定：《嵌入性与关系合同》，《社会学研究》1999 年第 4 期。
刘世昕：《散煤污染成北方大气治理“困难户”》，《中国青年报》2016 年 1 月 24 日第 1 版。
刘秀凤：《燃煤电厂还能更低排放？》，《中国环境报》2014 年 12 月 11 日第 9 版。
刘耀彬：《中国城市化与能源消费关系的动态计量分析》，《财经研究》2007 年第 11 期。
刘有贵、蒋年云：《委托代理理论述评》，《学术界》2006 年第 1 期。
卢洪友、祁毓：《均等化进程中环境保护公共服务供给体系构建》，《环境保护》2013 年第 2 期。
卢洪友、祁毓：《环境质量、公共服务与国民健康——基于跨国（地区）数据的分析》，《财经研究》2013 年第 6 期。
陆益龙：《水环境问题、环保态度与居民的行动策略——2010CGSS 数据的分析》，《山东社会科学》2015 年第 1 期。
吕冰洋：《从市场扭曲看政府扩张：基于财政的视角》，《中国社会科学》2014 年第 12 期。
吕永龙：《R&D 全球化的基本态势及其影响》，《科学新闻》2000 年第 47 期。
吕永龙、梁丹：《环境政策对环境技术创新的影响》，《环境污染治理技术与设备》2003 年第 7 期。
栾桂杰、殷鹏、周脉耕：《2001—2012 年北京市 API 变化趋势分析》，《环境卫生学杂志》2015 年第 4 期。
罗来军、朱善利、邹宗宪：《我国新能源战略的重大技术挑战及化解对策》，《数量经济技术经济研究》2015 年第 2 期。

马骏、李治国等：《PM2.5 减排的经济政策》，中国经济出版社 2015 年版，第 45-50 页。

聂辉华、李金波：《政企合谋与经济发展》，《经济学》（季刊）2006 年第 1 期。

聂辉华：《政企合谋与经济增长：反思“中国模式”》，中国人民大学出版社 2013 年版，第 11-34 页。

潘维：《比较政治学及中国视角》，《国际政治研究》（季刊）2013 年第 1 期。

彭希哲、朱勤：《我国人口态势与消费模式对碳排放的影响分析》，《人口研究》2010 年第 1 期。

蒲晓、程红光、龚莉、齐晔、郝芳华：《中国环境影响评价制度四方信号博弈分析》，《中国环境科学》2009 年第 2 期。

齐晔、张凌云：《“绿色 GDP”在干部考核中的适用性分析》，《中国行政管理》2007 年第 12 期。

祁玲玲、孔卫拿、赵莹：《国家能力、公民组织与当代中国的环境信访——基于 2003~2010 年省际面板数据的实证分析》，《中国行政管理》2013 年第 7 期。

祁毓、卢洪友、杜亦譞：《环境健康经济学研究进展》，《经济学动态》2014 年第 3 期。

乔晓楠、张欣：《东道国的环境税与低碳技术跨国转让》，《经济学》（季刊）2012 年第 4 期。

清洁空气创新中心、能源基金会、Trucos T.：《上市公司环境成本档案——以 32 家水泥企业为例》，2015 年。

邱泽奇：《技术与组织的互构——以信息技术在制造企业的应用为例》，《社会学研究》2005 年第 2 期。

邱兆逸：《国际垂直专业化对中国环境效率的影响》，《财经科学》2012 年第 2 期。

冉冉：《“压力型体制”下的政治激励与地方环境治理》，《经济社会体制比较》2013 年第 3 版。

冉冉：《中国地方环境政治：政策与执行之间的距离》，中央编译出版社 2015 年版，第 75 页。

司建楠：《治污先导研发储备制度亟待建立，我国大部分环境技术落后》，《中国工业报》2014 年 11 月 17 日第 A2 版。

生延超：《环保创新补贴和环境税约束下的企业自主创新行为》，《科技进步与对策》2013 年第 15 期。
史春杨:《政府信誉引来国外环保先进技术》,《无锡日报》2014 年 3 月 10 日第 A02 版。
史小静:《提前干预:临时的“佛脚”要抱好》,《中国环境报》2015 年 2 月 26 日第 1 版。
世界卫生组织:《2014 年全球非传染疾病现状报告》2015 年 10 月,第 1 页。
宋华琳:《论行政规则对司法的规范效应——以技术标准为中心的初步观察》,《中国法学》2006 年第 6 期。
宋佳燕、黄杰:《水泥靠城镇化大项目》,《理财周报》2012 年 12 月 31 日第 11 版。
宋马林、王舒鸿:《环境规制、技术进步与经济增长》,《经济研究》2013 年第 3 期。
宋雅琴、古德丹:《“十一五”规划开局节能、减排指标“失灵”的制度分析》,《中国软科学》2007 年第 9 期。
苏冠华:《雾霾不仅伤肺也伤心》,《健康报》2014 年 12 月 18 日第 4 版。
苏明、许文:《中国环境税改革问题研究》,《财政研究》2011 年第 2 期。
孙仁斌:《“环保十条”带动万亿市场,中国环保产业为何一声叹息》,《国际先驱导报》2015 年 5 月 15 日第 12 版。
孙秀艳:《污染影响健康,如何防范风险》,《人民日报》2014 年 11 月 15 日第 9 版。
孙秀艳:《总量减排有缺欠更有成效》,《人民日报》2015 年 12 月12 日第 9 版。
孙亚梅、吕永龙、王铁宇、马骅、贺桂珍:《基于专利的企业环境技术创新水平研究》,《环境工程学报》2008 年第 3 期。
孙玉霞、刘燕红:《环境税与污染许可证的比较及污染减排的政策选择》,《财政研究》,2015 年第 4 期。
谭保罗:《地方政府“环保战”剑指央企》,《南风窗》2014 年第 17 期。
谭江涛、章仁俊、王群:《奥斯特罗姆的社会生态系统可持续发展总体分析框架述评》,《科技进步与对策》2010 年第 22 期。
陶涛:《环境税该怎么征》,《中国青年报》2013 年 10 月 14 日第 10 版。
田晓明、王先辉、段锦云:《组织建言氛围的概念、形成机理及未来展望》,《苏州大学学报》2011 年第 6 期。
童玉芬、王莹莹:《中国城市人口与雾霾:相互作用机制路径分析》,《北京社会科学》2014 年第 5 期。
汪韬、辛闻：《“我们正在消化总理报告”，互联网+环保=?》，《南方周末》2015 年 4 月 3 日第 6 版。
汪旭颖、燕丽、雷宇、贺克斌、贺晋瑜：《我国钢铁工业一次颗粒物排放量估算》，《环境科学学报》2016 年第 8 期。
王长勇：《中国环境税从 2008 年起步》，《财经》2008 年第 1 期。
王尔德、高晓慧：《专访中国国际经济交流中心特邀研究员范必：环保规划要有大格局》，《21 世纪经济报道》2015 年 10 月 14 日第 2 版。
王海峰：《协同演化视角下环境技术创新与环境治理制度耦合机制研究》，《系统科学学报》2014 年第 11 期。
王金南：《科学设计环境保护税，引领创新生态文明制度》，《环境保护》2015 年第 16 期。
王丽萍：《中国环境技术创新政策体系研究》，《理论月刊》2013 年第 12 期。
王平利、戴春雷、张成江：《城市大气中颗粒物的研究现状及健康效应》，《中国环境监测》2005 年第 2 期。
王青、冯宗宪、侯晓辉：《自主创新与技术引进对我国技术创新影响的比较研究》，《科学学与科学技术管理》2010 年第 6 期。
王圣志、郭远明、孙彬：《保环境还是保政绩，地方环保部门两头为难》，《经济参考报》2006 年 9 月 29 日第 2 版。
王书斌、徐盈之：《环境规制与雾霾脱钩效应——基于企业投资偏好的视角》，《中国工业经济》2015 年第 4 期。
王曦：《美国环境法概论》，武汉大学出版社 1992 年版，第 255 页。
王晓毅：《环境与社会：一个“难缠”的问题》，《江苏社会科学》2014 年第 5 期。
王学军、胡小武：《论规制失灵与政府规制能力的提升》，《公共管理学报》2005 年第 2 期。
王亚华、齐晔：《中国环境治理的挑战与应对》，《社会治理》2015 年第2 期。
王琰：《环境社会学视野中的空气质量问题——大气细颗粒物污染（PM2.5）影响因素的跨国数据分析》，《社会学评论》2015 年第 3 期。
王彦斌、杨学英：《制度扩容与结构重塑——农民工职业安全与健康服务的适应性发展》，《江苏行政学院学报》2015 年第 6 期。
王勇：《从“指标下压”到“利益协调”：大气治污的公共环境管理检讨与

模式转换》，《政治学研究》2014 年第 2 期。
王宇澄：《基于空间面板模型的我国地方政府环境规制竞争研究》，《管理评论》2015 年第 1 期。
王志轩：《煤电与雾霾的关系有多大?》，《中国环境报》2015 年 4 月 23 日第 12 版。
魏澄荣：《环保技术创新的市场制度障碍及其优化》，《福建论坛·经济社会版》2003 年第 12 期。
魏江、吴刚、许庆瑞：《环保技术扩散现状与对策研究》，《华东科技管理》1994 年第 11 期。
魏文：《2020 年中国肺癌发病人数将突破 80 万》，《工人日报》2015 年 12 月 13 日第 3 版。
吴卫星：《论环境规制中的结构性失衡——对中国环境规制失灵的一种理论解释》，《南京大学学报》（哲学·人文科学·社会科学）2013 年第 2 期。
吴新悦、张城敏、葛秀平、凌颖、李海英、康万里：《北京市 1272 例原发性肺癌生存时间及影响因素调查分析》，《北京医学》2009 年第 1 期。
夏铸九、王志弘：《空间的文化形式与社会理论读本》，明文书局1993 年版，第 4-5 页。
相里六续、李瑞丽：《技术跨越：环境友好型技术发展中的路径依赖与路径创造》，《科技进步与对策》2009 年第 5 期。
肖红军、张俊生、李伟阳：《企业伪社会责任行为研究》，《中国工业经济》2013 年第 6 期。
肖巍、钱箭星：《环境治理中的政府行为》，《复旦学报》（社会科学版）2003 年第 3 期。
谢鹏、刘晓云、刘兆荣、李湉湉、白郁华：《我国人群大气颗粒物污染暴露——反应关系的研究》，《中国环境科学》2009 年第 10 期。
许广月：《碳排放收敛性：理论假说和中国的经验研究》，《数量经济技术经济研究》2010 年第 9 期。
徐静雯：《我省有望试点开征环境税》，《甘肃商报》2010 年 8 月 6 日第 A12 版。
徐升权：《适应和应对气候变化相关的知识产权制度问题研究》，《知识产权》2010 年第 5 期。
许松涛、肖序：《环境规制降低了重污染行业的投资效率吗?》，《公共管理学报》2011 年第 3 期。
许远旺：《规划性变迁：理解中国乡村变革生发机制的一种阐释——从农村社区建设事件切入》，《人文杂志》2011 年第 2 期。
荀丽丽、包智明：《政府动员型环境政策及其地方实践——关于内蒙古 S 旗生态移民的社会学分析》，《中国社会科学》2007 年第 5 期。
鄢一龙、吕捷、胡鞍钢：《整体知识与公共事务治理：理解市场经济条件下的五年规划》，《管理世界》2014 年第 12 页。
严翅君、韩丹、刘钊：《后现代理论家关键词》，凤凰出版传媒集团 2011 年版，第 5 页。
严定非、杨思佳、梁绮雅：《千亿市场放开之后，第三方环境监测机构，环保部门有权管吗》，《南方周末》2015 年 5 月 8 日第 5 版。
杨冠琼、刘雯雯：《公共问题与治理体系：国家治理体系与能力现代化的问题基础》，《中国行政管理》2014 年第 2 期。
杨继东、章逸然：《空气污染的定价：基于幸福感数据的分析》，《世界经济》2014 年第 12 期。
杨继生、徐娟、吴相俊：《经济增长与环境和社会健康成本》，《经济研究》2013 年第 12 期。
杨继生、徐娟：《环境收益分配的不公平性及其转移机制》，《经济研究》2016 年第 1 期。
杨俊、陆宇嘉：《基于三阶段 DEA 的中国环境治理投入效率》，《系统工程学报》2012 年第 5 期。
杨立华、蒙常胜：《国外主要发达国家和地区空气污染治理经验》，《公共行政评论》2015 年第 2 期。
杨林、高宏霞：《基于经济视角下环境监管部门和厂商之间的博弈研究》，《统计与决策》2012 年第 21 期。
杨瑞龙、聂辉华：《不完全契约理论：一个综述》，《经济研究》2006 年第 2 期。
杨彤丹：《权力与权利的纠结——以公共健康为名》，法律出版社 2014 年版，第 39-40 期。
姚圣：《政治缓冲与环境规制效应》，《财经论丛》2012 年第 1 期。
姚志良、张明辉、王新彤、张英志、霍红、贺克斌：《中国典型城市机动车排放演变趋势》，《中国环境科学》2012 年第 9 期。

殷砚、廖翠萍、赵黛青：《对中国新型低碳技术扩散的实证研究与分析》，《科技进步与对策》2010 年第 23 期。
余敏江：《生态治理中的中央与地方府际间协调：一个分析框架》，《经济社会体制比较》2011 年第 2 期。
于文超、何勤英：《辖区经济增长绩效与环境污染事故——基于官员政绩诉求的视角》，《世界经济文汇》2013 年第 2 期。
臧传琴、赵海修、王静、刘立奎：《环境税的技术创新效应——来自 1995~2010 年中国经验数据的实证分析》，《税务研究》2012 年第 8 期。
曾诤：《中央政府和地方政府在固定资产投资上的行为分析——兼评铁本事件》，《求索》2004 年第 11 期。
张海星：《开征环境税的经济分析与制度选择》，《税务研究》2014 年第 6 期。
张红凤、周峰、杨慧、郭庆：《环境保护与经济发展双赢的规制绩效实证分析》，《经济研究》2009 年第 3 期。
张乐、黄筱：《我国或成世界第一肺癌大国》，《经济参考报》2014 年 12 月 12 日第 7 版。
张凌云：《地方环境监管困境解释——政治激励与财政约束假说》，《中国行政管理》2010 年第 3 期。
张文彬、张理芃、张可云：《中国环境规制强度省际竞争形态及其演变——基于两区制空间 Durbin 固定效应模型的分析》，《管理世界》2010 年第 12 期。
张晓：《中国环境政策的总体评价》，《中国社会科学》1999 年第 3 期。
张跃平、刘荆敏：《委托—代理激励理论实证研究综述》，《经济学动态》2003 年第 6 期。
张泽：《脱硫市场前景喜中带忧》，《环境》2006 年第 10 期。
张泽：《中国脱硫核心技术何时走出迷途》，《环境》2006 年第 10 期。
赵冬初：《排污费改税与环保技术创新》，《社会科学家》2006 年第 2 期。
赵玉民、朱方明、贺立龙：《环境规制的界定、分类与演进研究》，《中国人口·资源与环境》2009 年第 6 期。
郑萍萍、张静中：《中国环境技术项目引进过程中的再创新问题研究》，《项目管理技术》2014 年第 6 期。
中国煤炭消费总量控制方案和政策研究项目课题组：《煤炭使用对中国大气污染的贡献》，2014 年。

钟其:《环境受损与群体性事件研究——基于新世纪以来浙江省环境群体性事件的分析》,《法治研究》2009 年第 11 期。

周黎安:《晋升博弈中政府官员的激励与合作》,《经济研究》2004 年第 6 期。

周黎安:《中国地方官员的晋升锦标赛模式研究》,《经济研究》2007 年第 7 期。

周黎安:《转型中的地方政府:官员激励与治理》,格致出版社 2008 年版,第 5-32 页。

周黎安:《行政发包制》,《社会》2014 年第 6 期。

周雪光:《西方社会学关于中国组织与制度变迁研究状况述评》,《社会学研究》1999 年第 4 期。

周雪光:《基层政府间的“共谋现象”—— 一个政府行为的制度逻辑》,《社会学研究》2008 年第 6 期。

周雪光、练宏:《政府内部上下级部门间谈判的一个分析模型——以环境政策实施为例》,《中国社会科学》2011 年第 5 期。

周雪光、练宏:《中国政府的治理模式:一个“控制权”理论》,《社会学研究》2012 年第 5 期。

周雪光:《国家治理逻辑与中国官僚体制:一个韦伯理论视角》,《开放时代》2013 年第 3 期。

周志家:《环境保护、群体压力还是利益波及——厦门居民 PX 环境运动参与行为的动机分析》,《社会》2011 年第 1 期。

朱德米、沈洪波:《比较政治研究议题的设定:从何处来》,《社会科学》2013 年第 5 期。

朱旭峰:《转型期中国环境治理的地区差异研究——环境公民社会不重要吗?》,《经济社会体制比较》2006 年第 3 期。

朱旭峰:《市场转型对中国环境治理结构的影响——国家污染物减排指标的分配机制研究》,《中国人口·资源与环境》2008 年第 6 期。

竺乾威:《地方政府的政策执行行为分析:以“拉闸限电”为例》,《西安交通大学学报》(社会科学版)2012 年第 3 期。

祝树金、尹似雪:《污染产品贸易会诱使环境规制“向底线赛跑”?——基于跨国面板数据的实证分析》,《产业经济研究》2014 年第 4 期。

[德] 弗里德希·亨特布尔格、弗雷德·路克斯、马尔库斯·史蒂文:《生态经济政策:在生态专制和环境灾难之间》,葛竞天、丛明才、姚力、

梁媛译，东北财经大学出版社 2005 年版，第 30 页。
[法] 让·梯若尔、让·雅克·拉丰：《政府采购与规制中的激励理论》，石磊、王永钦译，上海三联书店 2004 年版，第 7-13 页。
[美] 埃弗雷特·M. 罗杰斯：《创新的扩散》，辛欣译，中央编译出版社 2002 年版，第 3 页。
[美] 埃莉诺·奥斯特罗姆：《公共事物的治理之道》，余逊达译，上海译文出版社 2011 年版，第 14 页。
[美] 杜赞奇：《文化、权力与国家——1900~1949 年的华北》，王福明译，江苏人民出版社 2010 年版，第 1-5 页。
[美] 加里·德斯勒：《人力资源管理》（第六版），刘昕、吴雯芳译，中国人民大学出版社 2001 年版，第 373 页。
[美] 加里·金、罗伯特·基欧汉、悉尼·维巴：《社会科学中的研究设计》，陈硕译，格致出版社 2014 年版，第 1-12 页。
[美] 丽贝卡·科斯塔：《即将崩溃的文明》，李亦敏译，中信出版社 2013 年版，第 81-89 页。
[美] 马丁·登斯库姆：《怎样做好一项研究——小规模社会研究指南》，陶保平译，上海教育出版社 2014 年版，第 98 页。
[美] 马尔科姆·格拉德威尔：《引爆点》，钱清、覃爱冬译，中信出版社 2006 年版，第 1-12 页。
[日] 青木昌彦：《比较制度分析》，周黎安译，上海远东出版社 2001 年版，第 7-11 页。
[美] 施蒂格勒：《产业组织和政府管制》，潘振民译，上海三联书店1989 年版，第 4-8 页。
[美] 汤姆·泰坦博格：《污染控制经济学》，高岚、李怡、谢忆译，人民邮电出版社 2012 年版，第 183-187 页。
[美] 沃尔特·W. 鲍威尔、保罗·J. 迪马吉奥：《组织分析的新制度主义》，姚伟译，上海人民出版社 2008 年版，第 1-2 页。
[美] 约瑟夫·E.斯蒂格利茨、[印] 阿马蒂亚·森、[法] 让·保罗·菲图西：《对我们生活的误测：为什么 GDP 增长不等于社会进步》，阮江平、王海昉译，新华出版社 2011 年版，第 152 页。
[美] Young，O.，King，L.，Schroeder，H.：《制度与环境变化——主要发现、应用及研究前沿》，廖玫译，高等教育出版社 2012 年版，第 62-

65 页。
[日] 植草益：《微观规制经济学》，朱绍文译，中国发展出版社 1992 年版，第 20-21 页。
[瑞士] 库尔特·多普菲：《演化经济学：纲领与范围》，贾根良等译，高等教育出版社 2004 年版，第 5-8 页。
[西] 贾维尔·卡里略—赫莫斯拉、巴勃罗·戴尔里奥·冈萨雷斯、托蒂·康诺拉：《生态创新——社会可持续发展和企业竞争力提高的双赢》，闻朝君译，上海世纪出版集团 2014 年版，第 55 页。
[匈] 雅诺什·科尔奈：《社会主义体制：共产主义政治经济学》，张安译，中央编译出版社 2007 年版，第 3-17 页。
Acemoglu, D., Zilibotti, F., & Aghion, P., "Vertical integration and distance to frontier", *Journal of the European Economic Association*, 2003: 630-638.
Acemoglu, D., Akcigit, U., Hanley, D., & Kerr, W., "Transition to clean technology", *National Bureau of Economic Research*, 2014.
Acemoglu, D., Garcia-Jimeno, C., & Robinson, J. A., "state capacity and economic development: A network approach", *American Economic Review*, 2015, 105 (8): 2364-2409.
Adler, M., & Posner, E. A., "Happiness research and cost-benefit Analysis", *The Journal of Legal Studies*, 2008, 37 (S2): 253-292.
Agénor, P. R., & Dinh, H. "From imitation to innovation: Public policy for industrial transformation", *World Bank-Economic Premise*, 2013 (115): 1-8.
Aghion, P., & Tirole, J. "Formal and real authority in organizations", *Journal of political economy*, 1997 (1): 1-29.
Alberto Alemanno. "Is there a role for cost-benefit analysi beyond the nation-state? lessons from international regulatory cooperation, in michael A. livermore & richard L. revesz eds.", *The Globalization of Cost-Benefit Analysis in Environmental Policy. Oxford University Press*, 2013: 104-116.
Alessandrini, F., Schulz, H., Takenaka, S., Lentner, B., Karg, E., Behrendt, H., & Jakob, T. "Effects of ultrafine carbon particle inhalation

on allergic inflammation of the lung”, *Journal of Allergy and Clinical Immunology*, 2006, 117 (4): 824-830.

Allen, R. J., Landuyt, W., & Rumbold, S. T. “An increase in aerosol burden and radiative effects in a warmer world”, *Nature Climate Change*, *doi*: 10.1038/*nclimate*2827.

Amore, M. D., & Bennedsen, M. “Corporate governance and green innovation”, *Journal of Environmental Economics and Management*, 2016 (75): 54-72.

Anderson, M. “As the Wind Blows: The effects of long-term exposure to air pollution on mortality”, *National Bureau of Economic Research*, 2015.

Arceo, E., Hanna, R., & Oliva, P. “Does the effect of pollution on infant mortality differ between developing and developed countries? Evidence from Mexico City”, *The Economic Journal*, 2015.

Ashraf, N., Glaeser, E. L., & Ponzetto, G. A. “Infrastructure, Incentives and institutions”, *National Bureau of Economic Research*, 2016.

Baker, G. “The use of performance measures in incentive contracting”, *American Economic Review*, 2000, 90 (2): 415-420.

Baumgartner, J., Zhang, Y., Schauer, J. J., Huang, W., Wang, Y., & Ezzati, M. “Highway proximity and black carbon from cookstoves as a risk factor for higher blood pressure in rural China”, *Proceedings of the National Academy of Sciences*, 2014, 111 (36): 13229-13234.

Bento, A., Freedman, M., & Lang, C. “Who benefits from environmental regulation? Evidence from the clean air act amendments”, *Review of Economics and Statistics*, 2015, 97 (3): 610-622.

Berman, E. R., & Johnson, R. K. “The unintended consequences of changes in beverage options and the removal of bottled water on a university campus”, *American Journal of Public Health*, 2015, 105 (7): 1404-1408.

Bernath, K., & Roschewitz, A. “Recreational benefits of urban forests: Explaining visitors’ willingness to pay in the context of the theory of planned behavior”, *Journal of Environmental Management*, 2008, 89 (3): 155-166.

Böhmelt, T. "Environmental interest groups and authoritarian regime diversity", *VOLUNTAS: International Journal of Voluntary and Nonprofit Organizations*, 2015, 26 (1): 315-335.

Bohte, J., & Meier, K. J. "Goal displacement: Assessing the motivation for organizational cheating", *Public Administration Review*, 2000, 60 (2): 173-182.

Brock, W. A., & Taylor, M. S. "The green solow model", *Journal of Economic Growth*, 2010, 15 (2): 127-153.

Bruce, N., Perez-Padilla, R., & Albalak, R. "Indoor air pollution in developing countries: A major environmental and public health challenge", *Bulletin of the World Health Organization*, 2000, 78 (9): 1078-1092.

Burney, N. "Socioeconomic development and electricity consumption: A cross-country analysis using the random coefficient method", *Energy Economics*, 1995, 17 (3): 185-195.

Castells, M. "The urban question: A marxist approach", *London: Edward Arnold*, 1977 (3).

Cesur, R., Tekin, E., & Ulker, A. "Air pollution and infant mortality: Evidence from the expansion of natural gas infrastructure", *The Economic Journal*, 2015.

Chang, T., Zivin, J. S. G., Gross, T., & Neidell, M. J. "Particulate pollution and the productivity of pear packers", *National Bureau of Economic Research*, 2014.

Chay, K., Dobkin, C., & Greenstone, M. "The clean air act of 1970 and adult mortality", *Journal of Risk and Uncertainty*, 2003, 27 (3): 279-300.

Chen, X., Peterson, M., Hull, V., Lu, C., Lee, G. D., Hong, D., & Liu, J. "Effects of attitudinal and sociodemographic factors on pro-environmental behaviour in urban China", *Environmental Conservation*, 2011, 38 (1): 45-52.

Chen, Y., & Puttitanun, T. "Intellectual property rights and innovation in developing countries", *Journal of Development Economics*, 2005, 78 (2): 474-493.

Chen, Y., Ebenstein, A., Greenstone, M., & Li, H. “Evidence on the impact of sustained exposure to air pollution on life expectancy from China's Huai River policy”, *Proceedings of the National Academy of Sciences*, 2013, 110 (32): 12936-12941.

Chen, Z., Wang, J. N., Ma, G. X., & Zhang, Y. S. “China tackles the health effects of air pollution”, *The Lancet*, 2013, 382 (9909): 1959-1960.

Chen, Z., Peto, R., Zhou, M., Iona, A., Smith, M., Yang, L., & Li, L., et al. “Contrasting male and female trends in tobacco-attributed mortality in China: Evidence from successive nationwide prospective cohort studies”, *The Lancet*, 2015, 386 (10002): 1447-1456.

Chen, Z. H., Wu, Y. F., Wang, P. L., Wu, Y. P., Li, Z. Y., Zhao, Y. Xu, F., et al. “Autophagy is essential for ultrafine particle-induced inflammation and mucus hyperproduction in airway epithelium”, *Autophagy*, 2015, 10 (11): 22-24.

Chetty, R. “Behavioral economics and public policy: A pragmatic perspective”, *American Economic Review*, 2015, 105 (5): 1-33.

Chintrakarn, P. “Environmental regulation and US states' technical inefficiency”, *Economics Letters*, 2008, 100 (3): 363-365.

Cicala, S. “When does regulation distort costs? lessons from fuel procurement in US electricity generation”, *American Economic Review*, 2015, 105 (1): 411-444.

Clay, K., Lewis, J., & Severnini, E. “Pollution, infectious disease, and mortality: Evidence from the 1918 spanish influenza pandemic”, *National Bureau of Economic Research*, 2015.

Cleff, T., & Rennings, K. “Determinants of environmental product and process innovation”, *European Environment*, 1999, 9 (5): 191-201.

Cochrane, A. L., St. Leger, A. S., & Moore, F. “Health service ‘input’ and mortality ‘output’ in developed countries”, *Journal of Epidemiology and Community Health*, 1978, 32 (3): 200-205.

Cohen, S., & Eimicke, W. B. “The responsible contract manager: Protecting the public interest in an outsourced world”, *Georgetown: Georgetown*

University Press, 2008.

Cole, M. A., & Elliott, R. J. "Do environmental regulations influence trade patterns? Testing old and new trade theories", *The World Economy*, 2003, 26 (8): 1163–1186.

Corral, C. M. "Sustainable production and consumption systems–cooperation for change: Assessing and simulating the willingness of the firm to adopt/develop cleaner technologies. The case of the in–bond industry in northern Mexico", *Journal of Cleaner Production*, 2003, 11 (4): 411–426.

Crandall, R. W. "Controlling industrial pollution: The economics and politics of clean air", *Washington DC: Brookings Institution*, 1983.

Currie, J., Neidell, M., & Schmieder, J. F. "Air pollution and infant health: Lessons from new jersey", *Journal of Health Economics*, 2009, 28 (3): 688–703.

Currie, J., Davis, L., Greenstone, M., & Walker, R. "Environmental health risks and housing values: Evidence from 1600 toxic plant openings and closings", *American Economic Review*, 2015, 105 (2): 678–709.

Daly, H. E. "Towards an environmental macroeconomics", *Land Economics*, 1991, 67 (2): 255–259.

Dasgupta, P., Hammond, P., & Maskin, E. "The implementation of social choice rules: Some general results on incentive compatibility", *The Review of Economic Studies*, 1979 (2): 185–216.

Dasgupta, S., & Wheeler, D. "Citizen complaints as environmental indicators: Evidence from China", *World Bank Publications*, 1997: 1704.

Dasgupta, S., Mody, A., Roy, S., & Wheeler, D. "Environmental regulation and development: A cross–country empirical analysis", *Oxford Development Studies*, 2001, 29 (2): 173–187.

Dauvergne, P., & Lister, J. "Big brand sustainability: Governance prospects and environmental limits", *Global Environmental Change*, 2012, 22 (1): 36–45.

d'Aspremont, C., & Jacquemin, A. "Cooperative and noncooperative R&D in duopoly with spillovers", *American Economic Review*, 1988, 78 (5): 1133–1137.

Dean, T. J., & Brown, R. L. “Pollution regulation as a barrier to new firm entry: Initial evidence and implications for future research”, *Academy of Management Journal*, 1995, 38 (1): 288–303.

Deaton, A., Stone, A. A. “Economic analysis of Subjective Well–being: Two happiness puzzles”, *American Economic Review*, 2013, 103 (3): 591–597.

Delmas, M. A., & Lessem, N. “Saving power to conserve your reputation? The effectiveness of private versus public information”, *Journal of Environmental Economics and Management*, 2014, 67 (3): 353–370.

Deng, Y., & Yang, G. “Pollution and protest in China: Environmental mobilization in context”, *The China Quarterly*, 2013 (214): 321–336.

Di Tella, R., MacCulloch, R. J., & Oswald, A. J. “The macroeconomics of happiness”, *Review of Economics and Statistics*, 2003, 85 (4): 809–827.

Diwan, I., & Rodrik, D. “Patents, appropriate technology, and North–South trade”, *Journal of International Economics*, 1991, 30 (1): 27–47.

Dockery, D. W., & Pope, C. A. “Acute respiratory effects of particulate air pollution”, *Annual Review of Public Health*, 1994, 15 (1): 107–132.

Driscoll, J. C., & Kraay, A. C. “Consistent covariance matrix estimation with spatially dependent panel data”, *Review of Economics and Statistics*, 1998, 80 (4): 549–560.

Eaton, J., & Kortum, S. “Trade in ideas patenting and productivity in the OECD”, *Journal of International Economics*, 1996, 40 (3): 251–278.

Eaton, S., & Kostka, G. “authoritarian environmentalism undermined? Local leaders’ time horizons and environmental policy implementation in China”, *The China Quarterly*, 2014: 1–22.

Ebenstein, A., Fan, M., Greenstone, M., He., G., Yin, P., & Zhou, M. “Growth, pollution, and life expectancy: China from”, *American Economic Review*, 2015, 105 (5): 226–231.

Filmer, D., Hammer, J. S., & Pritchett, L. H. “Weak links in the chain: A diagnosis of health policy in poor countries”, *The World Bank Research Observer*, 2000, 15 (2): 199–224.

Fowlie, M., Reguant, M., & Ryan, S. P. “Market–based emissions regulation and industry dynamics", *Journal of Political Economy*, 2016, 124 (1): 249-302.

Franzen, A. "Environmental attitudes in international comparison: An analysis of the ISSP surveys 1993 and 2000", *Social Science Quarterly*, 2003, 84 (2): 297-308.

Fullerton, D. "A framework to compare environmental policies", *Southern Economic Journal*, 2001, 68 (2): 224-248.

Fullerton, D., & Heutel, G. "The general equilibrium incidence of environmental taxes", *Journal of Public Economics*, 2007, 91 (3): 571-591.

Gates, D., & J. Yin. "Urbanization and energy in China: Issues and implications", *Burlington VT: Ashgate Publishing Limited*, 2004.

Geels, F. W. "Processes and patterns in transitions and system innovations: Refining the co-evolutionary multi-level perspective", *Technological Forecasting and Social Change*, 2005, 72 (6): 681-696.

Gerking, S., Dickie, M., & Veronesi, M. "Valuation of human health: An integrated model of willingness to pay for mortality and morbidity risk reductions", *Journal of Environmental Economics and Management*, 2014, 68 (1): 20-45.

Gibbons, S. "Gone with the wind: Valuing the visual impacts of wind turbines through house prices", *Journal of Environmental Economics and Management*, 2015, 72 (3): 177-196.

Ghanem, D., & Zhang, J. "Effortless perfection": Do Chinese cities manipulate air pollution data? . *Journal of Environmental Economics and Management*, 2014, 68 (2): 203-225.

Granados, J. A. T., & Ionides, E. L. "The reversal of the relation between economic growth and health progress: Sweden in the 19th and 20th centuries", *Journal of Health Economics*, 2008, 27 (3): 544-563.

Gray, W. B., & Deily, M. E. "Compliance and enforcement: Air pollution regulation in the US steel industry", *Journal of Environmental Economics and Management*, 1996, 31 (1): 96-111.

Greenstone, M., & Hanna, R. "Environmental regulations, Air and water pollution, and Infant Mortality in India", *American Economic Review*,

2014, 104 (10): 3038-3072.

Grooms, K. K. “Enforcing the clean water act: The effect of state-level corruption on compliance”, *Journal of Environmental Economics and Management*, 2015 (73): 50-78.

Gross, E. “Plus ca change...? The sexual structure of occupations over time”, *Social Problems*, 1968: 198-208.

Grossman, S. J., & Hart, O. D. “An analysis of the principal-agent problem”, *Econometrica: Journal of the Econometric Society*, 1983, 51(1): 7-45.

Gu, D., Huang, N., Zhang, M., & Wang, F. “Under the Dome: Air Pollution, Wellbeing, and Pro-environmental Behaviour among Beijing Residents”, *Journal of Pacific Rim Psychology*, 2015, 9 (2): 65-77.

Guo, S., Hu, M., Zamora, M. L., Peng, J., Shang, D., Zheng, J., Molina, M. J., et al. “Elucidating severe urban haze formation in China”, *Proceedings of the National Academy of Sciences*, 2014, 111 (49): 17373-17378.

Hahn, R. W. “The impact of economics on environmental policy”, *Journal of Environmental Economics and Management*, 2000, 39 (3): 375-399.

Han, L., Zhou, W., & Li, W. “Increasing impact of urban fine particles (PM2.5) on areas surrounding Chinese cities”, *Scientific Reports*, 2015 (5): 1-6.

Han, L., Zhou, W., & Li, W. “Fine particulate (PM2.5) dynamics during rapid urbanization in Beijing, 1973-2013”, *Scientific Reports*, 2016 (6): 1-5.

Hanlon, W. W. “Necessity is the mother of invention: Input supplies and Directed Technical Change”, *Econometrica*, 2015, 83 (1): 67-100.

Hayek, F. A. “The use of knowledge in society”, *The American Economic Review*, 1945, 35 (4): 519-530.

He, G., Fan, M., & Zhou, M. “The effect of air pollution on mortality in China: Evidence from the 2008 Beijing Olympic Games”, *Available at SSRN* 2554217.

Head, B. W. “Public management research: Towards relevance”, *Public Management Review*, 2010, 12 (5): 571-585.

Heaton G. "Environment polices and innovation: An initial scoping study", *Report Prepared for the OECD Environment Directorate and Directorate for Science, Technology and Industry*, 1997.

Hellström, T. "Dimensions of environmentally sustainable innovation: The structure of eco-innovation concepts", *Sustainable Development*, 2007, 15 (3): 148-159.

Hering, L., & Poncet, S. "Environmental policy and exports: Evidence from Chinese cities", *Journal of Environmental Economics and Management*, 2014, 68 (2): 296-318.

Herrnstadt, E., & Muehlegger, E. "Air pollution and criminal activity: Evidence from chicago microdata", *National Bureau of Economic Research*, 2015.

Heyes, A. "A proposal for the greening of textbook macro: 'IS-LM-EE'", *Ecological Economics*, 2000, 32 (1): 1-7.

Holmstrom, B., & Milgrom, P. "Multitask principal-agent analyses: Incentive contracts, Asset ownership, and job design", *Journal of Law, Economics, & Organization*, 1991 (7): 24-52.

Horbach, J. "Determinants of environmental innovation-new evidence from German panel data sources", *Research Policy*, 2008, 37 (1): 163-173.

Huang, Y. "Administrative Monitoring in China", *The China Quarterly*, 1995 (143): 828-843.

Huang, H. "International knowledge and domestic evaluations in a changing society: The case of China", *American Political Science Review*, 2015, 109 (3): 613-634.

Hull, A. P. "Comparative political science: An inventory and assessment since the 1980's", *PS: Political Science & Politics*, 1999, 32 (1): 117-124.

Imai, H. "The effect of urbanization on energy consumption" *Journal of Population Problems*, 1997, 53 (2): 43-49.

Ito, K. "Asymmetric incentives in subsidies: Evidence from a large-scale electricity rebate program", *American Economic Journal: Economic Policy*, 2015, 7 (3): 209-237.

Jensen, M. C., & William H. Meckling. Theory of the Firm: Managerial

Behavior, Agency Costs, and Ownership Structure. Springer, Netherlands, 1979.

Jia, R. “Pollution for promotion”, *Unpublished Paper*, 2012.

Joskow, P., & Tirole, J. “Retail electricity competition”, *The Rand Journal of Economics*, 2006, 37 (4): 799–815.

Kahn, M. E., & Walsh, R. “Cities and the environment”, *National Bureau of Economic Research*, 2014.

Kan, H., London, S. J., Chen, G., Zhang, Y., Song, G., Zhao, N., Chen, B., et al. Season, sex, age, and education as modifiers of the effects of outdoor air pollution on daily mortality in Shanghai, China: “The public health and air pollution in asia (PAPA) study”, *Environmental Health Perspectives*, 2008, 116 (9): 1183.

Keen, M., & Marchand, M. “Fiscal competition and the pattern of public spending”, *Journal of Public Economics*, 1997, 66 (1): 33–53.

Keohane, N. O., Revesz, R. L., & Stavins, R. N. “Choice of Regulatory Instruments in Environmental Policy”, *The Harvard Environmental Law Review*, 1998 (22): 313.

Kimball, M., Nunn, R., & Silverman, D. “Accounting for adaptation in the economics of happiness”, *National Bureau of Economic Research*, 2015.

Kitzmueller, M., & Shimshack, J. “Economic perspectives on corporate social responsibility”, *Journal of Economic Literature*, 2012, 50 (1): 51–84.

Kööts, L., Realo, A., & Allik, J. “The influence of the weather on affective experience: An experience sampling study”, *Journal of Individual Differences*, 2011, 32 (2): 74.

Laffont, J. J., & Tirole, J. “Using cost observation to regulate firms”, *The Journal of Political Economy*, 1986: 614–641.

Lawn, P. A. “On Heyes'IS–LM–EE proposal to establish an environmental macroeconomics”, *Environment and Development Economics*, 2003, 8 (1): 31–56.

Lees, C. “We are all comparativists now why and how single–country scholarship must adapt and incorporate the comparative politics approach”, *Comparative Political Studies*, 2006, 39 (9): 1084–1108.

Lefebvre, H. "The production of space", Oxford: Blackwell, 1991.

Lelieveld, J., Evans, J. S., Fnais, M., Giannadaki, D., & Pozzer, A. "The contribution of outdoor air pollution sources to premature mortality on a global scale", *Nature*, 2015, 525 (7569): 367-371.

Levinson, A. "Valuing public goods using happiness data: The case of air quality", *Journal of Public Economics*, 2012, 96 (9): 869-880.

Lewis, D. L. "EPA science: Casualty of election politics", *Nature*, 1996, 381 (27): 731-732.

Lieberman, E. S. "Nested analysis as a mixed-method strategy for comparative research", *American Political Science Review*, 2005, 99 (3): 435-452.

Lieberman, E. S. "Bridging the qualitative-quantitative divide: Best practices in the development of historically oriented replication databases", *Annual Review of Political Science*, 2010 (13): 37-59.

Lieberthal, K. "China's governing system and its impact on environmental policy implementation", *China Environment Series*, Washington DC: woodrow wilson center, 1997: 3-8.

Lijphart, A. "Comparative politics and the comparative method", *American Political Science Review*, 1971, 65 (3): 682-693.

Lim, S. S., Vos, T., Flaxman, A. D., Danaei, G., Shibuya, K., Adair-Rohani, H., Aryee, M., et al. A comparative risk assessment of burden of disease and injury attributable to 67 risk factors and risk factor clusters in 21 regions, 1990-2010: A systematic analysis for the Global Burden of Disease Study 2010. *The Lancet*, 2013, 380 (9859): 2224-2260.

Lin, K. "A methodological exploration of social quality research: A comparative evaluation of the quality of life and social quality approaches", *International Sociology*, 2013, 28 (3): 316-334.

Lin, H., Liang, Z., Liu, T., Di, Q., Qian, Z., Zeng, W., Zhao, Q., et al. "Association between exposure to ambient air pollution before conception date and likelihood of giving birth to girls in Guangzhou, China", *Atmospheric Environment*, 2015 (122): 622-627.

Linden, S. "On the relationship between personal experience, Affect and risk perception: The case of climate change", *European Journal of Social*

Psychology, 2014, 44 (5): 430-440.

Liobikienė, G., Mandravickaitė, J., & Bernatonienė, J. “Theory of planned behavior approach to understand the green purchasing behavior in the EU: A cross-cultural study”, *Ecological Economics*, 2016 (125): 38-46.

Liu, J. Y., Xia, Y., Fan, Y., Lin, S. M., & Wu, J. “Assessment of a green credit policy aimed at energy-intensive industries in China based on a financial CGE model”, *Journal of Cleaner Production. doi*: 10.1016/j. *jclepro*.2015.10.111, 2015.

Liu, N. N., Lo, C. W. H., Zhan, X., & Wang, W. “Campaign-style enforcement and regulatory compliance”, *Public Administration Review*, 2015, 75 (1): 85-95.

Liu, Y., Li, Y., & Chen, C. “Pollution: Build on success in China” *N ature*, 2015, 517 (7533): 145-147.

Liu, Z., Geng, Y., Wang, F., Liu, Z., Ma, Z., Yu, X., Zhang, L., et al. “Emergy-ecological footprint hybrid method analysis of industrial parks using a geographical and regional perspective”, *Environmental Engineering Science*, 2015, 32 (3): 193-202.

Livermore, M. A., & Revesz, R. L. “Regulatory review, Capture, and agency inaction”, *The Georgetown Law Journal*, 2012 (101): 1337-1649.

Lucas, R. E. B., Wheeler D., & Hettige H. Economic development, environmental regulation, And the international migration of toxic industrial pollution 1960-1988. *Background Paper for World Development Report 1992*, *Policy Research Dissemination Center of World Bank*, 1992.

Luechinger, S. “Life satisfaction and transboundary air pollution”, *Economics Letters*, 2010, 107 (1): 4-6.

Ma, C., & Zhao, X. “China's electricity market restructuring and technology mandates: Plant-level evidence for changing operational efficiency”, *Energy Economics*, 2015 (47): 227-237.

Mann, M. “The Sources of Social Power: Volume 4, Globalizations, 1945-2011”, *Cambridge*: *Cambridge University Press*, 2013.

March, J. G. “Bounded rationality, ambiguity, and the engineering of choice”, *The Bell Journal of Economics*, 1978, 9 (2): 587-608.

Mathews, J. A., & Tan, H. "Circular economy: Lessons from China", *Nature*, 2011 (531): 440-442.

Mervis, J. "Politics doesn't always rule", *Science*, 2015, 349 (6243): 16.

Messner, C., & Wänke, M. "Good weather for Schwarz and Clore", *Emotion*, 2011, 11 (2): 436.

Milliman, S. R., & Prince, R. "Firm incentives to promote technological change in pollution control" *Journal of Environmental Economics and Management*, 1989, 17 (3): 247-265.

Mitchell, R. B. "Regime design matters: Intentional oil pollution and treaty compliance", *International Organization*, 1994, 48 (3): 425-458.

Mitchell, R. B. "Compliance theory: Compliance, effectiveness, and behaviour change in international environmental law", *Oxford Handbook of International Environmental Law*, 2007: 893-921.

Munro, N. "Profiling the victims: Public awareness of pollution-related harm in China", *Journal of Contemporary China*, 2014, 23 (86): 314-329.

Neidell, M. J. "Air pollution, health, and socio-economic status: The effect of outdoor air quality on childhood asthma", *Journal of Health Economics*, 2004, 23 (6): 1209-1236.

Ng, M., Fleming, T., Robinson, M., Thomson, B., Graetz, N., Margono, C., Abraham, J. P., et al. "Global, regional, and national prevalence of overweight and obesity in children and adults during 1980-2013: A systematic analysis for the global burden of disease study 2013", *The Lancet*, 2014, 384 (9945): 766-781.

Ng, M., Freeman, M. K., Fleming, T. D., Robinson, M., Dwyer-Lindgren, L., Thomson, B., Murray, C. J., et al. "Smoking prevalence and cigarette consumption in 187 countries, 1980-2012", *JAMA*, 2014, 311 (2): 183-192.

Nie, H., Jiang, M., & Wang, X. "The impact of political cycle: Evidence from coalmine accidents in China", *Journal of Comparative Economics*, 2013, 41 (4): 995-1011.

Nijkamp, P., Rodenburg, C. A., & Verhoef, E. T. "The adoption and diffusion of environmentally friendly technologies among firms", *International*

Journal of Technology Management, 1999, 17 (4): 421-437.

Oliva, P. “Environmental regulations and corruption: Automobile emissions in Mexico City”, *Journalof Political Economy*, 2015, 123 (3): 686-724.

Oliver, S. M. “ Officials make statistics and statistics make officials: Campbell's Law and the CCP cadre evaluation system”, *APSA 2014 Annual Meeting Paper. Washington*, DC, 2014.

Ostrom, E. “ Rational choice theory and institutional analysis: Toward complementarity”, *American Political Science Review*, 1991, 85 (1): 237-243.

Ostrom, E., Gardner, R., & Walker, J. “Rules, Games and common past resources”, *Ann Arbor: University of Michigan Press*, 1994.

Ostrom, E. “ A general framework for analyzing sustainability of social - ecological systems”, *Science*, 2009, 325 (5939): 419.

Pang, J., Wen, X., & Sun, X. “Mixing ratio and carbon isotopic composition investigation of atmospheric CO_2 in Beijing, China”, *Science of the Total Environment*, 2016 (539): 322-330.

Patten, D. M. “ The accuracy of financial report projections of future environmental capital expenditures: A research note”, *Accounting, Organizations and Society*, 2005, 30 (5): 457-468.

Pearce, F., & Tombs, S. “ Toxic Capitalism: Corporate crime and the chemical industry”, *Open University Press*, 2009: 3-8.

Pearson, M. M. “Governing the Chinese Economy: Regulatory reform in the service of the state”, *Public Administration Review*, 2007, 67 (4): 718-730.

Pelletier, L. G., Legault, L. R., & Tuson, K. M. “ The environmental satisfaction scale a measure of satisfaction with local environmental conditions and government environmental policies”, *Environment and Behavior*, 1996, 28 (1): 5-26.

Peters G. P, Hertwich E. G. “Pollution embodied in trade: The Norwegian case”, *Global Environmental Change*, 2006, 16 (4): 379-387.

Porumbescu, G. A. “Does transparency improve citizens' perceptions of government performance? Evidence from Seoul, South Korea”, *Administration &*

Society, DOI: 10.1177/0095399715593314, 2015.

Qian, Y., & Weingast, B. R. "Federalism as a commitment to preserving market incentives", *The Journal of Economic Perspectives*, 1997: 83-92.

Rehfeld, K. M., Rennings, K., & Ziegler, A. "Integrated product policy and environmental product innovations: An empirical analysis", *Ecological Economics*, 2007, 61 (1): 91-100.

Requate, T., & Unold, W. "Environmental policy incentives to adopt advanced abatement technology: Will the true ranking please stand up?", *European Economic Review*, 2003, 47 (1): 125-146.

Richard, S. W. "Organizations: Rational, natural, and open systems", *Englewood Cliffs*: *Prentice Hall*, 2003.

Rooij, B., Fryxell, G. E., Lo, C. W. H., & Wang, W. "From support to pressure: The dynamics of social and governmental influences on environmental law enforcement in Guangzhou City, China", *Regulation & Governance*, 2013, 7 (3): 321-347.

Ross, S. A. "The economic theory of agency: The principal's problem", *The American Economic Review*, 1973, 63 (2): 134-139.

Sappington, D. E. "Incentives in principal-agent relationships", *The Journal of Economic Perspectives*, 1991: 45-66.

Sathaye, J., & S. Meyers. "Energy use in cities of the developing countries", *Annual Review of Energy*, 1985, 10 (1): 109-133.

Schipper, L., S. Bartlett, D. Hawk, & E. Vine. "Linking life-styles and energy use: A matter of time?", *Annual Review of Energy*, 1989 (14): 273-320.

Shen, L., S. Cheng, A. Gunson, & H. Wan. "Urbanization, sustainability and the utilization of energy and mineral resources in China", *Cities*, 2005, 22 (4): 287-302.

Shleifer, A., & Vishny, R. W. "Politicians and firms", *The Quarterly Journal of Economics*, 1994, 109 (4): 995-1025.

Sieber, S. "Fatal remedies: The ironies of social intervention", *New York*: *Springer Science & Business Media*, 2013.

Silbiger, S., & Neugarten, J. "Gender and human chronic renal disease",

Gender Medicine, 2008 (5): S3-S10.

Silva, E. C., & Caplan, A. J. “Transboundary pollution control in federal systems”, *Journal of Environmental Economics and Management*, 1997, 34 (2): 173-186.

Sim, N. C. “Environmental keynesian macroeconomics: Some further discussion”, *Ecological Economics*, 2006, 59 (4): 401-405.

Soroka, S. N., Stecula, D. A., & Wlezien, C. “It's (Change in) the (Future) Economy, Stupid: Economic Indicators, the Media, and public opinion”, *American Journal of Political Science*, 2015, 59 (2): 457-474.

Stigler, G. J. “The theory of economic regulation”, *The Bell Journal of Economics and Management Science*, 1971: 3-21.

Stipak, B. “Citizen satisfaction with urban services: Potential misuse as a performance indicator”, *Public Administration Review*, 1979: 46-52.

Stone, Deborah. “Policy paradox and political reason”, *New York: Harper-Collins*, 1988: 141.

Straif, K., Cohen, A., & Samet, J. “Air pollution and cancer”, *IARC Scientific Publications*, 2014: 161.

Szreter, S. “Industrialization and health”, *British Medical Bulletin*, 2004, 69 (1): 75-86.

Tanaka, S. “Environmental regulations on air pollution in China and their impact on infant mortality”, *Journal of Health Economics*, 2015 (42): 90-103.

Tang, J. P. “Pollution havens and the trade in toxic chemicals: Evidence from US trade flows”, *Ecological Economics*, 2015 (112): 150-160.

Taylor, M. S. “TRIPs, trade, and growth”, *International Economic Review*, 1994: 361-381.

Tyler, S. “Household energy use in Asian cities: Responding to development success”, *Atmospheric Environment*, 1996, 30 (5): 809-816.

Van Beers, C., & Van den Bergh, J. C. “Perseverance of perverse subsidies and their impact on trade and environment”, *Ecological Economics*, 2001, 36 (3): 475-486.

Van Liere, K. D., & Dunlap, R. E. “The social bases of environmental concern: A review of hypotheses, explanations and empirical evidence", *Public Opinion Quarterly*, 1980, 44 (2): 181-197.

Viard, V. B., & Fu, S. "The effect of Beijing's driving restrictions on pollution and economic activity", *Journal of Public Economics*, 2015 (125): 98-115.

Victor, D. G. "Climate change: Embed the social sciences in climate policy", *Nature*, 2015, 520 (7545): 27-29.

Walder, A. G. "The decline of communist power: Elements of a theory of institutional change", *Theory and Society*, 1994, 23 (2): 297-323.

Walder, A. G. "Local governments as industrial firms: An organizational analysis of China's transitional economy", *American Journal of Sociology*, 1995: 263-301.

Wang, X., & Mauzerall, D. L. "Evaluating impacts of air pollution in China on public health: Implications for future air pollution and energy policies", *Atmospheric Environment*, 2006, 40 (9): 1706-1721.

Wang, A. L., "The search for sustainable legitimacy: Environmental law and bureaucracy in China", *Harvard Environmental Law Review*, 2013 (37): 365-440.

Wang, G. Z., Cheng, X., Zhou, B., Wen, Z. S., Huang, Y. C., Chen, H. B., Zhou, G. B., et al. "The chemokine CXCL13 in lung cancers associated with environmental polycyclic aromatic hydrocarbons pollution", *eLife*, e09419, 2015.

Wank, D. L. "Commodifying communism: Business, Trust, and Politics in Chinese City", New York: Cambridge University Press, 1999.

Weber, C., & A. Perrels. "Modeling lifestyles effects on energy demand and related emissions", *Energy Policy*, 2000, 28 (8): 549-566.

Wei, B., H. Yagita, A. Inaba, & M. Sagisaka. "Urbanization impact on energy demand and CO_2 emission in China", *Journal of Chongqing University*, 2003 (2): 46-50.

Wilkinson, R. G. "Income distribution and life expectancy", *British Medical Journal*, 1992, 304 (6820): 165-168.

Wu, S., Powers, S., Zhu, W., & Hannun, Y. A. "Substantial contribution of extrinsic risk factors to cancer development", *Nature*, 2016, 529 (7584): 43-47.

Xu, P., Chen, Y., & Ye, X. "Haze, air pollution, and health in China", *The Lancet*, 2013, 382 (9910): 2067.

Yang, G., & Maskus, K. E. "Intellectual property rights, licensing, and innovation in an endogenous product-cycle model", *Journal of International Economics*, 2001, 53 (1): 169-187.

Yang, G. "Environmental NGOs and institutional dynamics in China", *The China Quarterly*, 2005, 181 (1): 44-66.

Yang, G., Wang, Y., Zeng, Y., Gao, G. F., Liang, X., Zhou, M., Vos, T., et al. "Rapid health transition in China, 1990-2010: Findings from the global burden of disease study 2010", *The Lancet*, 2013, 381 (9882): 1987-2015.

Yi Hongmei, Grant Miller, Linxiu Zhang, Shaoping Li, & Scott Rozelle. "Intended and unintended consequences of China's zero markup drug policy", *Health Affairs*, 2015, 34 (8): 1391-1398.

Yin, R. K. "The case study crisis: Some answers", *Administrative Science Quarterly*, 1981, 26 (1): 58-65.

Yin, X., & Chen, W. "Trends and development of steel demand in China: A bottom-up analysis", *Resources Policy*, 2013, 38 (4): 407-415.

Young, I. M. "Responsibility and Global Justice: A social connection model", *Social Philosophy and Policy*, 2006, 23 (1): 102.

Yu, X., & Abler, D. "Incorporating zero and missing responses into CVM with open-ended bidding: Willingness to pay for blue skies in Beijing", *Environment and Development Economics*, 2010, 15 (5): 535-556.

Zhan, X., Lo, C. W. H., & Tang, S. Y. "Contextual changes and environmental policy implementation: A longitudinal study of Street-Level bureaucrats in Guangzhou, China", *Journal of Public Administration Research and Theory*, 2014, 24 (4): 1005-1035.

Zhang, J., Mauzerall, D. L., Zhu, T., Liang, S., Ezzati, M., & Remais, J. V. "Environmental health in China: Progress towards clean air and safe water", *The Lancet*, 2010, 375 (9720): 1110-1119.

Zhang, X., Zhang, X., & Chen, X. "Happiness in the air: How does a dirty sky affect subjective well-being?", *IZA Discussion Papers*, 2015.

Zhang, Y. L., & Cao, F. "Fine particulate matter (PM2.5) in China at a city level", *Scientific Reports*, 2015 (5): 1-12.

Zheng, S., Cao, J., Kahn, M. E., & Sun, C. "Real estate valuation and cross-boundary air pollution externalities: Evidence from Chinese cities", *The Journal of Real Estate Finance and Economics*, 2014, 48 (3): 398-414.

Zheng, S., Sun, C., & Kahn, M. E. "Self-Protection investment exacer-bates air pollution exposure inequality in Urban China", *National Bureau of Economic Research*, 2015.

Zhou, M., He, G., Fan, M., Wang, Z., Liu, Y., Ma, J., Liu, Y., et al. "Smog episodes, fine particulate pollution and mortality in China", *Environmental Research*, 2015 (136): 396-404.

Zhou, M., He, G., Liu, Y., Yin, P., Li, Y., Kan, H., Fan, M., et al. "The associations between ambient air pollution and adult respiratory mortality in 32 major Chinese cities, 2006-2010", *Environmental Research*, 2015 (137): 278-286.

Zhou, X., Lian, H., Ortolano, L., & Ye, Y. "A behavioral model of 'muddling through' in the Chinese bureaucracy: The case of environmental Protection", *The China Journal*, 2013 (70): 120-147.

索　引

G

H

S

Z

后　记

兴酣落笔，回顾本书的写作历程，感触良多，这与许许多多师友的提点与帮助是密不可分的。

进入研究生学习阶段以来，我自始至终得到了导师叶中华教授的悉心指导与关怀，在叶老师的身上，我读懂了一种理想主义情怀，明白了所谓“牛人”就是像孺子牛一样勤勤恳恳、踏踏实实、一步一个脚印地耕耘未来的人。

感谢我在芝加哥大学联合培养期间的两位恩师——杨大利老师和Micheal Greenstone老师，两位老师的传道授业，让我直接触摸到学界的前沿，领悟到研究的规范，这将使我受益终身。

感谢在本书写作中循循善诱的各位老师：陈锐老师、李伯聪老师、刘二中老师、汪前进老师、苏青老师、许正中老师、余斌老师、胡志强老师、王大洲老师、尚智丛老师、王大明老师，他们的意见和建议，对于本书的修改与完善起到了至关重要的作用。

感谢中国科学院大学公共管理系的刘红老师、常征老师、关欣老师、曹胜老师，中国科协创新战略研究院的罗晖院长、王宏伟老师，国务院发展研究中心的谷树忠老师、郭焦峰老师，是他们的严格要求和悉心指导让我度过了充实的求学生涯。

感谢中国博士后科学基金、全国博士后管理委员会、经济管理出版社为我提供了这次千载难逢的出版机会。

感谢师门的兄弟姐妹们，感谢研究生阶段的同窗好友们，感谢一路上走来的朋友们，感谢各位一直以来所给予我的关照与陪伴！在与各位共同求学的过程中，各位给了我无私的帮助，从各位身上，我学到了许多可贵的东西！

专家推荐表

<table>
<tr><th colspan="4">第六批《中国社会科学博士后文库》专家推荐表 1</th></tr>
<tr><td>推荐专家姓名</td><td>陈锐</td><td>行政职务</td><td>院务委员</td></tr>
<tr><td>研究专长</td><td>区域与城市管理、创新治理</td><td>电　话</td><td></td></tr>
<tr><td>工作单位</td><td>中国科协创新战略研究院</td><td>邮　编</td><td></td></tr>
<tr><td>推荐成果名称</td><td colspan="3">环境监管中的“数字减排”困局及其成因机理研究</td></tr>
<tr><td>成果作者姓名</td><td colspan="3">董阳</td></tr>
<tr><td colspan="4">（对书稿的学术创新、理论价值、现实意义、政治理论倾向及是否达到出版水平等方面做出全面评价，并指出其缺点或不足）
本研究围绕环境监管中的“数字减排”问题的各阶段、各因素入手，针对三个核心变量进行模型回归和计量分析，就政府监管失灵给出了政策分析结论，研究选题具有重要的理论价值和政策意义，文献资料分析翔实，方法运用得当、写作规范、逻辑性清晰，是一份具有较高水准的研究成果，符合出版水平。
建议针对典型个案的制度分析加强方法创新，从规模、结构、质量、效益四个维度强化过程性和结果性分析。

签字：陈锐
2017 年 1 月 22 日</td></tr>
<tr><td colspan="4">说明：该推荐表由具有正高职称的同行专家填写。一旦推荐书稿入选《博士后文库》，推荐专家姓名及推荐意见将印入著作。</td></tr>
</table>

<table>
<tr><th colspan="4">第六批《中国社会科学博士后文库》专家推荐表 2</th></tr>
<tr><td>推荐专家姓名</td><td>叶中华</td><td>行政职务</td><td>副院长</td></tr>
<tr><td>研究专长</td><td>公共政策</td><td>电　　话</td><td></td></tr>
<tr><td>工作单位</td><td>中国科学院大学</td><td>邮　　编</td><td></td></tr>
<tr><td>推荐成果名称</td><td colspan="3">环境监管中的“数字减排”困局及其成因机理研究</td></tr>
<tr><td>成果作者姓名</td><td colspan="3">董阳</td></tr>
<tr><td colspan="4">（对书稿的学术创新、理论价值、现实意义、政治理论倾向及是否达到出版水平等方面做出全面评价，并指出其缺点或不足）
该项研究立足于比较研究和计量分析的方法，对环境监管中的“数字减排”困境的结构性原因和形成机理予以深度剖析，从宏观和微观两条主线来建构分析框架，其中宏观主线以环境监管中的结构性逻辑，即“委托—代理”逻辑，微观主线以环境监管中的过程性逻辑，即“问题—答案”逻辑，来充分还原不同参与主体在其中的位置、角色、权重以及相互之间的互动机制，为有效开展问责提供了新的依据。从论文围绕环境监管、环境质量与公众感受等三个核心变量求解来看，论文选题具有前沿性，有重要的理论价值和实践意义。
作者广泛而深入阅读了国际环境与社会、环境与公共健康等最有代表性的文献，对环境政策做了全面的综述。介绍了国际上有代表性的工作成果和最新进展，并运用制度分析的方法对中国的个案做深度剖析。其中有关资料内容翔实、数据处理合理、分析得当，结果具有启发性。论文有理论、有实证、有建议，为实践中运用方法论在解决复杂问题做了探索性尝试。论文条理清晰、文字通顺、引用恰当。从整体来看，该项研究达到了出版水平。如果作者对一些定量分析细节再仔细推敲，将会更凸显论文的创新性。

签字：叶中华
2017 年 1 月 22 日</td></tr>
<tr><td colspan="4">说明：该推荐表由具有正高职称的同行专家填写。一旦推荐书稿入选《博士后文库》，推荐专家姓名及推荐意见将印入著作。</td></tr>
</table>

经济管理出版社
《中国社会科学博士后文库》
成果目录

第一批《中国社会科学博士后文库》（2012年出版）		
序号	书　名	作　者
1	《"中国式"分权的一个理论探索》	汤玉刚
2	《独立审计信用监管机制研究》	王　慧
3	《对冲基金监管制度研究》	王　刚
4	《公开与透明：国有大企业信息披露制度研究》	郭媛媛
5	《公司转型：中国公司制度改革的新视角》	安青松
6	《基于社会资本视角的创业研究》	刘兴国
7	《金融效率与中国产业发展问题研究》	余　剑
8	《进入方式、内部贸易与外资企业绩效研究》	王进猛
9	《旅游生态位理论、方法与应用研究》	向延平
10	《农村经济管理研究的新视角》	孟　涛
11	《生产性服务业与中国产业结构演变关系的量化研究》	沈家文
12	《提升企业创新能力及其组织绩效研究》	王　涛
13	《体制转轨视角下的企业家精神及其对经济增长的影响》	董　昀
14	《刑事经济性处分研究》	向　燕
15	《中国行业收入差距问题研究》	武　鹏
16	《中国土地法体系构建与制度创新研究》	吴春岐
17	《转型经济条件下中国自然垄断产业的有效竞争研究》	胡德宝

第二批《中国社会科学博士后文库》（2013年出版）		
序号	书　名	作　者
1	《国有大型企业制度改造的理论与实践》	董仕军
2	《后福特制生产方式下的流通组织理论研究》	宋宪萍

续表

第二批《中国社会科学博士后文库》(2013年出版)		
序号	书　名	作　者
3	《基于场景理论的我国城市择居行为及房价空间差异问题研究》	吴　迪
4	《基于能力方法的福利经济学》	汪毅霖
5	《金融发展与企业家创业》	张龙耀
6	《金融危机、影子银行与中国银行业发展研究》	郭春松
7	《经济周期、经济转型与商业银行系统性风险管理》	李关政
8	《境内企业境外上市监管若干问题研究》	刘　轶
9	《生态维度下土地规划管理及其法制考量》	胡耘通
10	《市场预期、利率期限结构与间接货币政策转型》	李宏瑾
11	《直线幕僚体系、异常管理决策与企业动态能力》	杜长征
12	《中国产业转移的区域福利效应研究》	孙浩进
13	《中国低碳经济发展与低碳金融机制研究》	乔海曙
14	《中国地方政府绩效评估系统研究》	朱衍强
15	《中国工业经济运行效益分析与评价》	张航燕
16	《中国经济增长：一个“被破坏性创造”的内生增长模型》	韩忠亮
17	《中国老年收入保障体系研究》	梅　哲
18	《中国农民工的住房问题研究》	董　昕
19	《中美高管薪酬制度比较研究》	胡　玲
20	《转型与整合：跨国物流集团业务升级战略研究》	杜培枫

第三批《中国社会科学博士后文库》(2014年出版)		
序号	书　名	作　者
1	《程序正义与人的存在》	朱　丹
2	《高技术服务业外商直接投资对东道国制造业效率影响的研究》	华广敏
3	《国际货币体系多元化与人民币汇率动态研究》	林　楠
4	《基于经常项目失衡的金融危机研究》	匡可可
5	《金融创新及其宏观效应研究》	薛昊旸
6	《金融服务县域经济发展研究》	郭兴平
7	《军事供应链集成》	曾　勇
8	《科技型中小企业金融服务研究》	刘　飞

续表

第三批《中国社会科学博士后文库》（2014年出版）		
序号	书　名	作　者
9	《农村基层医疗卫生机构运行机制研究》	张奎力
10	《农村信贷风险研究》	高雄伟
11	《评级与监管》	武　钰
12	《企业吸收能力与技术创新关系实证研究》	孙　婧
13	《统筹城乡发展背景下的农民工返乡创业研究》	唐　杰
14	《我国购买美国国债策略研究》	王　立
15	《我国行业反垄断和公共行政改革研究》	谢国旺
16	《我国农村剩余劳动力向城镇转移的制度约束研究》	王海全
17	《我国吸引和有效发挥高端人才作用的对策研究》	张　瑾
18	《系统重要性金融机构的识别与监管研究》	钟　震
19	《中国地区经济发展差距与地区生产率差距研究》	李晓萍
20	《中国国有企业对外直接投资的微观效应研究》	常玉春
21	《中国可再生资源决策支持系统中的数据、方法与模型研究》	代春艳
22	《中国劳动力素质提升对产业升级的促进作用分析》	梁泳梅
23	《中国少数民族犯罪及其对策研究》	吴大华
24	《中国西部地区优势产业发展与促进政策》	赵果庆
25	《主权财富基金监管研究》	李　虹
26	《专家对第三人责任论》	周友军

第四批《中国社会科学博士后文库》（2015年出版）		
序号	书　名	作　者
1	《地方政府行为与中国经济波动研究》	李　猛
2	《东亚区域生产网络与全球经济失衡》	刘德伟
3	《互联网金融竞争力研究》	李继尊
4	《开放经济视角下中国环境污染的影响因素分析研究》	谢　锐
5	《矿业权政策性整合法律问题研究》	郗伟明
6	《老年长期照护：制度选择与国际比较》	张盈华
7	《农地征用冲突：形成机理与调适化解机制研究》	孟宏斌
8	《品牌原产地虚假对消费者购买意愿的影响研究》	南剑飞

续表

第四批《中国社会科学博士后文库》（2015年出版）		
序号	书　名	作　者
9	《清朝旗民法律关系研究》	高中华
10	《人口结构与经济增长》	巩勋洲
11	《食用农产品战略供应关系治理研究》	陈　梅
12	《我国低碳发展的激励问题研究》	宋　蕾
13	《我国战略性海洋新兴产业发展政策研究》	仲雯雯
14	《银行集团并表管理与监管问题研究》	毛竹青
15	《中国村镇银行可持续发展研究》	常　戈
16	《中国地方政府规模与结构优化：理论、模型与实证研究》	罗　植
17	《中国服务外包发展战略及政策选择》	霍景东
18	《转变中的美联储》	黄胤英

第五批《中国社会科学博士后文库》（2016年出版）		
序号	书　名	作　者
1	《财务灵活性对上市公司财务政策的影响机制研究》	张玮婷
2	《财政分权、地方政府行为与经济发展》	杨志宏
3	《城市化进程中的劳动力流动与犯罪：实证研究与公共政策》	陈春良
4	《公司债券融资需求、工具选择和机制设计》	李　湛
5	《互补营销研究》	周　沛
6	《基于拍卖与金融契约的地方政府自行发债机制设计研究》	王治国
7	《经济学能够成为硬科学吗?》	汪毅霖
8	《科学知识网络理论与实践》	吕鹏辉
9	《欧盟社会养老保险开放性协调机制研究》	王美桃
10	《司法体制改革进程中的控权机制研究》	武晓慧
11	《我国商业银行资产管理业务的发展趋势与生态环境研究》	姚　良
12	《异质性企业国际化路径选择研究》	李春顶
13	《中国大学技术转移与知识产权制度关系演进的案例研究》	张　寒
14	《中国垄断性行业的政府管制体系研究》	陈　林

续表

第六批《中国社会科学博士后文库》（2017年出版）		
序号	书　名	作　者
1	《城市化进程中土地资源配置的效率与平等》	戴媛媛
2	《高技术服务业进口技术溢出效应对制造业效率影响研究》	华广敏
3	《环境监管中的“数字减排”困局及其成因机理研究》	董　阳
4	《基于竞争情报的战略联盟关系风险管理研究》	张　超
5	《基于劳动力迁移的城市规模增长研究》	王　宁
6	《金融支持战略性新兴产业发展研究》	余　剑
7	《清乾隆时期长江中游米谷流通与市场整合》	赵伟洪
8	《文物保护经费绩效管理研究》	满　莉
9	《我国开放式基金绩效研究》	苏　辛
10	《医疗市场、医疗组织与激励动机研究》	方　燕
11	《中国的影子银行与股票市场：内在关联与作用机理》	李锦成
12	《中国应急预算管理与改革》	陈建华
13	《资本账户开放的金融风险及管理研究》	陈创练
14	《组织超越——企业如何克服组织惰性与实现持续成长》	白景坤

《中国社会科学博士后文库》
征稿通知

为繁荣发展我国哲学社会科学领域博士后事业，打造集中展示哲学社会科学领域博士后优秀研究成果的学术平台，全国博士后管理委员会和中国社会科学院共同设立了《中国社会科学博士后文库》（以下简称《文库》），计划每年在全国范围内择优出版博士后成果。凡入选成果，将由《文库》设立单位予以资助出版，入选者同时将获得全国博士后管理委员会（省部级）颁发的“优秀博士后学术成果”证书。

《文库》现面向全国哲学社会科学领域的博士后科研流动站、工作站及广大博士后，征集代表博士后人员最高学术研究水平的相关学术著作。征稿长期有效，随时投稿，每年集中评选。征稿范围及具体要求参见《文库》征稿函。

联系人：宋　娜　主任

联系电话：01063320176；13911627532

电子邮箱：epostdoctoral@126.com

通讯地址：北京市海淀区北蜂窝 8 号中雅大厦 A 座 11 层经济管理出版社《中国社会科学博士后文库》编辑部

邮编：100038

经济管理出版社